国家出版基金项目
NATIONAL PUBLICATION FOUNDATION

百年变迁

两位东西方植物学家的影像重逢

印开蒲
王海燕
朱　单　/ 著

四川科学技术出版社

衷心感谢

美国哈佛大学阿诺德树木园
(The Arnold Arboretum of Harvard University, USA)

中国科学院成都生物研究所

四川省生态环境厅

四川省林业和草原局

四川省文化和旅游厅

成都市公园城市建设管理局

四川省林业科学研究院

甘孜藏族自治州文化广播电视和旅游局

四川省野生动植物保护协会

成都观鸟协会

本书主创团队

著　　者	印开蒲　王海燕　朱　单（中国科学院成都生物研究所）
国际交流	钟盛先（中国科学院成都生物研究所）
拍摄助理	王杭明（中国科学院成都生物研究所）
摄　　影	尔勒斯特·亨利·威尔逊（E. H. Wilson）（老照片摄影者）
	印开蒲（新照片主要摄影者）

特约摄影　（四川）

贾　林　杨　博　邓真言培　贺明秋　孙光俊　黄永邦
宋　丹　孔　胜　黄洪安　何其华　袁　敏　先云仲
周强华　乡村笔记石室民族营团队　朱　单　丁云飞
鞠文彬　贺俊东　汤开成　龚晓东　杨友利　阿　峰
刘　波　侯华志　孙一律　何志春　骆恩龙　陈大治
何　丹　泽让闳　田长宝　文丕凌　杨　眉　贺恩德
张庆先　王实波　李桂全　孙福张　郭康跃　何　超
许顺龙　何述平　杨　晗　李　臻　郭朝林　杨国强
陈文国　陈建军　普　耘

（湖北）

王桂林　张文兆　杨林森　魏植德　景卫东　谢　军
郑定荣　覃发斌　吴承喜

（重庆）

向智银　唐文龙　黄　云　李美华　杨若飞　余其彬
刘兴敏　程午燕　陈吉君　夏忠魁　方益洪　冉　豪
谭卫高

（广东）

殊　方　温代贤

（北京）

王　康

（美国）

乔纳森·肖（Jonathan Shaw）

景观和原生花卉摄影

洪德元　胡　斌　李　蒙　高信芬　庄　平　李策宏
周华明　管开云　王仲朗　周小林　先云仲　郑东黎
孙有彬　孔　胜　辜顺刚　江　珊　廖仕林　任先美
乔永康　晏兆莉　陈文凯　唐　真　高云东　刘乾坤
邓　强　胡　君　向　双　周志琼　李庆忠　康自立
梁　枫　张　铭　王　乾　姜　勇　刘　军　朱鑫鑫
王晓艳　单　媛　邹　滔　王　进　王　飞　秦　隆
何　屹　何跃文　邓明华　许其标　田捷砚　贾　林
杨　建　黄文志　邓真言培
托尼·柯克汉姆（Tony Kirkham）

摄影者署名如有遗漏和错误，深表歉意！

本书编纂策划部

策　　划	杨　博
执行策划	林　巧
美术编辑	丁　秀　王　静
绘　　图	熊　雯
品牌推广	霍雨佳　宛洪利
网络推广	黄扬豪
视觉合作	图虫创意　大可影像
组织实施	成都探秘系列文化创意有限公司

鸣　谢

为本书拍摄、收集照片相关工作提供帮助的个人

（四川）

王益谦　马朝洪　仇　剑　彭启轩　李锡东　许维宏
王家才　肖忠德　巫嘉伟　孟珊珊　孙　海　刘志斌

（湖北）

向世卓　胡声明　任茂魁

（重庆）

黄孝安　王生保　唐瑶　江发涛　黄晓飞

（北京）

李　敏

主要摄影者简介

老照片摄影者简介
尔勒斯特·亨利·威尔逊 (1876—1930)

　　尔勒斯特·亨利·威尔逊 (E. H. Wilson)，20 世纪初期世界著名植物学家和园艺学家。1899 年至 1919 年，他先后受聘于英国切尔西的维奇园艺公司 (The Firm of James Veitch and Sons, UK) 和美国哈佛大学阿诺德树木园，期间五次到中国收集植物，将大量的中国植物引入英、美等国，极大地丰富了西方各国的园林植物种类。他在总结前人研究的基础上，提出了"中国——世界园林之母"和"成都平原，中国西部花园"的著名论断，这不仅对西方园林艺术产生了较大影响，也为东西方科学和文化的交流架起了一座桥梁。

　　威尔逊对中国人民十分友好，他在著作中曾满怀深情地写道：中国人民热爱和平，勤劳的人民从来不会被窒息或被抹掉，他们迟早会把握住自己，与欧美国家的人民肩并肩合作，去掌控未来世界的命运。

新照片主要摄影者简介
印开蒲 (1943—)

　　印开蒲，中国科学院成都生物研究所研究员，长期在中国西部地区从事植物生态学和保护生物学研究，兴趣广泛，热爱自然，关爱动物，倡导有节制地利用自然资源，致力于民族地区生物多样性和传统文化的保护。

　　1978 ～ 1982 年，印开蒲先后提出了建立九寨沟、亚丁、贡嘎山、海子山、大巴山、金佛山等一批自然保护区的建议，为这些地区的自然景观和生物多样性保护，以及可持续发展打下了基础。2002 年，他提出"恢复岷山大熊猫生命走廊带"的建议，研究出"走廊带植被恢复"的方法，被政府主管部门和环保组织采纳实施，目前已取得明显实效。2008 年，汶川特大地震发生后，他及时提出了"高度重视灾后大熊猫栖息地保护"的建议，得到国家领导人的肯定和批示，为大熊猫的保护和大熊猫国家公园的建立做出了贡献。

　　2010 年，印开蒲主持编写了《百年追寻——见证中国西部环境变迁》一书，并获得了国内外的广泛关注。

序言

　　《百年变迁——两位东西方植物学家的影像重逢》（以下简称《百年变迁》）是中国科学院成都生物研究所印开蒲先生2010年编著的《百年追寻——见证中国西部环境变迁》（以下简称《百年追寻》）一书的续篇。10年前，《百年追寻》一经出版，便引起了社会各界对生态环境保护工作的关注，同时也带动了国内一场重拍老照片的潮流。如今，《百年变迁》中的新照片是作者及其团队再一次在《百年追寻》中老照片拍摄地点进行的实地拍摄，同时从多个角度、多个维度对三个时期的照片进行了对比分析，通过朴实无华的文字和照片拍摄背后的故事，传达人与自然和谐共生的理念。

　　书中老照片的拍摄者是英国园艺学家、植物学家尔勒斯特·亨利·威尔逊（E. H. Wilson）。他从1899年第一次踏上中国土地开始，到1911年离开，前后四次到中国中部和西部地区考察、采集标本，并将大批原产于我国的植物引种到欧美各地。随后他写成了《中国——园林之母》一书，在国际上产生了深远的影响。威尔逊的中国之行为后人留下了一大批珍贵的历史影像资料，同时这些资料也成为本书作者团队寻找百余年前威尔逊拍摄原址的重要参考。在《百年变迁》一书中，从1907年威尔逊拍摄的第一张照片开始，到2021年作者团队拍摄的最后一张新照片结束，在跨越114年的历史时空里，几代人对中国西部地区同一地点进行考察，通过拍摄照片进行对比，鲜活地展现该地区生态环境的变迁和社会演变，并对这一区域或许是最为迅速和剧烈的一段发展变化进程，进行了细致的记录和描绘。

　　作为本书的策划人和主要作者，印开蒲先生长期关注中国西部的生态环境变化。这一次，他又带着饱满的热情出发，投入到《百年变迁》一书照片的拍摄中。年近80岁的他，需要克服的不仅有工作的艰辛，还有高龄所带来的种种不便，但所有的困难并未影响到本书相关工作的完成。与此同时，他还竭尽全力地帮助国内外从事类似工作的同行，毫无保留地分享自己的心得，以促进生态环境研究工作的不断发展，引发社会公众对生态环境保护的高度关注。在他的感召下，参与《百年变迁》这本书照片拍摄工作的人员，已由上一本《百年追寻》的几个人，扩大到这一次的近百人。

　　尽管如今类似的工作并不罕见，但印开蒲先生始终是本领域公认的开拓者和领路人。他克服重重困难，始终一丝不苟、科学严谨，对于事业的执著，数十年如一日。由这些努力呈现在世人面前的那一张张跨越时空的珍贵照片和对比展示的结果，以及克服重重困难发掘出的照片背后的故事，感动和激励着他的同行和热爱自然生态保护事业的年轻人。我相信这些年轻人在为有这样的前辈和楷模引以为傲的同时，也一定会把这种精神传承下去。

　　本书作者团队通过对比得出了中国西部最近10年的变化大于过去100年变化的重要结论。近几年，全世界各地极端天气引发的恶劣事件频发，全球气候变化与人类活动正以前所未有的强度深刻影响我们的生存环境，地球上的每一个人都不可能做到独善其身。中国西部生态与社会环境的变迁只是我们认识自然界的一个缩影，无论是经验或教训，《百年变迁》都可以作为我们重新认识大自然的一面镜子。由衷希望通过全社会的齐心协力，实现我们的共同愿望：建设美丽中国，保护美好的地球家园。

中国科学院院士
北京大学生命科学学院教授
2021年8月3日于上海

前言

左一图　《百年追寻——见证中国西部环境变迁》
左二图　2012 年 4 月，在伦敦丽晶公园举办"百年追寻——见证中国西部变迁"图片展
右一图　2012 年，本书作者访问英国皇家植物园丘园与王海燕（左一）、王杭明（左二）、
　　　　印开蒲（左三）、钟盛先（右一）、丘园园艺学家托尼·柯克汉姆（右二）合影
右二图　2018 年 5 月，本书作者印开蒲访问哈佛大学阿诺德树木园时，参观威尔逊制作植
　　　　物标本的工作台　（吕荣森 摄）
右三图　峨眉山远景（孔胜 摄）

《百年变迁——两位东西方植物学家的影像重逢》（以下简称《百年变迁》）是《百年追寻——见证中国西部环境变迁》（以下简称《百年追寻》）一书的续篇，两个作品在内容和结构上既有关联，又有差异，本书更强调最近 10 年与《百年追寻》出版前的 100 年中国西部地区环境变化的对比。

2010 年 4 月，《百年追寻》出版后，得到了时任国家领导的高度评价，认为它是一本具有生态价值、社会价值和历史价值的重要科学著作。2012 年 4 月 15 日，经国家新闻出版总署批准，《百年追寻》在"伦敦国际书展"上展出。书中的一部分照片在伦敦丽晶公园（Regent's Park）向英国公众展示，这是《百年追寻》第一次走上国际舞台。国家新闻出版总署领导在活动致词中说："在中英建交 40 周年之际，在这里用图片展示 100 年前后中国西部地区的变化，把中国和英国两个伟大的国家用文化联系起来，这是两个朋友之间的对话，也让英国公众能够了解当代中国人生产生活的真实状态。"

2013 年 11 月，《百年追寻》作者应邀在美国威斯康辛大学麦迪逊分校尼尔森环境研究所举办图片展；2014 年 11 月，作者应邀参加了在澳大利亚悉尼召开的世界国家公园大会，并在分会场向听众介绍了《百年追寻》书中的图片及其拍摄经过；2014 年 1 月和 2015 年 11 月，作者先后应香港中文大学和香港城市大学邀请开展了现场讲座并举办了图片展；2015 年 5 月和 2016 年 10 月，作者先后应武汉国际园林博览会和中国植物园年会邀请，分别举办了图片展及讲座；2018 年 5 月，作者应美国哈佛大学阿诺德树木园邀请，前往尔勒斯特·亨利·威尔逊曾经生活和工作过的地方，开展了学术交流活动。

除参加上述国内外活动外，作者还先后在国内"中国国家地理大讲堂""成都金沙讲坛""第十届全国青少年科学影像节"，以及几十所大、中、小学校，研究机构和政府部门举办讲座。《百年追寻》出版 10 年来，从世界著名的学术期刊 *Science* 和科普杂志 *Discover* 到国内几十家媒体、报刊，都对其进行了系列报道，并先后由海南卫视、海峡卫视、CCTV 纪录频道拍摄了《重走威尔逊之路》和《中国威尔逊》等多部纪录片。2013 年，《重走威尔逊之路》的故事，被收入我国《高中生物（必修 3）》教材。

以上表明，《百年追寻》所展现的中国西部地区的生态与社会环境变化，

右一图

右二图

右三图

左一图

左二图

引起了国内外的广泛关注。鉴于此，在《百年追寻》一书出版 10 年后，作者考虑对它的内容进行一次全面的修订和补充。经反复斟酌，作者决定再次重走"威尔逊之路"，返回老照片的拍摄地点，进行第二次拍摄。

在新照片拍摄过程中，无论是 10 年前的第一次，还是最近的第二次，每当我站在老照片的拍摄地点，用食指按下快门，相机发出"咔嚓"声的一瞬间，我总是感觉自己仿佛穿越了一个世纪的时间，在时光隧道中同威尔逊相遇了。我们彼此交换着对眼前环境变与不变的观感和照片拍摄过程中的体会，还切磋拍摄心得。每当此时，我常常产生一种不可名状的幻觉：我同他一个世纪的漫长时光仿佛前后相距只在百分之一秒间，在时空重逢中仅仅只是黑白和彩色的差异。为此，我决定将这一次的书名定为《百年变迁——两位东西方植物学家的影像重逢》。

《百年变迁》书中新照片的拍摄，得到了四川、湖北、重庆三省（市）众多关注中国西部地区生态环境变化的热心朋友的帮助。三年中先后有近百人参加了这次照片的重拍工作，此外还有近 50 人为本书提供了精美的景观和花卉植物照片。如果说，10 年前还只是我和少数几个人在努力拍摄，这一次，简直就是上百人参与的群体活动了。此外，在《百年变迁》出版前期，对这本书产生浓厚兴趣与期待，对生态环境保护工作高度关注的人也越来越多，这正是创作本书的初衷之一。遗憾的是，在近 10 年中，一部分照片拍摄原址的环境已发生了很大变化，由于自然灾害、基础设施建设和人为活动的影响，少数原来的拍摄点已很难再找到。

在这次重拍的照片中，我们尤其关注了 2008 年四川汶川特大地震发生地区的环境变化。在一些重要拍摄点上，我们惊喜

右一图

地看到：经历了多次地震后，大自然仍旧能够用自己超强的自愈能力不断恢复。读者可以从书中同一地点连续拍摄的系列照片中看出，遭受地震重创的岷江河谷如何从一处寸草不生的乱石滩，逐渐恢复绿意与生机。这一变化直观地告诉我们，人类在开展地质灾害之后的生态恢复工作中，应充分遵循自然规律。

——印开蒲

《百年追寻》出版10余年来，作者从未停止过对老照片中未知地点的寻找。这一次重拍过程中，先后找到了3张老照片的拍摄点并进行拍摄，分别是四川丹巴的"两棵沙棘树"、四川成都的"宽巷子"和"窄巷子"。此外，湖北宜昌市林业局的向世卓在长阳县的深山里找到了120年前曾经为威尔逊带路，并寻找到珍稀植物珙桐的那位猎人的后代；湖北兴山的王桂林和张文兆在威尔逊的拍摄地拍摄了8张新照片；湖北神农架风景区的杨林森在威尔逊的拍摄原址拍摄了2张新照片；有1张湖北兴山的老照片拍摄点，被本书主创团队特约摄影师贾林找到；四川四姑娘山国家级自然保护区的杨晗和四川植物工程研究院的李臻在老照片原址拍摄到1张新照片；四川汉源郭朝林等人在老照片原址拍摄了1张新照片；四川康定的贺明秋找到了9个老照片的拍摄点并进行了拍摄。以上26张新照片是新增的26个拍摄成果，这也成为本书的一大亮点。最令作者感到惊喜的是，在本书初稿已经交付出版单位审校后，陈瑞生又向我们提供了他在邛崃市新找到的3个老照片拍摄点拍摄的新照片。

在本书中，取消了《百年追寻》书中的4张照片，其中湖北宜昌"贞节牌坊"遗址已经无从查找，重庆巫溪拍摄的"水车"因城镇扩建已经拆除，四川汶川拍摄的"银龙峡口"位置偏差过大，四川茂县拍摄的"岷江河谷的背夫"人物经考证不准确。余下的246组照片，加上这次新找到拍摄点的29组照片，使本书照片总数由《百年追寻》的250组增至现在的275组。（"忠诚的中国朋友"和"乐山商会"2组照片在"印开蒲手记"中呈现。）

为了体现威尔逊百余年前提出的中国是"世界园林之母"的著名论断，在本书中还增加了200余张野生花卉照片。这些珍贵的照片，一部分由植物学家拍摄，一部分由摄影家提供，其中很多花卉种类都与威尔逊有关。这些五彩缤纷、形态各异的野生花卉的照片，无疑会为热爱野生花卉的读者提供很多新的看点。

本书的出版得到美国哈佛大学阿诺德树木园的帮助：除了同意我们使用《百年追寻》书中威尔逊的老照片外，还新增授权我们使用这一次新发现拍摄点的老照片。除此之外，还有众多单位和个人为本书的编撰工作提供了大量的支持和帮助，我们对此表示由衷感谢。

左一图 1908年丹巴县境内大炮山东北坡的一处山谷

左二图 2008年，整体景观未变。在山谷远处原来生长灌丛和草甸的地方，出现了一大片红杉（*Larix potaninii*）幼林

右一图 2021年，红杉幼树较13年前长高了不少，山谷右侧方向绿色的林线，升高了50～100米

内容简介

这是一本内容独特的图书，将几代人在百余年间于中国西部地区的同一地点所获得的影像资料进行整理并研究对比，以反映中国西部生态环境和社会的变化。这种跨达百余年的资料对比研究，目前在国内鲜有开展。

2010 年，本书作者创作了《百年追寻——见证中国西部环境变迁》（以下简称《百年追寻》）一书。在《百年追寻》的创作过程中，作者收集到 1000 余张英国著名植物学家尔勒斯特·亨利·威尔逊在 20 世纪初拍摄的老照片，随后找到其中 250 张老照片的拍摄点，重新进行了拍摄，并将这 250 组新老照片进行了对比，直观、生动地展示了中国西部地区百年来生态环境的变迁和社会、经济等发生的巨大变化，给人一种意想不到的惊奇和心灵上的震撼。

《百年追寻》问世十年之后，作者又一次踏上了寻访"百年变迁"之路，在崇山峻岭间再度体会大自然的变化，在历史的丛林里、在秀美的山河间与百余年前的威尔逊再次展开穿越时空的对话。

又一个十年，又一次惊叹，本书以《百年追寻》为基础，将百余年前、十年前、当下这三个时期的照片进行精巧排列、一一对比，通过两位东西方植物学家跨越百余年的 275 组新老照片的影像重逢，记录中国西部地区生态环境的变迁，展示了我国西部大开发 20 年以来一系列生态工程带来的环境改善成果，讲述了中国西部建设宝贵的历史、难忘的故事和人民当下幸福的生活，揭示了生态环境、生物多样性变化与社会、经济发展之间的关系。作者倡导当代社会应当以可持续发展的理念去利用自然资源，同时呼吁全社会共同关爱被称为"世界园林之母"的中国之生态环境。

本书可为生态、植物、园艺、林草、文旅、气象、环保、城市规划和山地灾害防治等专业领域的工作者提供参考，也可为从事中国西部地区历史、文化、经济、文学艺术，以及民族学等研究的学术研究人员提供重要的参考资料，还可为相关地区生态旅游线路的规划和开发提供科学依据。同时，本书也可以被视为一本向大众介绍中国近代西部地区环境变迁的直观教材。

目录

三

重庆市 北线

—— 溶洞、天坑和古栈道之旅

四

重庆市 长江沿线

—— 三峡之旅

「七」

四川省 西南线

——穿越藏、彝、汉民族走廊之旅

「八」

四川省 南线

——峨眉圣山和"桌山"之旅

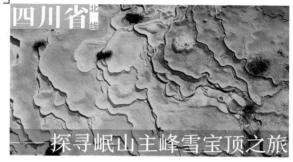

「九」四川省北线

——探寻岷山主峰雪宝顶之旅

+四川省岷江谷上游

——寻找"帝王百合"之旅

四.尾声

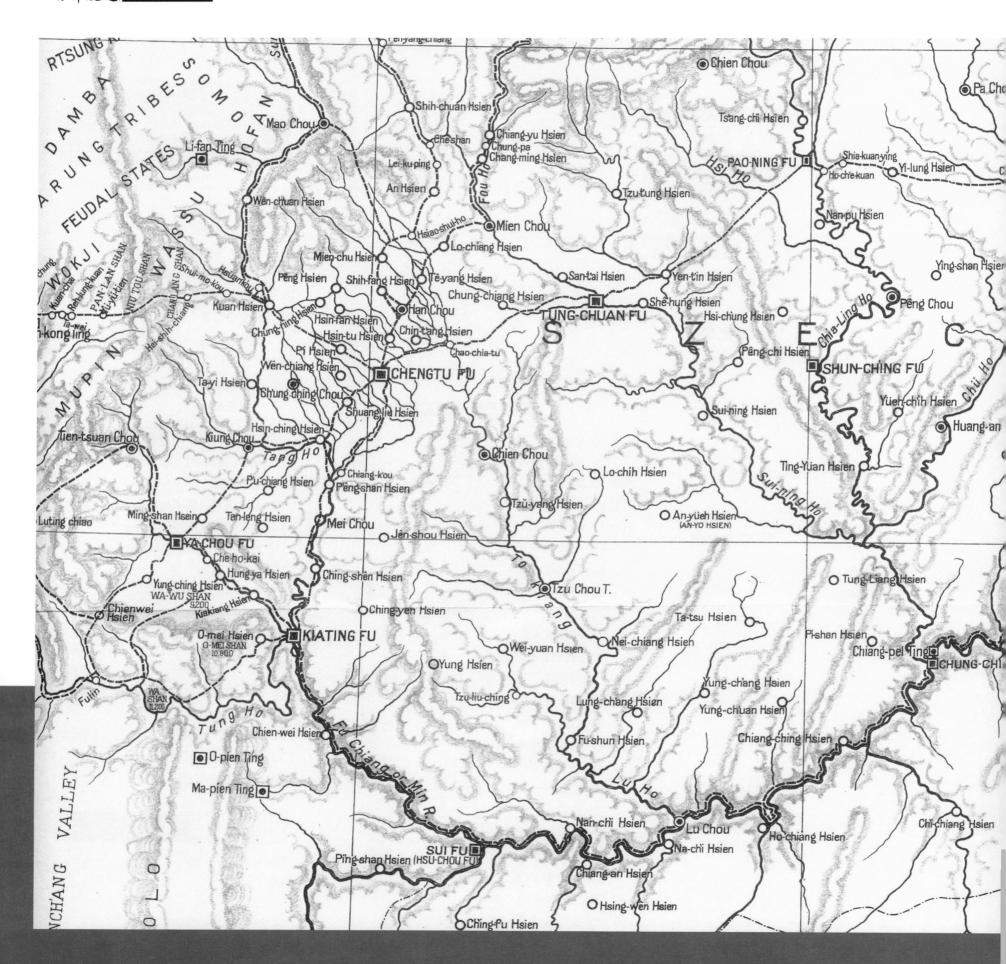

Map of
WESTERN HUPEH & SZECHUAN
to illustrate
"A NATURALIST IN WESTERN CHINA"

■ 威尔逊在中国湖北西部、四川考察路线图（资料来源：*A Naturalist in Western China*）

■ 1848 年建成的英国皇家植物园丘园（The Royal Botanic Gardens，Kew）的温室，是世界著名的温室之一。其外形像一艘倒置的航船。丘园也是威尔逊学习和工作过的地方

■ 松潘古城南门瓮城遗址公园内的威尔逊塑像。2014 年修建该塑像以纪念热爱中国并对松潘怀有深情的西方博物学家（贾林 摄）

一·威尔逊与中国

■ 威尔逊之路上的杜鹃花（孙有彬 摄）

威尔逊生平

　　尔勒斯特·亨利·威尔逊是 20 世纪初期世界著名的植物学家和园艺学家。1876 年 2 月 15 日，威尔逊出生在英国格洛斯特郡契平坎普敦（Chipping Campden）一个铁路工人家庭，家中有兄弟姐妹 6 人，他排行老大。他两岁时，全家迁居到伯明翰市郊区。由于家中人口多，作为长子的威尔逊，13 岁时便辍学并来到一个苗圃当了花匠学徒。

　　1893 年，16 岁的威尔逊被推荐到伯明翰植物园（Birmingham Botanical Gardens）并成为正式花匠，从此开始了他的园艺生涯。工作之余，他每周要到一所技工学校上课，学习植物学和园艺学理论知识。

　　1896 年 6 月，他在其专业的高级阶段技术考试中获评 A 级，并获得植物和园艺学科的"女王奖"。

　　1897 年，威尔逊离开伯明翰，到了英国最著名的皇家植物园丘园工作，一方面继续当花工，一方面将业余时间用在学习皇家园艺学会开设的更高级的园艺学课程，并以优异成绩获得国家奖学金。

　　1898 年，威尔逊到英国皇家科学院学习，于同年 10 月开始脱产学习植物学讲师课程，并打算毕业后当一名植物学教师。

　　1899 年 4 月，威尔逊受聘于英国切尔西的维奇园艺公司，第一次到中国考察收集植物，任务是寻找观赏树种珙桐。

　　1902 年 6 月 8 日，威尔逊与埃伦·甘德尔顿（Ellen Ganderton）结婚。

　　1903 年 1 月～1905 年 3 月，威尔逊再次受聘于英国切尔西的维奇园艺公司，第二次到中国考察、收集植物，寻找一种开黄花的罂粟科植物——全缘叶绿绒蒿。

左一图　威尔逊一家，1914 年于东京
左二图　威尔逊（中）在苗圃当学徒花工
右一图　威尔逊出生地（托尼·柯克汉姆 摄）
右二图　位于加拿大蒙特利尔的威尔逊墓地 （胡科 摄）

右一图

ERNEST HENRY WILSON
KEEPER OF THE ARNOLD ARBORETUM OF HARVARD UNIVERSITY
BORN CHIPPING CAMPDEN, GLOUCESTERSHIRE, ENGLAND.
15 FEBRUARY 1876
DIED WORCESTER, MASS. U.S.A. 15 OCTOBER 1930.
"WHOSE ARDOUR AS AN EXPLORER AND JUDGMENT AS A COLLECTOR
ADDED TO OUR GARDENS MANY EASTERN ASIATIC PLANTS." (&.MYO.LXXI)

右二图

1906 年 12 月～ 1909 年 3 月，应美国哈佛大学阿诺德树木园主任查尔斯·斯普雷格·萨金特（Charles Sprague Sargent）的邀请，威尔逊受聘于美国哈佛大学阿诺德树木园，又一次到中国考察，主要目的是收集木本植物、兰花，以及百合花球茎，并采集供科学研究用的植物标本。

1910 年 3 月～ 1911 年 3 月，威尔逊再次受聘于美国哈佛大学阿诺德树木园，到中国收集植物，主要目的是沿着陆路横穿湖北西部、重庆北部、四川北部，完成到中国西部的考察。

1911 年，他与阿诺德树木园的阿尔佛雷德（Alfred Rehder）合作，开始对在中国采集到的植物进行编目工作。此项工作进行了 6 年，共涉及 4 700 种植物的 6.5 万余份植物标本、1 593 份植物种子和 168 份植物切片。

1911 年底，威尔逊创作自己的第一本书，取名《一个博物学家在中国西部》（ A Naturlist in Western China）。该书于 1913 年 11 月分两卷在英国出版。

1914 年 1 月，威尔逊离开美国前往日本考察，收集了大约 2 000 份植物标本。回到美国后，他继续从事从中国采集植物的编目工作。

1917 年 1 月，威尔逊再次前往日本。同年 5 月中旬，他从日本到达朝鲜进行植物考察。

1918 年，威尔逊到中国台湾考察，目的是调查那里的森林情况并采集种子。

1919 年 3 月，威尔逊返回波士顿。同年 4 月，经萨金特推荐，他担任了阿诺德树木园主任助理。随后，他又接替萨金特担任了树木园主任。

1920 年 9 月～ 1922 年 4 月，威尔逊前往澳大利亚、新西兰、马来西亚、斯里兰卡、印度、南非等国考察并收集植物。

从 1925 年起，威尔逊与斯特拉特福出版公司（The Stratford Company）合作，先后撰写出版了《如果我们要建花园》（ If I were to Make a Garden）、《花园中的贵族》（ Aristocrats of the Garden）、《东亚百合花》（ Lilies of Eastern Asia）、《植物采集》（ Plant Hunting）、《花园中更多的贵族》（ More Aristocrats of Garden）、《中国——园林之母》（ China, Mother of Gardens）等专著。

1930 年 6 月，威尔逊获得美国康涅狄格州哈特福德三一学院（Trinity College, Hartford, Connecticut）授予的荣誉博士学位。

1930 年 10 月 15 日，威尔逊和妻子到纽约州的杰尼瓦市参加女儿的婚礼，在返回波士顿途中遭遇车祸逝世。

根据威尔逊生前遗愿，他和妻子的最后安息地选在加拿大蒙特利尔的蒙特罗雅公墓（ The Mount Royal Cemetery, Montreal, Quebec）。

威尔逊五次中国之行

从 1899 年至 1918 年，威尔逊先后五次到中国考察、收集植物，其中四次到中国中部和西部，一次到中国台湾。

第一次中国之行

1898 年，威尔逊通过了英国皇家科学院植物学讲师培训班考试。正当他打算用毕生精力从事植物教学工作时，一个完全不同的机会呈现在他的面前。

早在 1882 年，英国人奥古斯汀·亨利（Augustine Henry）受聘于清政府在宜昌的海关机构工作期间，除了负责对来往运送药材的商贩征税，还担负采集植物、收集蔬菜品种的任务。几年中，他成功采集了 2 500 多种植物，其中大约有 500 种是他以前未知的。他在给英国皇家植物园丘园的信中，多次要求派一个植物采集员来中国。与此同时，英国切尔西的维奇园艺公司也对来自中国的植物有兴趣，他们要求丘园的主任威廉（William）爵士推荐一个合适的采集者，威廉则提名了当时还正在学习的威尔逊。

1899 年初，威尔逊和维奇园艺公司签订了为期 3 年的合同，到中国采集植物并重点寻找著名的观赏树种珙桐。珙桐于 1869 年由法国传教士和博物学家阿尔芒·戴维（Armand David）在四川宝兴发现，因其极

左一图　青年时代的威尔逊
左二图　珙桐（*Davidia involucrata*）的发现者阿尔芒·戴维
左三图　阿尔芒·戴维在四川宝兴工作过的教堂
右一图　威尔逊第一次到中国的工作目标——珙桐

右一图

具观赏价值，被称为"中国鸽子树"或"手帕树"，西方园艺学界一直想从中国引进这种植物。

　　1899 年 4 月 11 日，威尔逊乘船去美国波士顿，在哈佛大学阿诺德树木园，拜访并请教了当时研究中国植物区系的权威人物、时任阿诺德树木园第一任主任的查尔斯·斯普拉格·萨金特教授。4 月 28 日，他乘火车离开波士顿去美国西部的旧金山，5 月 6 日乘船前往中国，并于 6 月 3 日到达中国香港。随后，经越南海防、河内、老街，9 月 1 日威尔逊到达中国云南蒙自，9 月 24 日到达思茅。在思茅，威尔逊见到了早些时候从宜昌调来这里的奥古斯汀·亨利博士。亨利向他介绍了几年前在湖北西部一条山沟里采集到珙桐植物标本的情况，并画了详细的地图。于是，威尔逊决定从云南经四川到湖北寻找珙桐。当时正值中日甲午战争之后，中国国内义和团运动爆发，动荡的时局使他的生命安全难以得到保障。因此，威尔逊不得不于 10 月

16 日离开思茅。11 月 26 日他到达中国香港，然后又到上海等待时机。

　　1900 年 2 月 24 日，威尔逊从上海坐船到宜昌，于 4 月 21 日到达巴东。航程中他遭遇了无数次的急流险滩，乘坐的木船险些撞上礁石。他按照亨利博士绘制的地图在巴东一处偏僻的山村里找到亨利发现的那棵珙桐生长地点时，看到珙桐树已被砍掉，只剩下一个树桩，他十分绝望。5 月 14 日，他在宜昌西南部发现一种藤本植物，上面结满了很好吃的果子，当地人称这些果子为"羊桃"，其实这就是具有重要经济价值的中华猕猴桃（中华猕猴桃被引种到新西兰成为当地农业栽培和水果加工业的基础）。5 月 19 日，威尔逊在宜昌西南部长阳县森林里考察时意外地被一根横着的树杈绊倒。当他看到树上开满了白色苞片的花朵时，竟发现这正是他要寻找的珙桐。该植物后来被定名为珙桐的一个变种，叫光叶珙桐。

左一图

第二次中国之行

　　1903 年初，威尔逊和维奇园艺公司签下了新的合同，并开始了他的第二次中国之行，目的是寻找一种开黄花的罂粟科植物——全缘叶绿绒蒿。几年前，一个叫普拉特（A. E. Pratt）的英国自然科学家曾两次进入中国西部的康定，在贡嘎山地区采集过这种植物标本，并对这种植物开花时呈现出来的无比华丽的形态做了十分详细的描写，这对众多西方人是一种难以抗拒的诱惑。

　　威尔逊乘船于 3 月 22 日到达上海，继续沿长江经宜昌、巴东、重庆航行，5 月 27 日到达四川宜宾。6 月 19 日他乘船沿岷江到达乐山，6 月 25 日他又从乐山出发至位于峨眉山西南部的大瓦山（今乐山市金口河区）进行考察。随后，他沿着西部的茶马古道，经汉源九襄翻过飞越岭，到达大渡河边的泸定冷碛，再经泸定和瓦斯沟，于 7 月 14 日到达康定。7 月 16 日，威尔逊登上康定县城南面一处叫向雅加埂的山坡，第二天终于在海拔 3 500 米的地带，找到此行寻找的目标——全缘叶绿绒蒿。8 月 4 日，威尔逊经雅安返回乐山休整。

　　8 月 10 日，威尔逊从乐山出发到成都，随后经灌县（今都江堰市）沿岷江河谷而上，于 8 月 27 日到达四川西北部松潘。8 月 31 日，在松潘北面海拔 3 500 米地带，他看到了另一种罂粟科植物——红花绿绒蒿。9 月底，他回到乐山。10 月 13 日，威尔逊离开乐山到峨眉山考察，后于 12 月份返回宜昌，然后将采集的标本寄回英国。

　　1904 年 4 月，威尔逊从宜昌出发，再次乘船到达乐山，5～6 月期间在康定四周采集标本。秋天，他经绵阳、江油、平武，沿西北方向第二次前往松潘，并在完成预定任务后，于 1904 年 12 月 5 日启程返回。1905 年初他到达宜昌后，于同年 3 月回英国。

　　威尔逊回国后，维奇园艺公司用 5 片纯金箔和 41 颗钻石制成一枚全缘叶绿绒蒿花瓣形状的胸针奖励他，随后威尔逊又被授予英国园艺界最高荣誉奖章。

左二图

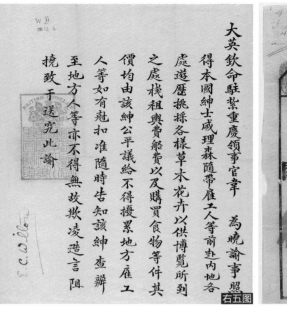

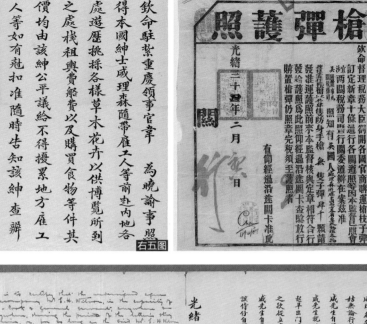

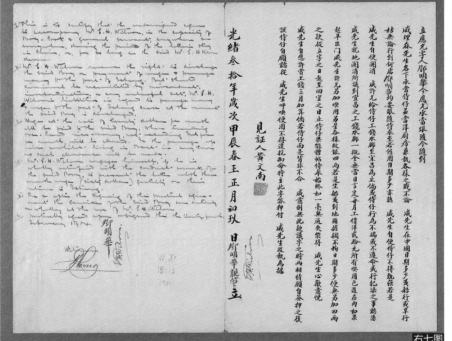

左一图　1903～1910年期间，威尔逊从湖北到四川考察，多次经过的长江三峡急流险滩
左二图　红花绿绒蒿（*Meconopsis punicea*；许其标 摄）
右一图　全缘叶绿绒蒿（*Meconopsis integrifolia*）
右二图　维奇园艺公司为奖励威尔逊，用黄金和钻石制作的全缘叶绿绒蒿花瓣形状胸针
右三图　清政府为威尔逊签发的护照（光绪年间）
右四图　清政府为威尔逊签发的护照（宣统年间）
右五图　英国驻重庆总领事馆为威尔逊出具的收集植物介绍信
右六图　威尔逊的猎枪持枪证
右七图　威尔逊与他的厨师的雇佣合同

左一图

左二图

左三图

第三次中国之行

1906 年 1 月，威尔逊被英国政府任命为伦敦帝国科学研究所（Imperial Institute of Science in London）的植物学研究助理，工作内容是在丘园植物标本馆鉴定来自中国香港的植物标本。同年 5 月，他唯一的孩子在丘园出生，他采自中国康定的一种报春花也开花了，他将孩子取名为 Muriel Primrose，这种报春花植物的拉丁文名是 *Primula wilsonii*，中文名为香海仙报春，又名威尔逊报春。

哈佛大学阿诺德树木园主任萨金特为扩大影响，加强其在西方植物学研究领域的中心地位，一直想组织一次属于其自己的中国植物考察。萨金特看到维奇园艺公司在中国考察成功，认为中国是最富有新植物的地方。同时，由于威尔逊具备两次在中国工作的经历，萨金特也认为威尔逊是前往中国进行植物考察最合适的人选。

威尔逊接受了阿诺德树木园的聘用，同意到中国开展为期两年的考察。威尔逊第三次中国之行的任务是以科学研究为主。

左四图

左五图

左六图

左七图

萨金特最感兴趣的是木本植物，他要求威尔逊对每种植物要制作几套标本，以便与世界各地的植物研究机构作交换，同时还要求威尔逊拍摄考察照片。

1906 年 12 月 27 日，威尔逊与阿诺德树木园正式签订协议，约定两个冬天和一个夏天在中国收集植物，并与美国农业部在中国的植物采集人佛兰克·麦尔（Frank Meyer）合作。1907 年 3 月，威尔逊第三次到上海，于 4 月 15 日到宜昌，4 月 21 日到巴东，先后在巴东、竹山、房县等地考察。当年夏天在江西的九江、庐山采集到荞麦叶大百合。9 月份他患了疟疾，使他的采集工作几乎中断。

1908 年初夏，威尔逊第二次到达成都。他先经什邡、绵竹、北川，到达位于岷江边的茂县，沿岷江河谷考察后经汶川、灌县回到成都。6 月 15 日，他决定从成都出发经丹巴再次前往康定。6 月 16 日他到达灌县。6 月 19 日他在翻越牛头山时采集到毛茛科植物绣球藤，以及松科植物四川

红杉等。在岷江边，他找到两种著名的花卉植物：一种是开着富丽蓝色小花的装饰灌木——岷江蓝雪花；另一种是岷江百合。这两种植物在 1908 年前后都被引种到西方。他 6 月 27 日到小金，6 月 30 日到达丹巴，7 月初到达康定，7 月底又返回成都，8 月底经雅安、洪雅回到乐山休整。9 月 4 日，威尔逊离开乐山去洪雅瓦屋山，在考察中发现一种新的山毛榉科植物，后命名为瓦山锥。10 月，他再次到汶川、茂县考察。当年剩下的两个月，他均在成都平原和大渡河沿岸工作。

1908 年 11 月中旬，威尔逊听到清王朝光绪皇帝和慈禧太后去世的消息，决定返回美国。他先到宜昌，将采集到的植物标本和种子、鳞茎等材料寄回美国，其中包括大量的岷江百合鳞茎。随后，威尔逊取道北京，经哈尔滨回到欧洲。当他回到美国时，萨金特已为他在阿诺德树木园安排了一个临时的职位。

右一图

左一图 威尔逊和萨金特
左二图 威尔逊的考察队
左三图 茶马古道上的背夫
左四图 岷江百合（*Lilium regale*）老照片
左五图 岷江百合
左六图 四川小金一处官寨门外的胡桃树
左七图 四川康定的牦牛运输队
右一图 岷江蓝雪花（*Ceratostigma willmottianum*）。1908 年威尔逊在四川汶川发现并引种至西方

第四次中国之行

威尔逊第四次到中国采集植物，也是为阿诺德树木园工作。

1910 年 3 月，他离开波士顿，先将妻子和女儿送回英国，再从英国经莫斯科到北京，于 6 月 1 日到达宜昌，4 日离开宜昌。6 月 10 日，他在兴山一个叫响滩的村庄，发现木犀科植物（一个新种）紫丁香。6 月 23 日，威尔逊到达四川东部，经巫溪（今属重庆市）、宣汉、平昌、阆中、三台等地，于 7 月 27 日到达成都。

这是他第三次到成都，威尔逊对中国西部这座繁荣的城市留下了深刻的印象，在他后来的著作中，称成都为"中国西部的花园"。8 月 8 日，威尔逊再次出发，经什邡、绵竹、安县、北川，于 8 月 15 日到达松潘的白羊乡，而后继续向北行进，翻越了一座海拔 3 000 米的垭口，到达平武一处叫叶塘的小村庄。在一座寺庙大院内，他见到了一棵极其壮观的珂南树，此树高 28 米，胸径 1.3 米，树冠直径达 26 米。

8 月 21 日，威尔逊到达岷山主峰雪宝顶脚下的黄龙沟。沟内的自然风光不仅给他留下深刻印象，而且他还在这里发现了黄花杓兰并将其成功引种到阿诺德树木园。黄花杓兰以高贵典雅的气质，被西方园艺界称为"高傲的玛格丽特"。

8 月 23 日，威尔逊到达松潘，这是他继 1903 年和 1904 年后第三次来这里。这座中国西部小城，物产丰富，气候温凉，人民友好，威尔逊称这里是中国境内"最适宜西方人居住的地方"，并表达过这里是他在中国旅途中唯一让他离去时感到留恋的地方。他在后来撰写的《中国——园林之母》一书中写道："如果命运注定要我生活在中国西部，我最大的愿望就是能住在松潘。"8 月 25 日他离开松潘，沿岷江走了 8 天，在地图上十分详细地标注了 6 000 株岷江百合的生长点，以便秋天再来采集鳞茎和种子。

9 月 3 日返回成都途中，在汶川附近的岷江河谷边，威尔逊遭遇山体滑坡，右腿被山上滚下的石块砸断。经过简单包扎，三天后他被抬到成都，虽经法国传教士医生医治，但未能将骨折部位接好。从 1899 年他第一次到中国，到 1910 年他右腿负伤，12 年中威尔逊在中国结识了很多朋友，当他准备离开成都到上海治疗腿伤时，意识到今后可能很难再来中国西部，于是，在沿途工作过的每一个地方他都要停下来，向所有曾经帮助过他的朋友一一告别。因此，一直到 1911 年 3 月他才到达上海。此时他的伤口已严重感染，错过了最佳治疗时机，留下了终生残疾。

1911 年 3 月中旬，威尔逊从上海乘船，于 1 个月后回到美国波士顿。

左一图

左二图

左三图

第五次中国之行

　　1918 年，威尔逊在日本和朝鲜考察后，来到中国台湾，目的是调研森林情况并采集种子。经过几个月的工作，他采集了几百种植物种子，其中他最感兴趣的是一种叫台湾杉的针叶树，该树幼年时十分美丽，成年树能生长到45 ～ 60 米高，胸径可达 9 米。在台湾他找到的年龄最大的树种是红桧，该树能长到 60 多米高，胸径可达 6 米，他找到的这棵树树龄超过 2 500 年。

左一图　平武珂南树（*Meliosma alba*）老照片
左二图　1910 年的松潘古城
左三图　国外一家报纸报道威尔逊受伤事件配发的插图
右一图　1992 年，英国丘园托尼在中国台湾同一地点拍摄的红桧（*Chamaecyparis formosensis*）
右二图　岷江边的一株柏木和旁边的一座两层楼的房子，摄于 1908 年。据考证，后来的阿坝州皮革厂便位于此处
右三图　白雪松，1918 年摄于中国台湾
右四图　被称为台湾神木的红桧，1918 年摄

"园林之母"和"中国威尔逊"

1899～1918年，威尔逊前后五次到过中国的中部、西部、香港和台湾，一共收集了4 700多种植物的6.5万余份标本，并将1 593份植物种子和168份植物切片带到了西方。

1917年，由美国哈佛大学阿诺德树木园主任萨金特教授撰写的三卷著作《威尔逊的植物》（*Plantas Wilsonianae*）在美国出版，该书几乎包含了威尔逊从中国带到西方的全部植物种类，其中新种（新变种）有270余种。此外，威尔逊第三次和第四次到中国为哈佛大学阿诺德树木园收集植物时，他的助手华特·瑟培（Walter Zappey）还兼为哈佛大学比较动物学标本馆收集了大量中国动物标本，这些标本中也包括了许多中国西部的兽类和鸟类新种。

18世纪的西方园艺学家从对中国引种的大量栽培花卉研究中得出中国是"中央花国"的结论。威尔逊在收集中国植物的基础上，通过对前人大量成果的归纳和总结，进一步强调了中国原产花卉植物对世界园林的巨大贡献。1929年，美国斯坦福出版公司在波士顿出版发行了威尔逊的《中国——园林之母》一书，该书是威尔逊根据自己长期在中国西部从事植物收集活动的经历写成。在这本著作中，他认为中国西部是全球温带植物区系最丰富的地方，他在总结前人提出的中国是"中央花国"的基础上，首次提出了"中国——园林之母"的著名论断，并把成都平原称为"中国西部的花园"，得到世界园艺界的广泛认同。

威尔逊在著作中谈到"在整个北半球温带地区的任何地方，没有哪个园林不栽培数种源于中国的植物"，"正是这些植物在装点和美化着世界温带地区的公园和庭院"，"我们的香水月季、野蔷薇，各种菊花、杜鹃、茶花、报春、牡丹、芍药、铁线莲，以及由这些植物培育出的众多品种，它们的原生种在中国东部和西部处处可见"，"中国还是柑橘、柠檬、香橼、桃、杏，以及所谓'欧洲核桃'的故乡"，"我们应当公正地看到，西方园林深深地受益于东亚，这种受益将随着时间的推移而增长"，"许多原先称为印度和毛里求斯的杜鹃及其他许多美丽的鲜花，其实都是原产于中国"。他甚至还这样写道："如果没有早先从中国来的舶来品，我们的园林和相关的花卉资源今天将会是何等可怜。"他的这些全新观点，直到今天仍受到西方园艺学界的公认。

威尔逊到中国的年代，正是中国人民遭受封建王朝和西方列强压迫、剥削的时期。威尔逊对当时中国人民的艰难处境充满了同情。在著作中他以在中国西部12年的亲身经历，高度赞扬了中国人民勤劳智慧和诚实包容的民族精神。辛亥革命前夕，西方社会一

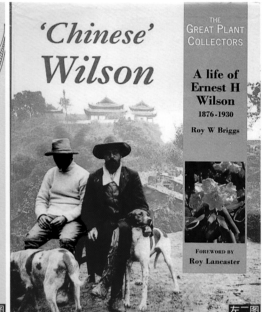

左一图　《中国——园林之母》封二
左二图　'Chinese' Wilson书封面。1997年，当本书作者看到这本书时，便决定了"重走威尔逊之路"的计划
左三图　英国皇家植物园丘园中的中国元素（托尼·柯克汉姆摄）
右一图　在阿诺德树木园里，栽培有很多从中国引种的树木
右二图　1906年，威尔逊从湖北神农架引种到美国阿诺德树木园的血皮槭（*Acer griseum*）
右三图　纽约布鲁克林植物园从中国引种的珙桐
右四图　纽约布鲁克林植物园从中国引种的梓树（*Catalpa ovata*）

右一图

右二图

右三图

右四图

左一图　英国伦纳德斯里花园一角（江珊 摄）
左二图　在英国伦纳德斯里花园里，很多杜鹃花种类都来自中国（江珊 摄）
右一图　纽约植物园的杜鹃花。在西方植物园里，很多杜鹃花的母本都是从中国引进的
右二图　英国爱丁堡道克植物园里最美的杜鹃树。繁花层层叠叠从树顶一直开到地面，
　　　　让人仿佛置身于四川西部高原（江珊 摄）

右一图

右二图

些对中国民主革命怀有偏见的人士四处散布"黄祸论"时，威尔逊却著文说"我不相信中国可能征服西方的'黄祸论'"，"中国人愿意劳动，随时随地都可以发现他们的勤劳和智慧，在白种人几乎不能生存的地方他们能够积累财富"。他对中国未来的前途充满信心，在他所著的《一个博物学家在华西》（*A Naturalist in Western China*）一书的结尾处，威尔逊满怀深情地写道："中华民族是一个伟大的民族，像凤凰一样，她有过兴旺的时代，我们有各种理由相信，她将再次从废墟中站起来。中国人民热爱和平，勤劳的人民从来不会被窒息或被抹掉，他们迟早会把握住自己，与欧美国家的人民肩并肩合作，去掌握未来世界的命运。"

除了植物外，威尔逊还向西方国家详细介绍了他在东方这个有着几千年文明历史的古老国度里所看到的一切：坚韧勤劳、包容和谐的伟大民族；艰险神秘的茶马古道和盐道；精美典雅的建筑艺术；博大精深的中华文化；神奇古朴的西部风情等。由于威尔逊对中国植物的成功收集和他对中国人民的友好情感，他被西方人称为"打开中国西部花园之门的人"和"中国威尔逊"。

威尔逊的一生及其工作成就，不仅极大地促进了西方对中国的了解，增强了东西方科学和文化的交流，还对今天我们研究中国西部地区的近代历史、民族文化、生物多样性和生态环境变迁具有重要的意义。

二·重返西部

花园

粉被灯台报春（*Primula pulverulenta*；廖仕林 摄）

西部花园概况

从 1900 年至 1910 年，威尔逊以湖北宜昌和四川成都作为根据地，进行了长达 11 年的植物采集活动，并将中国西部的大量植物带到了西方。威尔逊笔下的"园林之母"和"中国西部花园"，便是中国四川、重庆和湖北地区。他在中国考察的过程中，给西方带回 1 500 多种原产自中国的园艺植物，写下数十万字的考察日记，拍摄了上千张照片。正是这些奇花异卉、日记和图像资料，真实地反映了 100 多年前中国西部社会历史、山川环境，以及树木花卉的状况，让西方人对中国西部这片神奇的土地有了全新的认识。

通过威尔逊的"介绍"，在西方人的心目中，中国西部就像一座天然的大花园：初春时节，当大地还在大雪纷飞，报春、迎春和木兰便冒着凛冽的寒风在雪原中怒放；夏日的杜鹃、蔷薇、绿绒蒿、牡丹、芍药、百合、鸢尾、毛茛，把山谷、原野装扮成一片花的海洋；秋天，高原的菊花迎着秋风盛开，草甸的龙胆则将湿地变成一片片薄雾般的淡蓝色池塘；隆冬季节，山谷中的蜡梅傲霜绽放，艳丽的山茶花也盛开在溪畔和路旁。

40 余年前，当中国再次向世界打开国门之时，美国哈佛大学和英国皇家植物园的科学家们，以及大批的西方园艺爱好者，便来到中国，在鄂西神农架、川西岷江上游和甘孜藏族自治州，一次次地追寻威尔逊的足迹，探寻这片神奇土地。1997 年 5 月，作者陪同由英国皇家园艺学会组织的考察队专程到四川西部考察野生花卉。这些人来自英国、美国、加拿大、澳大利亚等十多个国家，虽然他们从事医生、律师、商人、教师、农场主，以及政府雇员等不同的职业，却只有一个共同目的，就是到中国西部来看看当年威尔逊收集植物的地方。作者在一路上与他们的交谈中得知，在他们的私人花园里，都栽种了大量原产自中国的植物，他们对这些植物十分喜爱。在整个考察过程中，所有的人都表现得格外兴奋，有时为了能找到某一种野生花卉，他们舍弃坐车宁愿步行，其中有一位叫查尔斯（Charles）的老人尤其让我们感动。第二次世界大战期间，他曾获得世界无动力飞行冠军，82 岁高龄的他在野外考察过程中从不掉队，在四川九龙县，他竟然颤颤巍巍地拄着拐杖，登上海拔 4 500 多米的山峰，其目的就是想看一看沿途的高山植物和远在 50 千米外海拔 7 556 米高的贡嘎山主峰。

有一天，旅行车正行驶在岷江上游河谷，当他们看到正在盛开的岷江百合时，几乎同时发出尖叫："Stop！Regal lily！Wilson！"（停车！帝王百合！威尔逊！）有的人甚至激动得热泪长流。驾驶员刚停车打开车门，这些一向彬彬有礼的西方人竟不顾安危，横穿公路，径直奔向生长着岷江百合的悬崖。为防止意外，作者和另一个同事只好分别站到公路两端，阻拦来往车辆，一面不停地向驾驶员们解释，一面指挥考察队员们注意安全，靠向公路内侧。事后，他们一再道歉，请我们谅解他们

 在四川西部海拔 4 000 米的高山杂类草甸上，五彩缤纷的花卉盛开（张铭 摄）

 四川贡嘎山西坡海拔 3 400 米帽斗栎（*Quercus guyavifolia*）林下，生长着贡嘎山杜鹃（*Rhododendron gonggashanense*）和亮叶杜鹃（*Rhododendron vernicosum*），把这里的森林装饰成了天然的花园（周华明 摄）

右一图 在四川盆地西南部大瓦山上的冷杉林缘，成片生长着粉被灯台报春（先云仲 摄）

右二图 100 多年前，著名的英国探险家巴伯尔（E. C. Baber）称大瓦山是"世界上最具魔力的天然公园"（先云仲 摄）

右一图

右二图

左一图

左二图

左一图　盛开在四川巴朗山的全缘叶绿绒蒿，场面十分壮观（邹滔 摄）
左二图　腥红色的管花马先蒿（*Pedicularis siphonantha*）将四川西部海拔 4 000 米的高山草甸打扮得格外美丽（邓强 摄）
右一图　在四川贡嘎山西坡的溪流边，常常出现亮叶杜鹃的身影（邹涛 摄）

右一图

的激动。他们还告诉我，在他们私人的花园里，这些来自中国的花卉，就像他们自己的孩子一样受到疼爱，能够有幸来到"孩子们"的故乡寻访，是他们一生最大的心愿。

威尔逊笔下的"中国西部花园"，为何对西方人有如此大的吸引力呢？在被称为地球第三极的青藏高原隆起之前，中国西部与包括欧美在内的世界同纬度地区，地形和气候几乎是一致的，动植物种类也有很大的相似性。后来由于青藏高原的抬升，地貌和气候发生了很大变化，这里与其他地区的差异性越来越大。鄂西、重庆和四川地区，从东到西，处于中国东部亚热带山地向青藏高原的过渡地带，有神农架、大巴山、米仓山、龙门山、岷山、邛崃山、大相岭、大雪山等一系列山脉相连；从南到北位于北半球亚热带到温带的过渡带，有长江、金沙江、大渡河、岷江、嘉陵江、汉江等大江大河流经其间。中国西部地区地质历史悠久、海拔高低悬殊、自然条件多样，最低处的长江河谷海拔不足100米，最高处的大雪山主峰贡嘎山海拔高达7 556米。西部地区有平原、山地、峡谷、高原等多种地貌类型，也有从亚热带到寒带的多种气候带，为动植物的繁衍和生存提供了有利条件。在西

部高原地区，由于250万年以来青藏高原的不断隆起，分化和繁衍出了很多新的动植物种类，这里被称为"中国特有动植物的摇篮"；在东部山麓和峡谷地区，由于有北面众多山脉作屏障，使得一些远古地质年代的物种躲过了第四纪大陆冰川的侵袭，奇迹般地生存下来，这里被叫作"古老动植物的避难所"。

据统计，该地区现在保存有1.2万种以上的高等植物，其中有数以千计的各种观赏花卉和园艺树木。这里不仅是被称为"活化石"的珙桐、水杉、银杉、金钱松、崖柏等珍稀特有植物的原产地，也是被称为青藏高原"五大名花"的杜鹃、报春、龙胆、绿绒蒿、月季演化的摇篮。例如被威尔逊称为"绿色世界中的贵族"的杜鹃花，全世界有大约800个野生种，其中中国有近600种，更值得惊叹的是在中国西部就有400多种，威尔逊从这里引种了60多种。如今，西方国家园艺界成立了专门的杜鹃花协会，并已经从中国引种的野生杜鹃花中培育出5 000多个栽培品种。又如：报春花属植物，全世界约有500种，中国有290余种，在中国西部报春花的种类占全国的50%以上。除野生植物外，中国西部还生活着1 000多种哺乳类、鸟类、

左一图

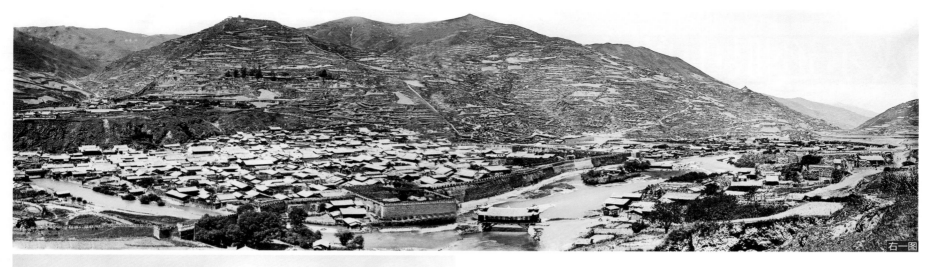

两栖类、爬行类和鱼类等脊椎动物。举世闻名的珍稀动物大熊猫、川金丝猴、中华鲟等也栖息在这一地区。自人类诞生以来，就和这里的植物、动物组成了一个和谐的整体，共同生活在这座美丽的大花园内。这里是全球关注的"物种基因库"，是全世界生物学家毕生向往的神秘地区，也是研究地球历史演变和生物进化的科学基地。近年来，这里还被国际众多环境保护组织列为世界生物多样性最丰富的热点地区之一。

中国西部不仅是有着雄伟神奇的自然景观和丰富的动植物资源的花园，也是我国多民族聚居的走廊地带，不同民族在历史发展中创造出了绚丽多彩的区域文化和民族文化——神秘灿烂的巴楚文化、悠久辉煌的古蜀文化、雪域高原的藏文化，以及高山峡谷的羌文化和彝文化，对全世界都有着巨大的吸引力。百余年前，当威尔逊看到在岷江上修建的都江堰水利工程时，他曾为 2 000 年前古代中国人民治水的聪明智慧而惊叹；汶川巴朗山和康定雅加埂雪山下五彩缤纷的高山花卉曾使威尔逊陶醉；涪江上游美丽的黄龙钙华景观使威尔逊流连忘返；位于大渡河畔丹巴的千年古碉楼，更是让他激动万分。长久以来，我国人民对于中国作为"园林之母"对现代文明世界的重大贡献缺乏了解，这种情况今天理应得到改善。

昨天，是一页翻过的历史；今天，是一个崭新的起点；明天，是一幅宏伟的蓝图。中华大地沧桑巨变中，100 年光阴转瞬即逝，当我们今天重返"中国西部花园"之时，历史早已翻开崭新的一页，透过岁月的时空变幻，我们在体会 100 年来中国西部的环境变化和与威尔逊的时空对话中，重新去感知这段历史，更是为了积聚起奋发向上的力量，去建设美好的明天。

让我们共同努力，守护好中国西部这片美丽的大花园。

左一图 蓝天白云下，黄龙的彩池显得更为娇艳（贾林 摄）
右一图 松潘古城
右二图 茂县羌城（何其华 摄）
右三图 阆中古城

威尔逊眼中的中国园艺花卉明星

1. 珙桐属 *Davidia*

珙桐是世界著名的观赏植物，由法国著名博物学家和传教士戴维于1869年在四川宝兴县发现。1899年，威尔逊第一次到中国就是为了寻找珙桐。在行程上万千米、历尽艰辛之后，威尔逊于1900年5月19日在宜昌西南部的长阳县找到珙桐。他在当天晚上的日记中写到："它的两枚苞片，在最轻的微风中也会被吹动，仿佛是树丛中的大蝴蝶或展翅欲飞的小鸽子。"从此，西方人便把珙桐称为"中国鸽子树"。

（注：威尔逊从长阳县引种的是珙桐的变种光叶珙桐。）

1-1 光叶珙桐（*Davidia involucrata* var. *vilmoriniana*）。1900年，威尔逊从湖北长阳县引种（庄平 摄）

1-2 珙桐（*Davidia involucrata*）

2. 绿绒蒿属 *Meconopsis*

根据最新资料，绿绒蒿属植物全世界有 79 种，中国约有 60 种，主要分布于四川、云南、甘肃、西藏、青海等地，是喜马拉雅高山地带的一个特殊类群。它的花瓣薄如蝉翼，色彩艳丽多变，在高原阳光的照射下，呈现出绸缎般令人炫目的光泽，有"荒野丽人"和"华丽美人"之称。

1903 年，威尔逊第二次到中国，就是为寻找开黄色花的全缘叶绿绒蒿。

而后他又在松潘找到了红花绿绒蒿。英国著名植物学家乔治·泰勒（George Taylor）曾这样赞美红花绿绒蒿："没有哪一种花能同时享有最高和最奢华的名号，看见它们用最华丽的色彩装饰着小灌木和草地时，所有初次邂逅它的人，都会为它而疯狂。"

2-1 全缘叶绿绒蒿（*Meconopsis integrifolia*；周华明 摄）
2-2 尼泊尔绿绒蒿（*Meconopsis wilsonii*；郑东黎 摄）
2-3 红花绿绒蒿（*Meconopsis punicea*）。威尔逊 1903 年从四川松潘县引种
2-4 五脉绿绒蒿（*Meconopsis quintuplinervia*）
2-5 川西绿绒蒿（*Meconopsis henrici*）
2-6 总状绿绒蒿（*Meconopsis racemosa*；邹涛 摄）

3. 杜鹃花属 *Rhododendron*

杜鹃花属植物在园艺界占有重要的位置，在西方被称为"花园中的贵族"。全世界约有 900 种，我国约有 600 种，主要产于西南和华南。威尔逊一共引种了 60 余种。他在著作中曾这样赞美杜鹃花："在杜鹃花盛开的季节到中国西部山区旅游，欣赏着美丽的聚会，远胜过到世界上其他地方。"

3-1 峨马杜鹃（*Rhododendron ochraceum*）。威尔逊1908年在四川洪雅瓦屋山发现并引种

3-2 美容杜鹃（*Rhododendron calophytum*）。威尔逊1908年在四川荥经县瓦屋山发现并引种

3-3 岷江杜鹃（*Rhododendron hunnewellianum*）。威尔逊1908年在四川汶川县发现并引种（庄平摄）

3-4 无柄杜鹃（*Rhododendron watsonii*）。威尔逊1908年在四川西北部发现并引种（庄平摄）

3-5 皱皮杜鹃（*Rhododendron wiltonii*）。威尔逊1903年在峨眉山发现并引种

3-6 满山红（*Rhododendron mariesii*）。威尔逊1901年在湖北宜昌发现并引种

3-7 黄杯杜鹃（*Rhododendron wardii*；庄平摄）

3-8 海绵杜鹃（*Rhododendron pingianum*；庄平摄）

3-9 大白杜鹃（*Rhododendron decorum*；高信芬摄）

3-10 云锦杜鹃（*Rhododendron fortunei*）是最早引种到西方的杜鹃花（庄平摄）

3-11 露珠杜鹃（*Rhododendron irroratum*；庄平摄）

3-12 树形优美、花色淡雅的贡嘎山杜鹃（*Rhododendron gonggashanense*；周华明摄）

3-13 附生在枯树干上的树生杜鹃（*Rhododendron dendrocharis*）仿佛点燃了生命的火焰（康志立摄）

4. 木兰科 *Magnoliaceae*

威尔逊赞美木兰科植物道："没有哪一类乔灌木能比木兰科植物盛开出更大更繁盛的花朵。"木兰科植物全世界约有 90 种，中国有 31 种。木兰科植物花瓣硕大，高贵而典雅，色彩多变，是著名的早春观赏植物。威尔逊一共从中国引种了 7 种，其中最具魅力的西康天女花就是以他的名字命名的。这种木兰是一种小乔木，不同于其他早春开花植物，它每年 6 月在叶片长出后才开花，花瓣白色下垂，初开为杯状，盛开后为蝶状，7～10 厘米大，紫红色的雄蕊在白色的花瓣衬托下特别醒目。它的花还带有一种让人陶醉的幽香。

4-1 西康天女花（*Oyama wilsonii*）。威尔逊 1908 年在四川泸定发现并引种（李庆忠 摄）

4-2 圆叶天女花（*Oyama sinensis*）。威尔逊 1908 年在四川汶川卧龙发现并引种

4-3 凹叶玉兰（*Yulania sargentiana*）。威尔逊 1903 年在四川大瓦山发现并引种（李策宏 摄）

4-4 光叶玉兰（*Yulania dawsoniana*）。威尔逊 1908 年从四川泸定引种

4-5 厚朴（*Houpoea officinalis*）。威尔逊 1907 年在江西庐山发现并引种（高信芬 摄）

4-6 紫玉兰（*Yulania liliiflora*；高信芬 摄）

5. 报春花属 *Primula*

报春花属植物全世界约有 500 种，中国约有 300 种，四川西部是本属植物分布的中心。20 世纪初，英、美等国曾多次派人来我国采集本属植物，其中英国就从我国引种 110 余种，并培育出了许多美丽的园艺品种，广泛栽培于欧美各国的庭园。

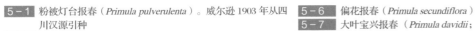

5-1 粉被灯台报春（*Primula pulverulenta*）。威尔逊 1903 年从四川汉源引种

5-2 橘红灯台报春（*Primula bulleyana*；庄平 摄）

5-3 黑萼报春（*Primula russeola*；郑东黎 摄）

5-4 苣叶报春（*Primula sonchifolia*）

5-5 钟花报春（*Primula sikkimensis*；高信芬 摄）

5-6 偏花报春（*Primula secundiflora*）

5-7 大叶宝兴报春（*Primula davidii*；王进 摄）

5-8 十分罕见的深紫报春（*Primula melanantha*；庄平 摄）

5-9 宝兴掌叶报春（*Primula heucherifolia*；秦隆 摄）

5-10 香海仙报春（*Primula wilsonii*）。威尔逊 1903 年从四川康定引种（朱鑫鑫 摄）

6. 百合属 *Lilium*

　　百合属植物全世界约有 80 种，中国约有 40 种，岷江百合便是其中最重要的一种。1910 年，威尔逊第四次到中国，在四川茂县至汶川一带的岷江河谷中，收集了大量岷江百合鳞茎和种子。为寻找岷江百合，他遭遇滑坡，被山上飞下的石块砸断右腿，不仅不后悔，还戏称自己是"百合跛子"，并著文赞美岷江百合："它的花很漂亮，香气芬芳，使我心醉。如此珍稀的宝贝，它的家竟然在遥远和贫瘠的地区，真像大自然开的玩笑。"

6-1 岷江百合（*Lilium regale*）。威尔逊在四川岷江上游河谷发现，并于 1908 年和 1910 年两次引种

6-2 通江百合（*Lilium sargentiae*）。威尔逊 1908 年在四川泸定发现并引种

6-3 川百合（*Lilium davidii*）

6-4 野百合（*Lilium brownii*；高信芬 摄）

6-5 大理百合（*Lilium taliense*；王飞 摄）

6-6 尖被百合（*Lilium lophophorum*；周华明 摄）

6-7 宝兴百合（*Lilium duchartrei*；周华明 摄）

6-8 黄绿花滇百合（*Lilium bakerianum* var. *delavayi*；周华明 摄）

6-9 匍茎百合（*Lilium lankongense*；高信芬 摄）

6-10 南川百合（*Lilium rosthornii*；高信芬 摄）

6-11 紫喉百合（*Lilium primulinum* var. *burmanicum*；高云东 摄）

6-12 墨江百合（*Lilium henrici*；高云东 摄）

7. 龙胆属 *Gentiana*

　　龙胆属植物全世界约有 400 种，中国约有
250 种，大多数种类集中在西南山地，主要生长
在高山流石滩、高山草甸和灌丛中。杜鹃、报春和
龙胆，被称为"青藏高原的三大名花"。威尔逊在
他的著作中写道："在阳光明媚的日子里，高山草
地到处盛开着龙胆属植物的花朵，它们以多种形态
组成一片片蓝色的花池。"龙胆属植物不仅有很高
的观赏价值，也是重要的药用植物。

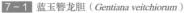

7-1　蓝玉簪龙胆（*Gentiana veitchiorum*）
7-2　阿墩子龙胆（*Gentiana atuntsiensis*；郑东黎 摄）
7-3　大花龙胆（*Gentiana szechenyii*；周小林 摄）
7-4　红花龙胆（*Gentiana rhodantha*；周小林 摄）
7-5　深红龙胆（*Gentiana rubicunda*；周小林 摄）
7-6　云雾龙胆（*Gentiana nubigena*；晏兆莉 乔永康 摄）
7-7　华丽龙胆（*Gentiana ornata*；胡君 摄）
7-8　东俄洛龙胆（*Gentiana tongolensis*；胡君 摄）

8. 芍药属 *Paeonia*

芍药属植物全世界有 35 种，中国有 11 种。该属植物中的牡丹，被拥戴为"花中之王"，1985 年曾被评为"中国十大名花"之一。牡丹在中国栽培历史悠久，培育出的新品种达数百个，被广泛种植，并引种到世界各地。

牡丹花色泽艳丽，富丽堂皇，相关的文学和绘画作品自唐代以来就很丰富。此外，牡丹、芍药也是我国重要传统中药材之一。

8-1 芍药（*Paeonia lactiflora*）
8-2 美丽芍药（*Paeonia mairei*；高信芬 摄）
8-3 四川牡丹（*Paeonia decomposita*；洪德元 摄）
8-4 滇牡丹（*Paeonia ludlowii*；单媛 摄）

9. 蔷薇属 *Rosa*

蔷薇属植物全世界约有 200 种，中国有 82 种。本属是世界著名的观赏花卉之一。由于形态上的差异，蔷薇属又有蔷薇、月季和玫瑰之分，其中月季有"花中皇后"之称。中国蔷薇属植物深受西方重视，他们用中国的野生种类和原有的品种杂交，培育出许多优美新品种。原产中国的月季花，在培育现代月季新品种中起着重要的作用。

威尔逊从中国一共引种了 18 种蔷薇，其中包括以他女儿名字命名的西南蔷薇、以他夫人名字命名的卵果蔷薇和以他绰号"中国威尔逊"命名的多花长尖叶蔷薇。他引种的最壮观的蔷薇是腺梗蔷薇，其匍匐枝长达 9 米，开白色浓香花，花簇达 30 厘米。他还这样赞美中国蔷薇："在蔷薇花盛开的日子里，当你在中国山区旅行，尤其在清凉的早晨和傍晚，当空气中充满着蔷薇花散发出的香气，真是一种来到天堂的享受。"

9-1 单瓣月季花（*Rosa chinensis* var. *spontanea*）。月季花的原始种，威尔逊 1910 年在四川巴中发现并引种（高信芬 摄）

9-2 小叶蔷薇（*Rosa willmottiae*）。威尔逊 1903 年在四川松潘发现并引种

9-3 华西蔷薇（*Rosa moyesii*）。威尔逊 1903 年在四川康定发现并引种

9-4 卵果蔷薇（*Rosa helenae*；高信芬 摄）

9-5 西南蔷薇（*Rosa murielae*；鞠文彬 摄）

9-6 黄蔷薇（*Rosa hugonis*；高信芬 摄）

9-7 铁杆蔷薇（*Rosa prattii*；高信芬 摄）

9-8 绢毛蔷薇（*Rosa sericea*；高信芬 摄）

10. 鸢尾属 *Iris*

鸢尾属植物全世界约有300种, 中国约有60种。鸢尾花又叫蓝蝴蝶花或紫蝴蝶花, 是世界著名的庭园栽培花卉, 深受西方人喜爱, 被法国人视为国花。著名的荷兰画家凡·高1889年画的一幅油画《鸢尾花》, 在1988年被拍卖出5 390万美元的天价。

鸢尾属植物中仅有两种开黄花, 均产自中国。威尔逊1903年从神农架发现并引种了黄花鸢尾, 它可以长到75厘米高, 每个茎干上长两朵带有香味的花。另一种叫云南鸢尾, 是以采集人乔治·福雷斯特的名字命名。

10-1 黄花鸢尾 (*Iris wilsonii*)。威尔逊1903年在湖北房县发现 (王飞 摄)

10-2 西南鸢尾 (*Iris bulleyana*)

10-3 金脉鸢尾 (*Iris chrysographes*)

10-4 锐果鸢尾 (*Iris goniocarpa*; 王进 摄)

10-5 薄叶鸢尾 (*Iris leptophylla*; 王进 摄)

10-6 紫苞鸢尾 (*Iris ruthenica*; 周华明 摄)

11. 杓兰属 *Cypripedium*

杓兰属植物全世界约有 50 种，中国有 32 种。杓兰属植物具有很高的观赏价值，它被称为 "Lady's slipper（女士的拖鞋）"，这源自它们的花具有巨大袋形唇瓣，令人联想到一只拖鞋。杓兰属植物是北温带地区的种类，在中国西部地区，由于海拔高差很大，一些亚高山地带也分布着很多种类的杓兰，在四川西北部的黄龙自然保护区内，就分布有 12 种。

1904 年和 1910 年，威尔逊曾两次考察黄龙，并从黄龙引种了黄花杓兰和西藏杓兰。

11-1　毛杓兰（*Cypripedium franchetii*）。威尔逊 1901 年在湖北神农架发现并引种（邹滔 摄）
11-2　黄花杓兰（*Cypripedium flavum*）。威尔逊 1910 年从四川松潘县黄龙引种
11-3　西藏杓兰（*Cypripedium tibeticum*）
11-4　大花杓兰（*Cypripedium macranthos*）
11-5　紫点杓兰（*Cypripedium guttatum*；邹滔 摄）
11-6　黄囊杓兰（*Cypripedium calceolus*；李庆忠 摄）
11-7　离萼杓兰（*Cypripedium plectrochilum*；李庆忠 摄）
11-8　无苞杓兰（*Cypripedium bardolphianum*；邹滔 摄）
11-9　云南杓兰（*Cypripedium yunnanense*；李庆忠 摄）
11-10　华西杓兰（*Cypripedium farreri*；邹滔 摄）

11-6

11-8

11-9

11-7

11-10

12. 紫堇属 *Corydalis*

　　紫堇属植物全世界有 428 种，中国约有 300 种。紫堇属系一年生或多年生草本植物，有着灰绿色的叶子和穗状花序，花瓣可为紫色、蓝色、黄色、玫瑰色或白色，像一只只小蜻蜓，整齐地排列在花茎上。紫堇属是著名的庭园岩生植物。1901 年，威尔逊在湖北神农架发现并引种了川鄂黄堇，并以他的名字命名。

　　紫堇也是一种重要的药用植物。

12-1　川鄂黄堇（*Corydalis wilsonii*）。威尔逊
　　　1901 年在湖北房县发现并引种
12-2　羽叶紫堇（*Corydalis pinnata*；王进摄）
12-3　曲花紫堇（*Corydalis curviflora*；王进 摄）
12-4　穆坪紫堇（*Corydalis flexuosa*；王进摄）
12-5　钩距黄堇（*Corydalis hamata*；王进 摄）

13. 苹果属 *Malus*

海棠是蔷薇科苹果属和木瓜属多种植物的通称与俗称。海棠类植物多被用于城市绿化、美化的观赏花木，其中不乏果实有很高食用和药用价值的品种。海棠花姿潇洒，花开似锦，自古以来是雅俗共赏的名花，素有"花中神仙""花中贵妃"之称，更有"国艳"之誉。

威尔逊 1903 年从湖北神农架引种的湖北海棠，在西方被认为是最漂亮的物种之一。每年四、五月份，从粉红色的花蕾中绽放出白色和玫瑰色相间的芬芳小花，将其衬托得更加迷人。海棠的果实较小，秋天逐渐变红，还具有很高的观赏价值。

13-1 湖北海棠（*Malus hupehensis*；李蒙摄）
13-2 西蜀海棠（*Malus prattii*；李蒙摄）
13-3 花叶海棠（*Malus transitoria*；李蒙摄）
13-4 滇池海棠（*Malus yunnanensis*；李蒙摄）
13-5 陇东海棠（*Malus kansuensis*；李蒙摄）

14. 山茶属 *Camellia*

　　山茶属植物全世界约有 280 种，我国约有 238 种。源于山茶属植物的茶树叶是风靡世界的"健康饮料"，也是国际贸易的重要商品。此外，山茶种子中含油量高，是食用油及工业用油的重要来源。大多数山茶属植物种类具有观赏价值，如金花茶、西南红山茶等。1903 年，威尔逊从四川大瓦山引种了尖连蕊茶。

14-1　尖连蕊茶（*Camellia cuspidata*；王仲朗 摄）
14-2　山茶（*Camellia japonica*；王仲朗 摄）
14-3　毛蕊红山茶（*Camellia mairei*；李策宏 摄）
14-4　红花三江瘤果茶（*Camellia pyxidiacea* var. *rubituberculata*；王仲朗 摄）
14-5　长管连蕊茶（*Camellia elongata*；李策宏 摄）
14-6　怒江红山茶（*Camellia saluenensis*；王仲朗 摄）
14-7　西南红山茶（*Camellia pitardii*；王仲朗 摄）
14-8　贵州连蕊茶（*Camellia costei*；王仲朗 摄）
14-9　滇山茶（*Camellia reticulata*；王仲朗 摄）
14-10　金花茶（*Camellia petelotii*；管开云 摄）

15. 枸子属 *Cotoneaster*

　　枸子属植物全世界约有 90 种，中国约有 50 种。枸子属植物春天开白色或粉红色簇花，秋天结出鲜红、紫红或黑色的浆果，具有很高的观赏价值，是重要的园艺物种。

　　威尔逊从中国大约引种了 20 种（在本书出版之时，威尔逊引种的品种未拍摄到照片），著名的有矮生枸子、光叶枸子、西北枸子、木帚枸子、川康枸子等。其中矮生枸子还可以作为护岸的植物。

15-1　宝兴枸子（*Cotoneaster moupinensis*；李蒙 摄）
15-2　多果枸子（*Cotoneaster ogisui*；王晓艳 摄）
15-3　柳叶枸子（*Cotoneaster salicifolius*；李蒙 摄）
15-4　泡叶枸子（*Cotoneaster bullatus*；李蒙 摄）
15-5　平枝枸子（*Cotoneaster horizontalis*；李蒙 摄）

16. 花楸属 *Sorbus*

花楸属植物全世界约有 80 种，中国约有 50 种。多数花楸属植物有密集的花序，点缀着很多白色花朵，秋季结成红色、黄色或白色的果实，挂满枝头，是重要的花果兼用的观赏植物。有的种类还是果树育种的重要原始材料之一。

威尔逊在中国发现并引种约 10 种花楸属植物，著名的有华西花楸、西南花楸、川滇花楸和四川花楸等。

16-1 著名的观叶和观果植物西康花楸（*Sorbus prattii*）。威尔逊1903年在湖北巴东发现引种

16-2 西南花楸（*Sorbus rehderiana*）。威尔逊1903年从四川康定引种（李蒙 摄）

16-3 川滇花楸（*Sorbus vilmorinii*）。威尔逊1908年从四川康定引种（李蒙 摄）

16-4 陕甘花楸（*Sorbus koehneana*）。威尔逊1903年在湖北神农架发现并引种（陈文凯 摄）

16-5 晚绣花楸（*Sorbus sargentiana*）。威尔逊1908年从四川巴郎山发现并引种（李蒙 摄）

16-6 华西花楸（*Sorbus wilsoniana*；李蒙 摄）

16-7 四川花楸（*Sorbus setschwanensis*）。威尔逊1908年在灌县发现并引种（陈文凯 摄）

16-8 美脉花楸（*Sorbus caloneura*）。威尔逊1910年从今重庆巫山县引种（李蒙 摄）

16-9 冠萼花楸（*Sorbus coronata*；李蒙 摄）

16-10 湖北花楸（*Sorbus hupehensis*；向双 摄）

17. 菊科 *Asteraceae*

　　菊科植物全世界约有 1 000 属，25 000～
30 000 种，我国约有 200 余属，2 000 多种。菊
科植物中的许多种类，花的色彩美丽鲜艳，是重要
的观赏花卉，世界各地庭园均有栽培。此外，菊科
植物中的许多种类还富有经济价值和药用价值：莴
苣、莴笋、茼蒿、菊芋等可作蔬菜；向日葵、小葵
子、苍耳的种子可榨油，供食用或工业用；橡胶草
和银胶菊可提取橡胶；艾纳香可蒸馏制取冰片；除
虫菊为著名的杀虫剂；白头婆、紫菀、旋覆花、天
名精、茵陈蒿、艾、白术、苍术、牛蒡、红花、蒲
公英等为重要的药用植物等。

17-1　翠菊（*Callistephus chinensis*）。最早从中国引种
　　　到西方的花卉 （周小林 摄）
17-2　条叶垂头菊（*Cremanthodium lineare*；王飞 摄）
17-3　高山紫菀（*Aster alpinus*；向双 摄）
17-4　缘毛紫菀（*Aster souliei*；王乾 摄）
17-5　短茎紫菀（*Aster brevis*；郑东黎 摄）
17-6　多舌飞蓬（*Erigeron multiradiatus*）
17-7　大黄橐吾（*Ligularia duciformis*）
17-8　水母雪兔子（*Saussurea medusa*；郑东黎 摄）
17-9　川西小黄菊（*Tanacetum tatsienense*；孙有彬 摄）
17-10　川甘蒲公英（*Taraxacum lugubre*；向双 摄）

中国西部花园巡礼

　　国内目前仅对地区性的花卉资源进行过调查，尚无一家科研单位对全国野生园艺花卉种类进行过系统详细的统计。作者根据四川的野生园艺花卉植物分布的情况，初步估计全国的野生园艺花卉植物多达5 000种以上，具有栽培价值的约2 000种，无愧于"世界园林之母"的誉称。下面介绍的只是其中极少数部分。

18-1　岷江蓝雪花（*Ceratostigma willmottianum*）。1908年，威尔逊在四川汶川县发现并引种

18-2　圆锥山蚂蝗（*Desmodium elegans*；高信芬 摄）。威尔逊1901年在湖北神农架发现并引种

18-3　晚花绣球藤（*Clematis montana* var. *wilsonii*）。威尔逊1903年在四川灌县发现并引种（刘军 摄）

18-4　原产四川的花卉蜀葵（*Alcea rosea*）早在16世纪便被引种到欧洲

18-5　四川丁香（*Syringa sweginzowii*）。威尔逊1908年从四川引种（陈文凯 摄）

18-6　西藏洼瓣花（*Lloydia tibetica*）

18-7　垂丝丁香（*Syringa komarowii* subsp. *reflexa*；杨林森 摄）

18-8　苞叶大黄（*Rheum alexandrae*）
18-9　西蜀丁香（*Syringa komarowii*）。威尔逊1908年从四川引种
18-10　桃儿七（*Sinopodophyllum hexandrum*；郑东藜摄）
18-11　一花无柱兰（*Ponerorchis monantha*；邹滔摄）
18-12　甘青铁线莲（*Clematis tangutica*）。威尔逊1903年从四川西部引种

18-13　大火草（*Anemone tomentosa*）。广泛分布于中国西部的药用和观赏花卉
18-14　粉红溲疏（*Deutzia rubens*）。威尔逊1908年在四川灌县发现并引种
18-15　密生波罗花（*Incarvillea compacta*）

18-16 早春开放的铁筷子（*Helleborus thibetanus*；邓明华 摄）

18-17 多枝翠雀花（*Delphinium maximowiczii*）

18-18 大叶醉鱼草（*Buddleja davidii*）

18-19 珍稀特有花卉距瓣尾囊草（*Urophysa rockii*）。1925 年约瑟夫·洛克（Joseph Rock）在四川江油发现

18-20 小叶杭子梢（*Campylotropis wilsonii*）。1908 年威尔逊在四川康定发现并引种

18-21 唐古特瑞香（*Daphne tangutica*）是西方女士们最喜爱的花卉之一

18-22 著名的观叶植物五小叶槭（*Acer pentaphyllum*）。1928 年洛克在四川木里发现，1937 年我国植物学家俞德浚将种子带到国外

18-23 黄芦木（*Berberis amurensis*）

18-24 垂茎异黄精（*Heteropolygonatum pendulum*）。分布在贡嘎山东坡的珍稀特有花卉植物

18-25 金花小檗（*Berberis wilsoniae*）。1903 年威尔逊在四川西部发现并引种

18-26 峨眉拟单性木兰（*Parakmeria omeiensis*；李策宏 摄）
18-27 四川木莲（*Manglietia szechuanica*）
18-28 云南大百合（*Cardiocrinum giganteum* var. *yunnanense*）
18-29 川西白刺花（*Sophora davidii* var. *chuansiensis*）
18-30 两头毛（*Incarvillea arguta*）。威尔逊在四川西部河谷考察时，经常提到这种植物
18-31 荚蒾（*Viburnum dilatatum*；王实波 摄）
18-32 丝裂沙参（*Adenophora capillaris*；任先美 摄）
18-33 尖齿卫矛（*Euonymus aquifolium*；胡君 摄）
18-34 偏翅唐松草（*Thalictrum delavayi*；任先美 摄）
18-35 掌叶大黄（*Rheum palmatum*；任先美 摄）

18-36　短柱梅花草（*Parnassia brevistyla*；任先美 摄）
18-37　侧茎橐吾（*Ligularia pleurocaulis*；任先美 摄）
18-38　康定翠雀花（*Delphinium tatsienense*；陈文凯 摄）
18-39　康定云杉（*Picea montigena*）。威尔逊 1906 年在四川康定发现并引种
18-40　冰川棘豆（*Oxytropis proboscidea*；晏兆莉 乔永康 摄）
18-41　滇黄芩（*Scutellaria amoena*；胡斌 摄）
18-42　微孔草（*Microula sikkimensis*；胡斌 摄）
18-43　金露梅（*Dasiphora fruticosa*；高信芬 摄）

18-44 宝兴马兜铃（*Aristolochia moupinensis*；何跃文 摄）
18-45 拟耧斗菜 (*Paraquilegia microphylla*；邹滔 摄）
18-46 刺叶点地梅（*Androsace spinulifera*；庄平 摄）
18-47 甘青乌头（*Aconitum tanguticum*；晏兆莉 乔永康 摄）
18-48 黑蕊虎耳草 (*Saxifraga melanocentra*；晏兆莉 乔永康 摄）

三.两位东西方植物学家的

影像重逢

从雅女湖眺望瓦屋山

本书照片的来源

1906 年底，威尔逊受聘于哈佛大学阿诺德树木园，准备第三次到中国收集植物。出发前，萨金特要他在考察途中拍摄照片，并对他说："一套高质量的照片和你要带回来的其他任何东西同样重要，因此你一定要带上照相器材，无论器材的价格有多高。"

威尔逊在丘园的邻居瓦里斯（E. J. Walls）是当时很有名气的摄影师，曾为皇家植物园拍摄过很多好照片。出发前，威尔逊认真向瓦里斯学习了摄影的基础知识，尤其是如何使用玻璃感光片来获得高质量照片。尽管威尔逊只有很少时间去掌握使用复杂的照相装备的技术，但他拍回的照片还是展现出较高的摄影技术水平。

瓦里斯承担了威尔逊全部照片的后期冲洗工作。威尔逊将拍摄的底片直接寄给瓦里斯，但冲洗一般要等威尔逊从中国回来后才正式进行。由于长途邮寄，加上从拍摄到冲洗的时间相隔太久，我们今天看到的照片，有的出现破损和水渍，而且很多照片右下方的编号不连续，说明有的底片已经损坏或者遗失。但不管怎样，威尔逊是来华西方人中较早使用照相机的一位，他所拍摄的照片也成为记录中国西部环境与社会状况最早的一批影像资料。

本书中的老照片，便是威尔逊第三次和第四次到中国考察期间拍摄的。本书中的新照片，主要是本书作者在 2006 ～ 2009 年第一次拍摄和 2019 ～ 2021 年第二次拍摄的。在照片的整理过程中，还得到了四川、湖北和重庆等地很多朋友的帮助和补充。书中将几个不同时段的新老照片进行排列对比，通过这几个时期影像的变化，让读者既可以感受 2010 年之前 100 年的变化，也可以感受到 2010 年之后 10 年的变化。

时空对话的缘起

1993 年，威尔逊的侄孙诺依·布雷吉斯（Roy Briggs）撰写了一本叫《中国的威尔逊》（'Chinese' Wilson）的书，书中收集了一些当年威尔逊在中国西部拍摄的老照片。诺依·布雷吉斯还对威尔逊作了这样的评价："他打开了一扇窗户，通向一个永远消失的世界。"《百年追寻》和《百年变迁》的作者在产生好奇心的同时，决定追寻威尔逊在中国西部的足迹，寻找老照片的拍摄点，重新拍摄新照片，通过影像重逢，在研究环境变迁的同时，开启与威尔逊相距一个多世纪的时空对话。

为了帮助读者了解 100 年前威尔逊在中国收集的植物和拍摄照片的历史，我们将他在中国西部考察的主要地区分解成了 10 条路线。

左一图 作者在四川茂县叠溪镇拍摄 1933 年地震遗址。前方 1 米处，便是 80 米高的悬崖（袁敏 摄）

1. 根据此处文字查询拍摄点位所在的具体行政区域

2. 根据此处数字查询拍摄点位在具体线路内的编号

3. 黑色标识的文字是威尔逊拍摄的老照片说明。通过这部分文字，可以了解到一百多年前照片拍摄的具体内容，以及当时拍摄的相关故事

4. 绿色标识的文字是第一次重拍新照片时的寻点记录及图片说明，通过对比可以了解百年间同一拍摄地点自然环境的变迁

5. 橙色文字是本书（距出版时间最近的一次重拍）新照片拍摄内容的记录，通过对比了解同一拍摄地点百余年间，以及近十年间自然环境的变化

百年变迁 两位东西方植物学家的影像来送

甘孜藏族自治州 康定市

01 莲花山

老照片拍摄的是 1908 年康定府（今康定市）雅拉乡附近的几座海拔 4 500 米以上的高山。群山形状如盛开的莲花而得名。当年威尔逊经过这里时，尽管正值盛夏，但远处山峰下部的凹陷处，还能看到有残留的积雪。照片左下方近处低矮的灌木林中，有一片裸露的地块，这里正是当年的茶马古道。

新照片 -1 中的莲花山景观依旧，但山上积雪有所减少；近处左边山坡明显下滑；灌木林长高了许多。

作者在 2020 年 6 月初前往拍摄时，当地一直下雨，新照片 -2 中，山顶上的积雪增多。经过观察对比，远处山坡上的草地面积减少，森林面积有所增加。照片左下方和中间河谷地带的树木都长高了，右下方的一棵云杉也长高了不少。

▲ 老照片 1908-07-08

拍摄地点	康定市中谷村
海　拔	3 213 米
坐　标	30°16.941' N，101°50.274' E
拍摄时间	老照片 1908-07-08
	新照片 -1 2009-09-03，12:57
	新照片 -2 2020-06-05，13:39

▲ 新照片 -1 2009-09-03

▲ 新照片 -2 2020-06-05

6. 此处可以查询到拍摄点位的拍摄地点、海拔、坐标、拍摄时间（如 1910-08-19 表示这张照片拍摄时间是 1910 年 8 月 19 日）

7. 黑色文字标识的是图名和具体拍摄时间，与图说黑色文字部分对应

8. 绿色文字标识的是图名和具体拍摄时间，与图说绿色文字部分对应

9. 橙色文字标识的是图名和具体拍摄时间，与图说黄色文字部分对应

湖北省 西南线

——寻找"鸽子花"之旅

湖北长阳土家族自治县清江画廊 （陈小羊 摄）

宜昌市

夷陵区 磨基山—东山寺—沿江大道—大南门—乐天溪镇莲沱村（Nanto）

宜都市 红花套镇柳林村

秭归县 老县城归州—青滩峡—青滩村（Hsin tan）—茅坪镇（秭归新县城）

长阳土家族自治县

高家堰—木桥溪—榔坪镇乐园村—八角庙村—胡家坪村—康家湾

注：线路及括号内的英文字母，来源于威尔逊所著《中国——园林之母》（胡启明 译）和威尔逊的日记。下同。

1899年，威尔逊受英国切尔西的维奇园艺公司派遣，第一次到中国进行植物采集，主要目标是寻找著名的观赏树种珙桐。当他历尽千难万险，在宜昌海关工作人员奥古斯汀·亨利的帮助下，到达宜昌以西巴东县一个偏僻的小村庄，找到亨利发现珙桐的地点时，那棵珙桐树已被当地人砍伐了，威尔逊为此难过得彻夜未眠。1900年5月19日，他来到宜昌西南部的长阳县榔坪镇乐园村康家湾，在当地一个猎人康远德的帮助下，在距康家房屋后面不远一处叫"夺水漂"的山坡上，终于找到了正在开花的珙桐树。他在日记中这样激动地写道："它的两枚苞片，在最轻微的风中也会被吹动，仿佛是树丛中的大蝴蝶或展翅欲飞的小鸽子。"康远德的曾孙女至今仍生活在那里，她的相貌与她曾祖父十分相似。

与此同时，威尔逊还在宜昌西南部发现一种藤本植物，上面结满了很好吃的果子，当地人称其为"羊桃"，这种水果就是具有重要经济价值的中华猕猴桃，后来被引种到新西兰，成为当地农业栽培和水果加工业的基础。

宜昌市 夷陵区

「01」宜昌码头

▲ 老照片 1909-02-28

拍摄地点	宜昌市磨基山
海　拔	157 米
坐　标	30°41.148'N，111°16.687'E
拍摄时间	老照片 1909-02-28
	新照片-1 2009-04-15，16:46
	新照片-2 2018-10-10，15:27（景卫东 摄）

老照片拍摄的是 1909 年宜昌市码头和城市的景象。城内房屋密集低矮，长江边上船舶云集。当时滨江沿线，码头达 30 多个，水上交通十分繁忙。整个宜昌 10 万人中，靠码头谋生者占 1/4。照片中的江心有一艘英国军舰。

新照片-1 拍摄时，宜昌已变成一座高楼林立的现代化城市。由于葛洲坝水电工程的修建，长江水位上升，为了防洪需要，江边已修起了坚固的防护堤。

新照片-2 拍摄于 2018 年，宜昌城内高楼密集，照片中可见 2016 年新建的一座跨江大桥。

▲ 新照片-1 2009-04-15

▲ 新照片-2 2018-10-10

「02」东山寺

老照片拍摄的是 1909 年宜昌市郊外一处叫东山寺的庙宇。该寺庙是宜昌城内的最高点，这里可以俯瞰宜昌城，曾经是当地民众拜神求雨的地方。

新照片 -1 拍摄的是宜昌市气象局。东山寺原址建起了"三峡气象风云塔"，依靠科学技术来预报天气。同一处地方，如此截然不同的两幢建筑，真让人感慨万千。为了寻找这张老照片拍摄点，作者先后到宜昌四次，前三次都没有找到。第四次到宜昌后，市林业局向世卓查证了 2006 年的《西陵文史》资料，其中一篇由陈继斌先生写的"王篆与东山寺不解之缘"中附有一张东山寺的老照片，竟然就是威尔逊拍摄的老照片。未曾想到的是，作者几次到宜昌住宿的气象宾馆，离大门 10 米之处就是这张照片的拍摄点。

新照片 -2 中的气象风云塔左下方的雪松（*Cedrus deodara*）、荷花玉兰（*Magnolia grandiflora*），以及右下方的几棵蒲葵树（*Livistona chinensis*）都长高大了。

▲ 老照片 1909-02-27

▲ 新照片 -1 2008-04-24

拍摄地点	宜昌市气象局
海　拔	138 米
坐　标	30°42.070'N，111°17.826'E
拍摄时间	老照片 1909-02-27
	新照片 -1 2008-04-24，07:00
	新照片 -2 2020-12-04，11:00（贾林 杨博摄）

▲ 新照片 -2 2020-12-04

天然塔 03

老照片拍摄的是 1909 年宜昌市的一座石塔。石塔建于晋代，是长江三峡的重要古航标，也是宜昌市的标志性建筑。塔的四周长有一圈常青树木，初春时节，两棵高大的银杏树（*Ginkgo biloba*）尚未长出新叶，右边一棵的树梢上筑有一个鸟巢。

作者曾先后多次来到此地，但由于天气和维修原因均未拍摄成功，直到第四次才拍摄到合格的照片。新照片 -1 中的石塔保存十分完整，四周新修了围栏，江边修建了供市民休闲的沿江大道。

新照片 -2 中，石塔左下方栽了两棵臭椿（*Ailanthus giraldii*），右下角两丛迎春花（*Jasminum nudiflorum*）枝叶仍旧葱绿。拍摄时临近初冬，石塔下三棵三球悬铃木（*Firmiana simplex*）叶片已经枯黄。

▲ 老照片 1909-02-28

拍摄地点	宜昌市沿江大道
海　　拔	68 米
坐　　标	30°39.862'N，111°19.329'E
拍摄时间	老照片 1909-02-28
	新照片 -1 2008-04-20，12:10
	新照片 -2 2020-12-04，10:18
	（贾林 杨博摄）

▲ 新照片 -2 2020-12-04

▲ 新照片 -1 2008-04-20

04 大南门码头

老照片拍摄的是 1908 年的宜昌市大南门码头，从江边停泊的木船和熙熙攘攘的人群可以看出，当年的码头十分繁忙。对岸山坡上没有房屋，左边最高处是长江对岸的磨基山。

新照片 -1，大南门码头仍旧繁忙，江边的机动船代替了往日的木船。河对岸右边山坡上有一片新建的房屋，是宜昌一所外国语学校。

由于新照片 -2 拍摄季节的关系，长江水位升高，江边草地被淹没，码头上停泊的趸船增加了不少。

▲ 老照片 1911-02-21

▲ 新照片 -2 2019-08-14

▲ 新照片 -1 2008-04-20

拍摄地点	宜昌市二道巷
海 拔	60 米
坐 标	30°41.587'N，111°16.800'E
拍摄时间	老照片 1911-02-21
	新照片 -1 2008-04-20，16:55
	新照片 -2 2019-08-14，14:27（景卫东 摄）

三把刀 05

老照片拍摄的是 1909 年长江边上的一处石灰岩山峰，由于山峰陡峭形如刀削，取名为"三把刀"。江边小路上方有几间低矮的房屋，山坡上生有稀疏的柏木（*Cupressus funebris*）。

100 年之后，造船厂楼房代替了原有低矮的房屋。新照片 -1 中，江边坡地上种满了柑橘树（*Citrus reticulata*），山坡上是几年前新栽的万亩"中日友好林"。照片中，左下方有一条新修的公路。

新照片 -2 中，山坡上的树木较 13 年前更茂密，江边的房屋也增多了。

▲ 老照片 1909-01-13

▲ 新照片 -2 2021-04-21

▲ 新照片 -1 2008-04-21

拍摄地点	宜昌市乐天镇莲沱村
海 拔	61 米
坐 标	30°50.827'N,111°08.813'E
拍摄时间	老照片 1909-01-13
	新照片 -1 2008-04-21，10:00
	新照片 -2 2021-04-21，15:06（贾林 杨博摄）

宜昌市 宜都市

［06］天生桥

▲ 老照片 1908-02

▲ 新照片 -1 2008-04-20

老照片是 1908 年拍摄的一座由砂砾石地层自然风化形成的天然石桥。该桥位于宜昌市长江下游 15 千米南岸的一处峡谷中，高约 70 米，桥面宽约 8 米，被称为"天生桥"。

新照片 -1 中，天生桥形状一点未变，但在桥面和桥下的缝隙中，早已长出茂密的树木。为了拍摄到这张照片，我们在虎牙船泊公司退休职工王维成的帮助下，租用了长江村一组严庆荣老大爷的一条旧船，从长江北岸划到南岸，惊心动魄地完成了拍摄任务。

新照片 -2 拍摄时，天生桥被划入了当地一个楼盘范围之内，开发商对桥洞左上方石壁进行了人工开凿，并在桥下方用水泥仿造了岩石和枯藤景观，"天生桥"也被更名为"仙人桥"。

拍摄地点	宜都市红花套镇柳林村
海　　拔	50 米
坐　　标	30°34.982'N，111°22.965'E
拍摄时间	老照片 1908-02
	新照片 -1 2008-04-20，14:55
	新照片 -2 2021-04-21，11:43（贾林 杨博 摄）

▲ 新照片 -2 2021-04-21

秭归老县城和新建屈原祠 07

老照片拍摄的是 1908 年的秭归老县城，右上方一处白色建筑是屈原祠，是为纪念战国时期投江的爱国诗人屈原而修建。屈原祠初建于唐代，后经宋、清两代多次维修。

新照片-1 中的庙宇是 1976 年搬迁至向家坪的屈原祠。

三峡大坝建成后，库区水位上升，1976 年在向家坪修建的屈原祠再次被水淹没。为纪念屈原，秭归县新县城茅坪镇重新修建了一处新的屈原祠。新照片-2 中新的屈原祠，现已成为当地著名的旅游景点。

▲ 老照片 1908-03-23

▲ 新照片-1 2008-04-23

拍摄地点	新照片-1 秭归县向家坪；新照片-2 秭归县新县城茅坪镇
海　拔	新照片-1 160m，新照片-2 158m
坐　标	新照片-1 30°59.490'N，110°41.726'E
	新照片-2 30°49.700'N，110°58.967'E
拍摄时间	老照片 1908-03-23
	新照片-1 2008-04-23，13:32
	新照片-2 2020-12-05，11:09（贾林 杨博摄）

▲ 新照片-2 2020-12-05

08 青滩

老照片拍摄的是 1908 年三峡中一段险滩，名为"青滩"。该地段共有上下两处险滩，长约 2 000 米。江对岸有两艘上行的木船，正在靠着人力拉纤通过险滩，一趟需要两个小时。当地有很多人靠拉纤为生。

由于修建三峡大坝水位上升，新照片 -1 中，江面一平如镜。纤夫这种职业也早已成为历史。

新照片 -2 总体景观变化不大，照片右上方有一小块地方植被裸露，这是修建公路造成的。

▲ 老照片 1908-03-23

▲ 新照片 -1 2008-04-23

拍摄地点	秭归县屈原镇西陵峡村
海　　拔	新照片 -1 159m，新照片 -2 153m
坐　　标	新照片 -1 30°55.566′N，110°48.670′E
	新照片 -2 30°55.533′N，110°48.633′E
拍摄时间	老照片 1908-03-23
	新照片 -1 2008-04-23，11:18
	新照片 -2 2020-12-05，12:11（贾林 杨博摄）

▲ 新照片 -2 2020-12-05

青滩峡谷 09

▲ 新照片 -1 2008-04-23

▲ 老照片 1908-01-12

1908 年，威尔逊从四川返回宜昌途中，拍摄了位于秭归县境内长江三峡的青滩峡谷。由于正值枯水期，江面水势较平缓。

新照片 -1 拍摄于 2008 年，位置较原照片拍摄位置偏南约 200 米，加之长江水位上升，总体景观有一些变化。左边山坡上修建了一排房屋。

新照片 -2 中，左边山坡上增加了几幢新房。

拍摄地点 秭归县屈原镇西陵峡村轮渡码头
海　拔 新照片 -1 158m，新照片 -2 156m
坐　标 30°55.566'N，110°48.713'E
拍摄时间 老照片 1908-01-12
　　　　 新照片 -1 2008-04-23，11:09
　　　　 新照片 -2 2020-12-05，12:06（贾林 杨博 摄）

▲ 新照片 -2 2020-12-05

「10」青滩村

▲ 老照片 1908-03-23

▲ 新照片 -2 2020-12-05

　　老照片拍摄的是 1908 年长江边的一个村庄，因位于青滩旁边而得名"青滩村"。村中房屋整齐有序，可以看出当地村民比较富裕。江边有一排正在上行的木船。

　　1985 年 6 月 12 日凌晨，在一阵天崩地裂的巨响中，青滩村随着它背后的一片山崖全部滑入江中。由于山体滑坡被提前预报，数千村民得以安全转移。新照片 -1 中，垮塌的山坡上已长出低矮的灌木丛。

　　新照片 -2 总体变化不大。由于修建公路，对岸江边的部分地段，在推土过程中造成边坡植被裸露。

拍摄地点	秭归县屈原镇西陵峡村
海　拔	158 米
坐　标	新照片 -1 30°55.572'N，110°48.571'E
	新照片 -2 30°55.533'N，110°48.633'E
拍摄时间	老照片 1908-03-23
	新照片 -1 2008-04-23，10：53
	新照片 -2 2020-12-05，12：12（贾林 杨博摄）

▲ 新照片 -1 2008-04-23

向家祠堂 11

老照片拍摄的是今长阳土家族自治县高家堰镇向家祠堂。根据当地老人的回忆，中间跪在地上的小孩叫向克关。1943年5月，在抗日战争著名的"石牌战役"中，高家堰镇一度失守，向家祠堂被日军烧毁。

新照片-1拍摄时，这里已变成了一处废品收购站。

新照片-2中，当年的废品收购站已变成了一间小食店，左边破旧的瓦房位置上，重新修建成了一幢三层的新房。

▲ 新照片-1 2008-04-25

▲ 新照片-2 2020-09-03

▲ 老照片 1907-11-01

拍摄地点	长阳土家族自治县高家堰镇
海　　拔	178 米
坐　　标	30°36.059'N，111°03.053'E
拍摄时间	老照片 1907-11-01 新照片-1 2008-04-25，16:20 新照片-2 2020-09-03，12:01（魏植德 摄）

12 乡村小桥

老照片是 1909 年拍摄的今长阳土家族自治县丹水河上的一座小桥。桥墩以木棍和藤条做成圈栏，中间再装以卵石，桥面用并列的几根小树干搭成，美观、实用又环保。河对岸有一条通往宜昌的小路。

小桥在 20 世纪 80 年代被拆。新照片 -1 中水流缓急变换处，便是当年小桥的位置。对岸的坡地已经退耕还林，植被生长茂密。

新照片 -2 中，河对岸山坡上的树木生长较 12 年前更加茂密，右边的房屋被树林遮住了。

▲ 老照片 1909-02-04

▲ 新照片 -1 2008-04-24

拍摄地点	长阳土家族自治县高家堰镇
海　拔	159 米
坐　标	新照片 -1 30°36.165'N，111°03.282'E
	新照片 -2 30°49.700'N，110°58.967'E
拍摄时间	老照片 1909-02-04
	新照片 -1 2008-04-24，14:15
	新照片 -2 2020-09-03，10:44（魏植德 摄）

▲ 新照片 -2 2020-09-03

向家牌坊 13

老照片是 1909 年拍摄的今长阳土家族自治县高家堰镇向家牌坊。在抗日战争时期著名的"石牌战役"中，牌坊后面的房屋被日军烧毁。

新照片-1 拍摄时，原址已成为向家后代向师范家的柑橘果园。据向家后人介绍，牌坊毁于 20 世纪六七十年代，砖石被用来修建了河堤。

新照片-2 总体景观变化不大，远处山坡上的植被都保护得很好。

▲ 老照片 1909-01-21

▲ 新照片-2 2021-05-19

▲ 新照片-1 2008-04-24

拍摄地点	长阳土家族自治县高家堰镇
海　　拔	173 米
坐　　标	30°36.046'N，111°03.200'E
拍摄时间	老照片 1909-01-21
	新照片-1　2008-04-24，16:46
	新照片-2　2021-05-19，10:39（魏植德 摄）

[14] 白狗观

老照片是 1909 年拍摄的今长阳土家族自治县一座石灰岩山峰，山上有一座道观，名为"白狗观"。山峰三面陡峭，仅从右面可到达山顶。近处有一片已收割的水田，山坡下有一处典型的鄂西民居，便是当年的向家祠堂。

新照片 -1 中，因左边山坡整体向下滑动，水田已被掩埋。原有的民居在抗日战争期间被日军烧毁。

新照片 -2 中，左边山坡上的树林生长茂密，与前两张照片影像比较，山坡有继续向右下方滑动的趋势，应当引起相关部门重视。

▲ 老照片 1909-02-04

▲ 新照片 -1 2008-04-24

▲ 新照片 -2 2020-09-03

拍摄地点	长阳土家族自治县高家堰镇小学
海 拔	183 米
坐 标	30°36.127'N，111°03.078'E
拍摄时间	老照片 1909-02-04
	新照片 -1 2008-04-24，11:57
	新照片 -2 2020-09-03，11:35（魏植德 摄）

木桥溪 **15**

老照片拍摄的是 1909 年高家堰镇木桥溪村。在抗日战争"石牌战役"中，中国军队在国民革命军 18 军 11 师师长胡琏将军率领下，歼敌 7 000 余人，彻底粉碎了日军打通三峡航道入侵四川的企图。木桥溪是当年中国军队阻击日军的重要阵地之一。

新照片-1 中，远处河中的小桥还在，河边两岸长满了茂密的湖北枫杨（*Pterocarya hupehensis*）。

新照片-2，小河两边的树木长高了，远处丹水河上的小桥重新修过，右边河岸上新修了几间房屋。

▲ 老照片 1909-01-21

拍摄地点	长阳土家族自治县高家堰镇木桥溪村
海　拔	202 米
坐　标	30°37.170'N，111°00.030'E
拍摄时间	老照片 1909-01-21
	新照片-1 2008-04-24，14:50
	新照片-2 2020-09-23，16:05（魏植德 摄）

▲ 新照片-1 2008-04-24

▲ 新照片-2 2020-09-23

「16」冬日山峦 -1

老照片拍摄的是 1909 年湖北西部冬季的一处山峦，近处田地上和山坡凹陷处都有一些积雪，前景有一片小树林。

新照片 -1 远处山峦景观未变，前景的树林较从前更加茂密高大。

由于天然林保护工程的实施，新照片 -2 中近处和远处山坡上的植被较 12 年前保护得更好。

▲ 老照片 1909-01-25

拍摄地点	长阳土家族自治县椰坪镇八角庙村
海　拔	1 200 米
坐　标	30°34.392'N，110°34.552'E
拍摄时间	老照片 1909-01-25
	新照片 -1 2008-04-25，10:40
	新照片 -2 2020-09-05，16:51（魏植德 摄）

▲ 新照片 -1 2008-04-25

▲ 新照片 -2 2020-09-05

冬日山峦 -2 **17**

这张老照片拍摄的景观与上一张老照片相同，只是拍摄的角度偏向右方。1901～1909 年的冬季，威尔逊常来此狩猎，在这里拍摄了一组冬季照片。

同上一张新照片相同，远处山峦景观未变，前景的树林较从前更加茂密高大。

由于国家天然林保护工作的进一步实施，新照片 -2 中景观的近处和远处的植被较 12 年前保护得更好。

▲ 老照片 1909-01-25

▲ 新照片 -2 2020-09-05

▲ 新照片 -1 2008-04-25

拍摄地点	长阳土家族自治县榔坪镇八角庙村
海　拔	1 200 米
坐　标	30°34.392'N，110°34.552'E
拍摄时间	老照片 1909-01-25
	新照片 -1 2008-04-25，10:46
	新照片 -2 2020-09-05，16:49（魏植德 摄）

「18」冬日山峦 -3

老照片拍摄的是 1909 年湖北西部冬季的山村，近处的山坡和地上铺上了厚厚一层积雪，右上方山坡上有一座天主教教堂。

新照片 -1 中，远处的景观未变。由于人口增加，近处山坡被开垦后变得平缓，教堂曾于 20 世纪六七十年代被毁，近年来又重新修复。

新照片 -2 中，前方的树木生长茂密，右下方建起了一些简易的栽培蔬菜的塑料大棚，左上方新修了几幢房屋。

▲ 老照片 1909-01-27

▲ 新照片 -1 2008-04-25

▲ 新照片 -2 2020-09-05

拍摄地点	长阳土家族自治县榔坪镇胡家坪村
海　　拔	1 420m
坐　　标	30°33.574'N，110°39.364'E
拍摄时间	老照片 1909-01-27
	新照片 -1 2008-04-25，11:40
	新照片 -2 2020-09-05，18:09（魏植德 摄）

猎人朋友的家 **19**

1900 年 5 月 19 日，威尔逊来到湖北省西部今长阳土家族自治县一个小山村，在当地猎人康远德的帮助下，寻找到了著名的观赏植物珙桐（*Davidia involucrata*），这成为他一生事业的起点。因为有附近天主教教堂传教士的邀请，他每年冬季都要到这里来狩猎并会见朋友。

2013 年 4 月 17 日，为配合 CCTV-9 纪录片《中国威尔逊》拍摄，宜昌市林业局向世卓提前到椰坪镇康家考察，下山时因躲雨偶遇了一个叫康祖梅的老人，从交谈中得知，她正是康远德的玄孙女。

老照片中的大树后面雪地上的一幢小房屋就是康家老屋，威尔逊多次在冬季来此居住狩猎。

新照片拍摄时，康家老屋已搬迁，原址上草木茂盛。

▲ 老照片 1909-01-31

▲ 新照片 2013-05-03

拍摄地点	长阳土家族自治县椰坪镇乐园村二组康家湾
海　拔	1 169 米
坐　标	30°31.645'N，110°30.183'E
拍摄时间	老照片 1909-01-31
	新照片 2013-05-03，13:00

湖北省 西北线

——"华中屋脊"神农架之旅

■ 神农架成片开放的粉红杜鹃（姜勇 摄）

　　这一条路线包括湖北省宜昌市夷陵区、兴山县，以及神农架林区，是威尔逊在湖北收集植物的重点地区，也是他第四次到中国考察路线的一部分。1910 年 6 月 4 日，威尔逊离开宜昌，他没有像前三次那样，乘坐木船沿长江而上，而是改走陆路从湖北西北部前往四川西部考察。

　　兴山县位于湖北省西部、大巴山和巫山余脉交汇处，全县东西长 66 千米，南北宽 54 千米，面积 2 328 平方千米。兴山县历史悠久，始建于公元 260 年，是中国历史上"四大美女"之一汉明妃王昭君的故乡。由于修建三峡水库，兴山县城在 2002 年从原来的高阳镇搬到了现在的古夫镇。

　　神农架有"华中屋脊"之称，是联合国教科文组织"人与生物圈"保护区，也是"世界地质公园"，还是"世界自然遗产地"。神农架海拔最高处神农顶 3 106 米，海拔最低处下谷坪仅 398 米，生物多样性十分丰富。从 1900 年开始，

威尔逊便多次前往植物种类十分丰富的神农架收集植物，他先后从这里引种了血皮槭、香果树、珂南树、厚朴、刺梗蔷薇、满山红、黄花鸢尾、垂丝丁香、毛杓兰等著名的树木和花卉。

　　每年 3 月下旬至 5 月下旬，这条路线上的各种花卉竞相开放，主要有报春、木兰、珙桐、海棠、四照花、丁香、蔷薇、杜鹃等。杜鹃花最具特色，在神农架多达十余种，在海拔 1 800 ~ 2 600 米地带，常常形成大片的花海。每年 10 月下旬至 11 月中旬，这里也是红叶的观赏胜地。

　　神农架的动物种类丰富，脊椎动物近 580 种。其中，最具观赏价值的是川金丝猴，在神农架的种群达到了 1 500 只。大龙潭和金猴山一带是川金丝猴的最佳观赏地。神农架有鸟类近 400 种，这里亦是国内著名的观鸟地。

■ 湖北神农架

宜昌市 西陵区

「01」三游洞报春

▲ 老照片 1908-03-05

老照片拍摄的是 1908 年生长在宜昌市三游洞的藏报春（*Primula sinensis*）。每年 2～3 月，三游洞洞口的崖壁上，紫红色的藏报春花竞相盛开。根据史料记载，石壁上曾建有一处吊脚楼，威尔逊透过其住所的窗户便可以近距离拍摄到藏报春的照片。

新照片 -1 拍摄于 1 月。由于 100 年来全球气候变暖，现在的藏报春提前一个多月便开花了。吊脚楼在 20 世纪六七十年代被拆掉。

新照片 -2 拍摄时，听三游洞景区工作人员说，在洞口上方岩石缝隙中生长的藏报春，这几年差不多都是在 1 月上旬开花，花期半个月左右。

拍摄地点	宜昌市三游洞洞口
海　拔	96 米
坐　标	30°46.091'N，111°16.620'E
拍摄时间	老照片 1908-03-05
	新照片 -1 2009-01-22，16:28
	新照片 -2 2020-01-17，10:45（谢军 摄）

▲ 新照片 -1 2009-01-22

▲ 新照片 -2 2020-01-17

宜昌市 夷陵区

南津关码头 「02」

　　100 年前宜昌市南津关码头，往来船只如织，一派繁忙。当年长江往来宜昌的船只，都要在南津关接受检查，一方面是为了征税，另一方面也是保障通过三峡时的安全，禁止夜间行船。

　　新照片 -1 是现在的南津关，因葛洲坝水电站的修建，水位上升了几十米，原有码头已不存在，船闸修建后船只已不在此停泊，而是新建了一座旅游码头。拍摄地点较 100 年前有所改变。

　　新照片 -2 中，近处下牢溪对岸的树木和长江对岸山坡上的树木长高了不少。码头上的旅游设施有一些改变。

▲ 老照片 1907-06

▲ 新照片 -2 2020-12-04

拍摄地点	宜昌市南津关旅游码头
海　拔	新照片 -1 87 米，新照片 -2 51 米
坐　标	新照片 -1 30°46.090'N，111°17.823'E
	新照片 -2 30°46.090'N，111°17.800'E
拍摄时间	老照片 1907-06
	新照片 -1 2009-04-15，11:18
	新照片 -2 2020-12-04，12:54（贾林 杨博 摄）

▲ 新照片 -1 2009-04-15

03 南津关大峡谷入口

▲ 老照片 1909-01-04

▲ 新照片 -2 2020-12-04

老照片拍摄的是 1909 年长江与下牢溪交汇的峡谷入口。下牢溪发源的长江北岸的香龙山，在溪流切割下形成了南津关大峡谷。照片拍摄时正值旱季，溪谷干涸，左岸有一条进入峡谷的小路。

由于修建葛洲坝水电站，水位上升了几十米，峡谷底部和左岸的小路已被淹没。新照片 -1 中峡谷上架设了一座公路大桥，桥右侧修建了不少旅游设施，山顶建有一座白塔。

新照片 -2 中部的大桥重新修过，左边悬崖下方修建了一条人行栈道，江边也建起了一处游船停靠的码头。

拍摄地点	宜昌市南津关旅游码头
海　拔	新照片 -1 60 米，新照片 -2 44 米
坐　标	新照片 -1 30°46.062'N，111°15.814'E
	新照片 -2 30°46.083'N，111°27.733'E
拍摄时间	老照片 1909-01-04
	新照片 -1 2008-04-22，09:34
	新照片 -2 2020-12-04，13:02（贾林 杨博摄）

▲ 新照片 -1 2008-04-22

南津关大峡谷 -1 「04」

1910 年 5 月，威尔逊从宜昌出发，沿南津关大峡谷向北经陆路前往四川。他在峡谷内拍摄了一组照片，展现了大峡谷昔日雄伟的风貌。

老照片拍摄的是三游洞附近的景观。三游洞是宜昌一处名胜，因唐宋两代分别有三位著名诗人和文学家来此游历并留下诗文而得名。右边悬崖上部建有房屋的洞穴便是三游洞。

由于下游葛洲坝的修建，水位上升了几十米，三游洞下部已被淹没。新照片 -1 中峡谷上架设了一座公路大桥。听当地人介绍，水下 2 米处已有泥沙淤积。

新照片 -2 整体景观变化不大，在原来的大桥后面又重新修了一座新桥。

▲ 老照片 1910-05-29

▲ 新照片 -2 2020-12-04

拍摄地点	宜昌市下牢溪
海　　拔	79 米
坐　　标	30°46.147'N，111°15.562'E
拍摄时间	老照片 1910-05-29
	新照片 -1 2008-04-21，11:40
	新照片 -2 2020-12-04，13:12（贾林 杨博 摄）

▲ 新照片 -1 2008-04-21

「05」南津关大峡谷 -2

▲ 老照片 1910-06-04

▲ 新照片 -2 2020-12-04

▲ 新照片 -1 2008-04-21

　　老照片拍摄的是 1910 年南津关大峡谷内一处高耸的峭壁，为典型的石灰岩景观。

　　新照片 -1 中，峭壁整体景观未变，但右下方有明显的侵蚀痕迹。正下方长出一片湖北枫杨。

　　新照片 -2 总体景观无明显变化。远处悬崖顶上的柏木树长高了。

拍摄地点	宜昌市下牢溪
海　拔	94 米
坐　标	30°48.139'N，111°15.560'E
拍摄时间	老照片 1910-06-04
	新照片 -1 2008-04-21，15:38
	新照片 -2 2020-12-04，14:44（贾林 杨博摄）

南津关大峡谷 -3 **06**

老照片拍摄的是南津关大峡谷内另一处景观，照片中的悬崖下方，有两间低矮的草房。听当地人说，100 年前房屋的主人姓姜，后来姜家把房屋卖给了一个叫王家兴的人，1957 年，王家将房屋以 50 元价格卖给了樊开英。1968 年，因这里修建厂房，房屋被拆迁，樊家也搬走了。房屋四周种有树木，下方生长有一棵柚树（*Citrus maxima*）。

新照片 -1 中，现有的几幢楼房，是 1968 年兴建的厂房，后来工厂搬迁，楼房已无人居住。四周山坡上的植被保持较好。

新照片 -2 总体景观无明显变化。听当地人讲，空置多年的厂房准备装修，作为宜昌市民周末休闲的场所。

▲ 老照片 1910-06-04

▲ 新照片 -2 2020-12-04

▲ 新照片 -1 2008-04-21

拍摄地点	宜昌市下牢溪
海　拔	113 米
坐　标	30°48.792'N，111°15.620'E
拍摄时间	老照片 1910-06-04
	新照片 -1 2008-04-21，14:03
	新照片 -2 2020-12-04，14:12（贾林 杨博 摄）

07 南津关大峡谷 -4

▲ 老照片 1910-06-05

▲ 新照片 -2 2020-12-04

老照片拍摄的是南津关大峡谷内又一处典型的石灰岩景观，威尔逊在照片文字说明中写道，此地的石灰岩峭壁有上千米高。

新照片 -1 中，原有的景观没有改变，悬崖上的灌丛更为茂密，左下方新建了一条通向峡谷的公路。在峡谷右边中间部位，原有一处向左突出的土堆如今消失了。

新照片 -2 总体景观无明显变化，左下方的公路已经改到照片右下方区域。

拍摄地点	宜昌市下牢溪
海　拔	180 米
坐　标	30°50.497'N，111°14.304'E
拍摄时间	老照片 1910-06-05
	新照片 -1 2008-04-21，15:06
	新照片 -2 2020-12-04，16:46（贾林 杨博 摄）

▲ 新照片 -1 2008-04-21

南津关大峡谷 -5 08

老照片拍摄的是南津关大峡谷内一处叫灰岩屋的悬崖。悬崖下方有一片小树林，右边有一棵高大的柏木，下方还有一座小庙，近处有一条小路，是当年从宜昌到兴山的官道。

新照片 -1 中悬崖下方的小树林十分茂密，遮住了小路，右边的柏木在 40 年前被砍伐，小庙早已被拆除。

新照片 -2 总体景观无明显变化。由于临近初冬，照片下方树木叶片凋落，露出了前方的公路与干涸的河床。

▲ 老照片 1910-06-05

▲ 新照片 -2 2020-12-04

▲ 新照片 -1 2008-04-22

拍摄地点	宜昌市下牢溪
海　拔	233 米
坐　标	30°51.183'N，111°13.871'E
拍摄时间	老照片 1910-06-05
	新照片 -1 2008-04-22，10:20
	新照片 -2 2020-12-04，15:41
	（贾林 杨博摄）

「09」南津关大峡谷 -6

老照片拍摄的是南津关大峡谷内一处叫"干半头"的地方。这里位于南津关大峡谷的上段，下牢溪从峡谷远方流出，在这里形成一处小跌水，溪沟两边的悬崖相靠很近。沟谷左下方和右边山坡上，各有一片梯田。

新照片-1中，峡谷两岸的灌木生长茂密，梯田依旧存在，右边山坡上增加了几间房屋。左右两边山坡都有向下滑动的迹象，右边尤其明显。

新照片-2中，山坡上的森林较12年前更加茂密。右边山坡上，修建了一幢新房，房屋下方原有的一片梯田，现在已退耕还林。

▲ 老照片 1910-06-05

▲ 新照片-1 2008-04-22

▲ 新照片-2 2020-12-04

拍摄地点	宜昌市下牢溪
海　拔	259 米
坐　标	30°51.423'N，111°13.580'E
拍摄时间	老照片 1910-06-05
	新照片-1 2008-04-22，11:12
	新照片-2 2020-12-04，16:19（贾林 杨博 摄）

牛坪村 -1 10

老照片拍摄的是 1910 年下牢溪上游一处叫"人头坡"的景观。这里位于大峡谷的最北端，属于下牢溪的源头之一，坡度较平缓，分布着成片的梯田。照片中间的山坡下，有几间低矮的房屋，作者寻访得知，房主人姓郑。

新照片 -1 中梯田依旧存在，山坡上的树木茂密，房屋已经搬迁。左边近处长出一片小树林。

照片原址正在修建南津关大峡谷景区北大门景点。新照片 -2 中原来的梯田已被推平，远处山坡上的植被较 13 年前更加茂密。

▲ 老照片 1910-06-05

▲ 新照片 -1 2008-04-27

▲ 新照片 -2 2021-04-21

拍摄地点	宜昌市夷陵区黄花镇牛坪村
海　　拔	684 米
坐　　标	30°54.268'N，111°12.521'E
拍摄时间	老照片 1910-06-05
	新照片 -1 2008-04-27，11:50
	新照片 -2 2021-04-21，17:53（贾林 杨博 摄）

11 牛坪村 -2

这张老照片和上一张老照片在同一地点拍摄，只是取景角度向左偏移。

自 1998 年以来，国家实施了"退耕还林"政策，山区生态得到恢复。新照片 -1 山坡上树木较 100 年前生长更好。

新照片 -2 中，远处山坡上的植被生长更加茂密，树木较 12 年前长高了不少。照片的左边紧靠牛坪村，是正在修建的南津关大峡谷景区北大门景点。照片右下方的场地堆放了一些供修建用的河沙。

▲ 老照片 1910-06-05

▲ 新照片 -1 2008-04-27

拍摄地点	宜昌市夷陵区黄花镇牛坪村
海　拔	684 米
坐　标	30°54.268'N，111°12.521'E
拍摄时间	老照片 1910-06-05
	新照片 -1 2008-04-27，11:50
	新照片 -2 2020-05-17，10:45（吴承喜摄）

▲ 新照片 -2 2020-05-17

宜昌市 兴山县

古路垭 [12]

老照片是 1910 年威尔逊从宜昌进入兴山县拍摄的第一张照片。照片近处是一片撂荒地，前景中生长有杉木（*Cunninghamia lanceolata*），远方平坦的山谷中分布着成片的农田。

新照片 -1 拍摄时，近处已被开垦为农田，原有的杉木被阔叶树取代，左前方增加了许多房屋，右边山坡上的森林较 100 年前茂密。

新照片 -2 中，远处植被景观较 11 年前更加茂密，近处下方，修建了几间房屋，左下方修建了一条乡村公路。

▲ 老照片 1910-06-08

▲ 新照片 -2 2019-06-07

▲ 新照片 -1 2008-04-28

拍摄地点	兴山县水月寺镇古路垭
海　拔	700 米
坐　标	31°13.263'N，111°01.911'E
拍摄时间	老照片 1910-06-08
	新照片 -1 2008-04-28，15:29
	新照片 -2 2019-06-07，19:00（张文兆 王桂林 摄）

13 椴树垭

▲ 老照片 1907-04

▲ 新照片-1 2007-05-28

拍摄地点 兴山县水月寺镇椴树垭
海　　拔 1 201 米
坐　　标 31°19.016'N，110°59.200'E
拍摄时间 老照片 1907-04
　　　　新照片-1 2007-05-28，13:13
　　　　新照片-2 2021-05-28，10:00（王桂林 摄）

这张老照片拍摄于1907年4月。根据威尔逊记载，这棵椴树（*Tilia tuan*）高24米，胸径2.5米。从照片上看出，该树生有3个较大的枝丫，在距离地面大约6米高处已经形成中空，因其枝干高大，成为一个明显地标。

新照片-1拍摄于2007年5月。作者当年尚不知道威尔逊曾在这里拍摄过照片，因此未收入《百年追寻》书中。据作者寻访得知，该树在很多年前曾遭受过雷击，中间和左边两个枝丫的上部已经干枯，右下方原有一座小庙，在20世纪六七十年代被毁。

新照片-2中，大树的主干和分枝形状变化不大。根据树下方一块有关椴树保护石碑上的碑文介绍，这棵树现在树高24.4米，胸径2.84米，树龄已超过1 000年，被誉为"亚洲古椴树王"。

▲ 新照片-2 2021-05-28

凉伞沟 -1 14

在《百年追寻》书中，这张老照片里位置的地名叫凉山沟。2021年重拍照片时，发现在这里竖立的告示牌上已更名为凉伞沟，本书即使用新地名。凉伞沟是当年威尔逊从水月寺镇到兴山老县城的必经之路。据记载，威尔逊一共在沟内拍摄了 6 张老照片。2008 年作者只找到了5 张老照片的拍摄点，2021 年摄影师找到了第六张老照片的拍摄点。本页为第一张老照片，拍摄的是一座金字塔形状的石灰岩山峰，下部为陡峭的悬崖，近处的两边，各有一条通向峡谷的小路。

新照片 -1 中，远处山峰没有变化，近处茂密的灌木已将小路完全遮掩。右前方有一处堆积体，听当地群众介绍，是 1933 年发生的一次山体崩塌造成。

新照片 -2 总体景观无明显变化，照片下方的树木长高了。

▲ 老照片 1910-06-08

▲ 新照片 -2 2020-12-05

拍摄地点	兴山县水月寺镇凉伞沟口
海　拔	1 017 米
坐　标	31°15.930'N，110°58.421'E
拍摄时间	老照片 1910-06-08
	新照片 -1 2008-04-28，11:00
	新照片 -2 2020-12-05，15:34（贾林 杨博摄）

▲ 新照片 -1 2008-04-28

15 凉伞沟 -2

老照片拍摄的是 1910 年凉伞沟内一处峡谷，相对高差 60 ～ 300 米。

新照片 -1 拍摄于 2008 年。自从宜昌到兴山的公路通车后，原峡谷内的小路已完全荒芜。

近十年来天然林保护工程的实施，沟内的树木十分茂密，几乎遮住了拍摄视线。新照片 -2 拍摄时，摄影师几番周折，才拍摄成功。

▲ 老照片 1910-06-08

▲ 新照片 -1 2008-04-28

拍摄地点	兴山县水月寺镇凉伞沟
海　拔	704 米
坐　标	31°16.812'N，111°56.723'E
拍摄时间	老照片 1910-06-08
	新照片 -1 2008-04-28，11:49
	新照片 -2 2019-06-03，13:37（张文兆 王桂林 摄）

▲ 新照片 -2 2019-06-03

凉伞沟 -3 **16**

▲ 新照片 -2 2021-05-28

▲ 新照片 -1 2008-04-28

▲ 老照片 1910-06-08

老照片拍摄的是 1910 年凉伞沟内一处峡谷景观，沟内和悬崖上长满了灌木。

新照片 -1 总体景观没有变化，由于天然林保护工程的实施，沟内灌木更加茂密，左边悬崖上长出几棵小树。

新照片 -2 拍摄时，由于雨季来临，沟内溪水湍急，摄影师从下向上寻找拍摄点受阻，未能到达原来的位置，留下了一点遗憾。从景观上看，悬崖两岸的植物生长得十分茂密。

拍摄地点	兴山县水月镇寺凉伞沟
海 拔	600 米
坐 标	31°16.930'N，110°55.865'E
拍摄时间	老照片 1910-06-08
	新照片 -1 2008-04-28，13:57
	新照片 -2 2021-05-28，15:10（王桂林 摄）

17 凉伞沟 -4

▲ 老照片 1910-06-08

▲ 新照片 -1 2008-04-28

▲ 新照片 -2 2021-04-22

老照片拍摄的是 1910 年凉伞沟内一处峡谷景观，近处生长了一片小蜡树（*Ligustrum sinense*）。

新照片 -1 中，原有的小蜡树已长至约 6 米高，胸径约 10 厘米。右边悬崖上，有几处垮塌痕迹，几个大石块掉到地面。左下方因电站施工，新修了一条小路。左下方正在看手机信息的人，是当天陪同作者穿越凉伞沟的兴山县林业局工程师卢洪波。

新照片 -2 拍摄时，沟内的树木较 13 年前更茂密，左边的小蜡树长高了，由于拍摄角度差异，小蜡树主干未能拍到。

拍摄地点	兴山县水月镇寺凉伞沟内
海　拔	550 米
坐　标	31°16.885'N，110°55.747'E
拍摄时间	老照片 1910-06-08
	新照片 -1 2008-04-28，14:11
	新照片 -2 2021-04-22，17:56（贾林 杨博 摄）

凉伞沟 -5

这张老照片拍摄于 1910 年，拍摄的是位于兴山县凉伞沟口孔子河口上方附近的一处峡谷景观。

2008 年 4 月 28 日，作者第一次进入凉伞沟拍摄时，这一张照片的拍摄点未能找到。2021 年摄影师再次前往，终于找到凉伞沟内最后一处拍摄点，位置在孔子河口上方，距照片"凉伞沟 -6"的位置不远。据现场考察发现，沟内左边悬崖有向右边滑动的迹象，对沟口水流造成一定阻塞。

从新照片上可以看出，峡谷两侧生长的树木较百余年前更加茂密。照片下方穿红色上衣者为摄影师杨博。

▲ 老照片 1910-06-08

▲ 新照片 2021-04-22

拍摄地点	兴山县水月镇寺凉伞沟
海　拔	523 米
坐　标	31°16.899N，110°55.610'E
拍摄时间	老照片 1910-06-08
	新照片 2021-04-22，18:19（贾林 杨博 摄）

19 凉伞沟 -6

▲ 老照片 1910-06-08

▲ 新照片 -2 2021-04-22

老照片拍摄的是 1910 年兴山县凉伞沟口的孔子河。

新照片 -1 的景观较百余年前变化不大，沟口的树林依旧生长茂密，仅左下角石壁出现了一部分垮塌痕迹。2008 年时，据兴山县旅游局同志介绍，沟内生物资源丰富，地质环境成因复杂，今后准备在这里开展生态旅游和中小学生研学旅游。

新照片 -2 中，左边悬崖的灌木较十余年前密集，遮住了中间一片裸露的岩石。

拍摄地点	兴山县水月镇寺凉伞沟
海 拔	505 米
坐 标	31°16.912 N，110°55.249'E
拍摄时间	老照片 1910-06-08
	新照片 -1 2007-06-06，14:30
	新照片 -2 2021-04-22，15:13（贾林 杨博 摄）

▲ 新照片 -1 2007-06-06

插秧 20

老照片拍摄的是 1910 年 6 月初兴山县农民插秧时的景象。威尔逊在拍摄照片时，很多人立起身来，好奇地看着照相机镜头。

新照片 -1 拍摄时，原来的水田已改为旱地。照片中部低矮房屋已经变成高大的砖瓦房，远处房屋也明显增多。据了解，现在 5 月初当地就插完秧苗，由此可见 100 年来气温明显升高，插秧时节提前了一个月。

新照片 -2 景观发生了变化，近处的玉米地变成了苗圃，远处山坡上原来低矮的树木，现在生长得十分茂盛。近年来农民生活条件逐步改善，照片中间原来的两幢房屋又重新修建了。

▲ 老照片 1910-06-09

拍摄地点	兴山县黄粮镇石槽溪村
海　拔	881 米
坐　标	31°17.246'N，110°50.603'EE
拍摄时间	老照片 1910-06-09
	新照片 -1 2007-06-06，11:00
	新照片 -2 2019-06-03，13:37（张文兆 王桂林 摄）

▲ 新照片 -1 2007-06-06

▲ 新照片 -2 2019-06-03

「21」土庙垭

▲ 老照片 1910-06-09

▲ 新照片-1 2007-06-06

▲ 新照片-2 2021-04-23

老照片上拍摄的是 1910 年兴山县农村的一座土地庙。庙里供奉着几个菩萨，他们是中国古代传说中的守护神。

新照片-1 拍摄时，土地庙已被拆掉，左边修建了一座房屋，右边原有一棵小树的位置被一根电杆代替。当作者向当地人打听土地庙下的石块现在何处时，照片上这位姓金的老人说石块早已用来修建了他家的猪圈。

新照片-2 拍摄时，原来的玉米地上，新修了一条水泥路，村民出行更为方便。摄影师找到当年照片中的老人，得知他的姓名叫金开泽。

拍摄地点	兴山县黄粮镇土庙垭
海　拔	1 010 米
坐　标	31°17.764'N，110°51.577'E
拍摄时间	老照片 1910-06-09
	新照片-1 2007-06-06，10:05
	新照片-2 2021-04-23，10:34（贾林 杨博 摄）

铁坚油杉 22

老照片拍摄的是1910年兴山县一棵高大粗壮的铁坚油杉树（*Keteleeria davidiana*）。据威尔逊记载，这棵树高30米，胸围6米。

新照片-1中，100年后铁坚油杉依旧生长旺盛。左前方的一处小土坎和石块仍然还在。根据县林业局在树干上挂牌的资料显示：铁坚油杉高31米，胸径1.48米。图片的左上方，生长有一棵高大的杨树（*Populus*）。照片下方玉米地中站立者，是本书拍摄助理王杭明。

新照片-2中的枯树正是原来的那棵铁坚油杉。几年前，铁坚油杉的顶部遭受雷击，已经干枯了。

▲ 老照片 1910-06-09

▲ 新照片-2 2021-04-23

拍摄地点	兴山县黄粮镇卫生院附近
海　拔	907米
坐　标	31°15.860'N，110°50.110'E
拍摄时间	老照片 1910-06-09
	新照片-1 2007-06-06，12:30
	新照片-2 2021-04-23，10:04（贾林 杨博 摄）

▲ 新照片-1 2007-06-06

[23] 杨氏宗祠

老照片拍摄的是 1910 年兴山县一幢杨姓人家宗祠。杨家祖上从江西南昌迁至湖北,在兴山已有 12 代。清末宜昌府考,杨家曾出过三代秀才,为当地一个大户人家。

杨氏宗祠 1952 年被毁。新照片 -1 中手持照片者叫杨同祀,是杨家第 12 代后人,他站立之处,便是原宗祠的大门位置。

新照片 -2 拍摄时,树木长得更高大了。几年前杨同祀生病去世,照片右下方添了一座新坟。

▲ 老照片 1910-06-09

▲ 新照片 -1 2007-06-06

拍摄地点	兴山县黄粮镇杨家湾
海　拔	1 030 米
坐　标	31°17.807'N,110°53.092'E
拍摄时间	老照片 1910-06-09
	新照片 -1 2007-06-06,10:35
	新照片 -2 2021-04-23,10:59(贾林 杨博 摄)

▲ 新照片 -2 2021-04-23

▲ 新照片-2 2019-07-11

▲ 老照片 1910-06-09

老照片拍摄的是 1910 年前兴山县一处石灰岩山景和干涸的河床。当地人称这里"白龙挂须"，岩石山上的植被保存较完整。

由于这里的水泥厂采石，左侧的山坡已遭到严重破坏。新照片-1 拍摄时，右下方原有的一丛慈竹（*Bambusa emeiensis*）不在了，取而代之的是一棵枇杷树（*Eriobotrya japonica*）。

从新照片-2 可以看出，近年来当地政府重视生态保护，山坡上原来被破坏的植被已逐步得到恢复。左下方山沟里修建了一条山村公路。

拍摄地点	兴山县昭君镇响龙村
海　　拔	312 米
坐　　标	31°13.796'N，110°46.546'E
拍摄时间	老照片 1910-06-09
	新照片-1 2007-05-29，15:30
	新照片-2 2019-07-11，16:51（张文兆 王桂林 摄）

▲ 新照片-1 2007-05-29

「25」响滩老街

▲ 老照片 1910-06-10

▲ 新照片 -1 2007-05-29

▲ 新照片 -2 2009-04-14

▲ 新照片 -3 2019-07-11

拍摄地点	兴山县昭君镇响滩村
海　拔	180 米
坐　标	31°15.056'N，110°43.904'E
拍摄时间	老照片 1910-06-10
	新照片 -1　2007-05-29，09:40
	新照片 -2　2009-04-14，17:11
	新照片 -3　2019-07-11，17:53（张文兆　王桂林 摄）

　　1910 年的兴山县响滩村老街，位于两条河的交汇处，这里曾住有 100 多户人家，是当地重要的水运码头，也是茶叶、木材和药材的集散地。

　　新照片 -1 拍摄时，由于三峡大坝的修建，老街上的居民已经全部搬迁。河中有一艘砂石挖掘船。

　　新照片 -2 拍摄时，三峡水库蓄水至 158 米，河对岸已修建起坚固的堤坝，照片近处河滩上堆满了水泥预制块。

　　新照片 -3 中左下方的河滩上出现了一片草地，这与三峡水库蓄水造成的长江支流河道中泥沙淤积有一定关系。

南阳峡谷 26

老照片拍摄的是 1910 年兴山县南阳峡谷。右岸一条小路上，威尔逊的考察队伍正在行进。正前方的坡地上有大片农耕地，照片放大后，可以看清坡地上修建有不少的房屋。

新照片 -1 中，右岸因公路改建堆满了废弃石渣，小路已被淹埋。左边山坡明显向下移动。前方坡地上的房屋依旧保留，但被重新修缮过。

由于新照片 -2 拍摄点位置偏远了一些，峡谷远处山坡显得低矮了。

▲ 新照片 -2 2019-05-31

▲ 老照片 1910-06-10

▲ 新照片 -1 2007-05-09

拍摄地点	兴山县昭君镇南阳峡谷
海　　拔	202 米
坐　　标	31°16.636'N，110°41.670'E
拍摄时间	老照片 1910-06-10

新照片 -1 2007-05-09，17:00
新照片 -2 2019-05-31，12:13
（张文兆 王桂林 摄）

27 南阳镇

▲ 老照片 1910-06-10

老照片拍摄的是 1910 年兴山县南阳镇。河流两岸人烟稀少，一排排整齐的梯田种满了水稻。

新照片 -1 中河边房屋密集，这里已变成一个有 1.3 万人口的小镇。由于缺水，很多梯田变成了旱地。近年来国家实施退耕还林工程取得成效，远处植被较过去好。

新照片 -2 能够看出，最近 12 年来变化很大。以南阳河为界，左岸是营盘村，河边建有异地搬迁安置小区；右岸是阳泉村，是镇政府所在地。

▲ 新照片 -1 2007-05-29

拍摄地点	兴山县南阳镇阳泉村
海 拔	395 米
坐 标	31°18.632'N，110°40.037'E
拍摄时间	老照片 1910-06-10
	新照片 -1 2007-05-29，11:00
	新照片 -2 2019-05-26，18:13（张文兆 王桂林 摄）

▲ 新照片 -2 2019-05-26

百羊寨村 28

老照片是于 1910 年拍摄的兴山县南阳镇百羊寨村，远处背景是海拔 2 253 米的万朝山。

新照片 -1 山坡上林木较过去更茂盛。兴山县是全国著名的中药材"杜仲之乡"，不仅种植了很多杜仲（*Eucommia ulmoides*），还种植了很多栗树（*Castanea mollissima*）。老照片中的那间房屋还在，已四易其主，新主人姓张。

新照片 -2 山坡上的树木生长更加茂密，老照片那间房屋的位置上，重新修了新房，右边山坡上，新建了一幢房屋。

▲ 老照片 1910-06-12

▲ 新照片 -1 2007-05-30

▲ 新照片 -2 2019-06-11

拍摄地点	兴山县百羊寨村
海　　拔	860 米
坐　　标	31°18.764'N，110°37.426'E
拍摄时间	老照片 1910-06-12
	新照片 -1 2007-05-30，11:25
	新照片 -2 2019-06-11，10:25（张文兆 王桂林 摄）

29 万朝山

这张老照片是 1910 年 6 月 12 日，威尔逊在从湖北前往四川途中，登上海拔 2 253 米的万朝山考察植物，沿途拍摄的几张照片中的一张。

2007 年 5 月，作者多次去寻找这些照片的拍摄点，但由于天气原因未能实现。2019 年，兴山县张文兆和王桂林多次前往寻找，他们在兴山百羊寨和神农架茅岵岭一带，发现 7 张老照片的拍摄点，他们拍摄的新照片也成为本书中的亮点之一。

新照片中的景观右边为万朝山茶场，下方是新修的移民安置小区和乡村公路。

▲ 老照片 1910-06-12

拍摄地点	兴山县百羊寨村
海　拔	830 米
坐　标	31°18.717′N；110°37.383′E
拍摄时间	老照片 1910-06-12
	新照片 2019-06-11，13:00（张文兆 王桂林 摄）

▲ 新照片 2019-06-11

萝卜园 **30**

这张老照片拍摄的是 1910 年兴山县百羊寨村一处山区景观。根据威尔逊记载，近处的五加属（*Eleutherococcus*）树木高 18 米，胸围 1.5 米。后面是一棵枫香树（*Liquidambar formosana*）。

这组照片的拍摄位置是本书重拍时新找到的拍摄点。五加属树木和枫香树都不在了。从远处的背景看，这里应该就是原来的拍摄点。最近 20 多年来，兴山县退耕还林成绩显著，四周山坡上的植被较过去茂密，已被开垦的坡地上长出了幼林。

▲ 老照片 1910-06-12

▲ 新照片 2019-07-15

拍摄地点	兴山县百羊寨村四组
海 拔	958 米
坐 标	31°18.60'N；110°31.667'E
拍摄时间	老照片 1910-06-12
	新照片 2019-07-15，09:29（张文兆 王桂林 摄）

31 道观 -1

老照片拍摄的是1910年兴山县一座道观的正面。道观修建在一处孤立的岩石上，四周生长着茂盛的马尾松（*Pinus massoniana*）。

新照片 -1 拍摄时，生长在岩石上的马尾松已被多种阔叶树取代，道观在 20 世纪六七十年代被毁。

新照片 -2 中阔叶树较 11 年前生长得更加茂密了，几乎遮住了照片右下方的石壁。照片下方有两条输电线路通过。

▲ 老照片 1910-06-12

▲ 新照片 -2 2019-07-10

▲ 新照片 -1 2008-04-29

拍摄地点	兴山县龙门河村二组
海　　拔	1 310 米
坐　　标	31°19.576'N，110°29.133'E
拍摄时间	老照片 1910-06-12
	新照片 -1 2008-04-29，12:00
	新照片 -2 2019-07-10，18:03（张文兆 王桂林 摄）

道观 -2 「32」

▲ 新照片 -2 2019-07-10

▲ 老照片 1910-06-12

老照片拍摄的是前页道观的侧面。从图片中可以清楚地看到道观位于岩石的顶上。

新照片 -1 中，岩石上的阔叶树增多，仅有少量马尾松保存，修建在岩石顶部的道观毁于20 世纪六七十年代。

新照片 -2 中，岩石四周的阔叶树，较 11 年前生长得更加茂密。

拍摄地点	兴山县龙门河村二组
海　　拔	1 291 米
坐　　标	31°19.592'N，110°29.099'E
拍摄时间	老照片 1910-06-12
	新照片 -1 2008-04-29，11:47
	新照片 -2 2019-07-10，18:04（张文兆 王桂林 摄）

▲ 新照片 -1 2008-04-29

33 桥沟桥

1910 年，威尔逊在路过兴山县龙门河村时，拍摄了一座修建在山沟里的小桥。从这张老照片上可见，桥上坐着三个人，左桥头也坐着两个人。从他们的着装上看，这几人极有可能是威尔逊的随从。廊桥右面一丛野蔷薇（*Rosa multiflora*）正在开花。

听当地人讲，最初修桥的人姓名不详。民国初期这座桥曾被水冲毁，后由当地一名妇女出资重修。1976 年之后，由于从县城到龙门河村通了公路，这座小桥便很少有人走了。

这组照片的拍摄位置是本书重拍时新找到的拍摄点。新照片中，从桥墩的形状和四周地形判断，这里就是原来那座小桥的所在。

▲ 老照片 1910-06-12

拍摄地点	兴山县龙门河村二组
海　拔	1269 米
坐　标	31°19.60'N；110°29.033'E
拍摄时间	老照片 1910-06-12
	新照片 2018-06-02，14:15（张文兆 王桂林 摄）

▲ 新照片 2018-06-02

龙门河村 34

▲ 新照片-2 2019-07-14

▲ 老照片 1910-06-12

▲ 新照片-1 2007-06-02

拍摄地点	兴山县龙门河村
海　拔	1 352 米
坐　标	新照片-1 31°19.906'N，110°29.112'E
拍摄时间	老照片 1910-06-12
	新照片-1 2007-06-02，16:35
	新照片-2 2019-07-14，15:26（张文兆 王桂林 摄）

老照片拍摄的是 1910 年兴山县的龙门河村。这里是一处深藏在湖北西北部深山的小村庄，四面群山环抱，因有一小片平坦的土地（照片中上部）而形成村庄。

新照片-1 近处原有的一片灌木林，被开垦种上了庄稼。由于原拍摄点长出了茂密的树林，现在拍摄点较老照片位置稍低。远方树林茂密，遮住了远处那片平坦的土地。

1994 年，著名的植被生态学家陈伟烈教授在这里建立了"中国科学院湖北神农架森林生态系统国家野外科学观测研究站"。

新照片-2 的拍摄位置较新照片-1 位置更接近村庄，位于照片右上方远处的龙门河村看得十分清晰。

[35] 湖北西北部山村

老照片拍摄的是 1910 年湖北西北部的一处山村。根据威尔逊的记载，从河谷到山顶，海拔相对高差 1 300 ~ 2 300 米。

新照片 -1 中，远处景观依旧，由于拍摄点近处长出了大片树林，无法看清河谷下面的情况。

新照片 -2 中，植被整体状况较 10 年前更好，体现了天然林保护工程取得的成绩。

▲ 老照片 1910-06-12

拍摄地点	兴山县龙门河村
海　拔	1 316 米
坐　标	31°20.283'N，110°29.280'E
拍摄时间	老照片 1910-06-12
	新照片 -1 2009-04-29，10:38
	新照片 -2 2019-07-16，11:25
	（张文兆 王桂林 摄）

▲ 新照片 -1 2009-04-29

▲ 新照片 -2 2019-07-16

檫木树 36

1910 年 6 月 13 日，威尔逊在兴山县茅岵岭（现神农架林区木鱼镇潮水河村）拍摄到了两棵檫木（*Sassafras tzumu*）照片。根据他记载，最大的一棵高达 30.48 米，胸围 4.57 米。

这组照片的拍摄位置是本书重拍时新找到的拍摄点。百余年后，摄影师在大山中找到了这两棵檫木树生长的地方。遗憾的是，老照片上前面最大那棵树已在多年前遭雷击死掉。现在拍摄到的这棵，是当年照片上后面的那棵小一点的树。当地历来有用这种树做棺木的习惯。历经 100 多年，这样粗大的檫木树能存活下来实属不易。

▲ 老照片 1910-06-13

拍摄地点	神农架林区木鱼镇潮水河村
海　拔	1 395 米
坐　标	31°20.717'N，110°27.933'E
拍摄时间	老照片 1910-06-13
	新照片 2019-07-16，16:35（张文兆 王桂林 摄）

▲ 新照片 2019-07-16

「37」香果树

▲ 老照片 1910-06-13

▲ 新照片 2019-07-16

就在上一张老照片附近，威尔逊还拍摄了一棵香果树（*Emmenopterys henryi*）照片。据他的记载，树高 24 米，胸围 1.8 米。该树从地面上生出两个树干，不知什么原因，右边这枝树干在距地面几米高处被折断。

这组照片的拍摄位置，也是本书重拍时新找到的拍摄点。百余年之后，新照片拍摄时，原来的香果树已不在了。新照片左方，生长有一棵杉木。这里原属兴山县，1970 年被划归至神农架林区木鱼镇管辖。

拍摄地点	神农架林区木鱼镇潮水河村二组
海　拔	1 395 米
坐　标	31°21.517'N，110°28.20'E
拍摄时间	老照片 1910-06-13
	新照片 2019-07-16，11:03（张文兆 王桂林 摄）

王宗海花屋和杜仲 38

老照片上那幢房屋，1910 年属于一个叫王宗海的富人所有。当地人习惯把用砖搭建的，修有雕梁画栋的房屋称为"花屋"。此屋后来被来自巴东县的仇家纵火烧毁，王宗海亦被仇家所杀。1964 年，房屋仅剩三分之一，残存的条石、青砖也被周边村民随意取用。

1910 年 6 月 13 日，威尔逊从湖北前往四川途中路过王家，拍摄了花屋以及屋前一棵高 15.54 米的杜仲，其胸围 0.76 米，左后方还有一棵胡桃树（*Juglans regia*）。

这组照片的拍摄位置，也是本书重拍时新找到的拍摄点。2019 年新照片拍摄时，花屋和树都不在了，但对照远处高大的石灰岩壁，仍可确定当年的拍摄位置。

▲ 老照片 1910-06-13

▲ 新照片 2019-07-16

拍摄地点	神农架林区木鱼镇潮水河村二组
海 拔	1 318 米
坐 标	31°21.533'N，110°28.183'E
拍摄时间	老照片 1910-06-13
	新照片 2019-07-16，11:35（张文兆 王桂林 摄）

39 杨家药坊和客栈

▲ 老照片 1910-06-13

老照片拍摄的是 1910 年江西商人杨麟祥在兴山县毛岵岭修建的药坊和客栈。杨麟祥出生于世代药商之家，1855 年迁至兴山县定居，一生从事中药材栽培和经营，兼办药号，为人乐善好施，深受百姓的尊崇爱戴。杨家还在兴山县城开办药铺，请名医免费坐诊。

1895 年，杨麟祥病故，家业由他的子女经营。1935 年，杨家因烘焙药材引发火灾，药坊和客栈均被毁，杨家从此衰落。威尔逊曾在杨家客栈住过一晚，他在当天日记中写道："客栈为一不规则的两层楼结构，有数个偏舍和一个大院子，由于没有足够的平地安置整座建筑，房子的前面一部分用柱子支撑。"

这组照片的拍摄位置，也是本书重拍时新找到的拍摄点。新照片拍摄时，原来修建房屋的地方已长满了茂密的树林和竹林。

拍摄地点　神农架林区木鱼镇潮水河村二组
海　拔　1 418 米
坐　标　31°21.517'N，110°28.20'E
拍摄时间　老照片 1910-06-13
　　　　　新照片 2019-07-16，12:20（张文兆 王桂林 摄）

▲ 新照片 2019-07-16

鸭子口 40

老照片拍摄的是 1910 年湖北房县临近神农架林区的一处三岔路口的小旅店。低矮的房屋用未经装饰的木料建成，屋后山坡上生长有很多马尾松。

新照片 -1 中的三岔路口正好位于现在神农架林区神农顶景区的大门附近，老照片旅店的位置上，竖起了一块高大的广告牌。

新照片 -2 中，重新修建的神农架神农顶景区大门紧靠在国道旁，与新照片 -1 的景观对比，已发生了很大的变化。

▲ 老照片 1910-06-16

▲ 新照片 -2 2019-07-18

▲ 新照片 -1 2008-05-03

拍摄地点	神农顶景区大门
海　拔	2 173 米
坐　标	31°30.915'N，110°20.102'E
拍摄时间	老照片 1910-06-16
	新照片 -1 2008-05-03，08:00
	新照片 -2 2019-07-18，15:49（杨林森 摄）

「41」小龙潭

▲ 老照片 1910-06-16

▲ 新照片 −1 2008-05-02

▲ 新照片 −2 2019-07-16

拍摄地点	神农顶景区小龙潭
海　拔	1 860 米
坐　标	31°28.804′N，110°18.160′E
拍摄时间	老照片 1910-06-16
	新照片 −1 2008-05-02，14:35
	新照片 −2 2019-07-16，14:37（杨林森 摄）

老照片拍摄的是 1910 年湖北小龙潭的一处小旅店，低矮的房屋右边养了很多蜜蜂。威尔逊在日记中风趣地写道："一座房屋被分割成 4 间，屋顶上开了一个洞，地板就是地球母亲了。"

新照片 −1 拍摄时，原址已变成了神农架神农顶景区内一处重要景点——小龙潭。原来旅店的位置上修建起了野生动物救护站。

新照片 −2 拍摄时，小龙潭野生动物救护站正在拆除。原来的巴山冷杉（*Abies fargesii*）已长高不少。

金猴山 [42]

这张老照片拍摄于 1910 年 6 月 17 日，照片上方有一处突兀的石灰岩小山峰，山峰下方有一大片树林被砍伐后形成的草坡和稀疏的杂木林。

这组照片的拍摄位置是本书重拍时找到的。1982 年神农架自然保护区建立后，生态得到全面恢复，树木生长高大茂密。2019 年，神农架国家公园管理局杨林森等人前往神农架寻找拍摄点，由于原来的拍摄点被树林遮掩，他们只能在原拍摄点下方大约 50 米处，爬上一棵 20 米高的巴山冷杉（*Abies fargesii*）的树杈，才拍到了这张新照片。新照片上可以看出，现有森林茂密，自然更新的树木均为当地原生树种。

这一带是金丝猴的重要栖息地，因此得名"金猴山"。

▲ 老照片 1910-06-17

▲ 新照片 2019-07-21

拍摄地点	神农架林区金猴山
海　拔	2 394 米
坐　标	31°28.233'N，110°18.20'E
拍摄时间	老照片 1910-06-17
	新照片 2019-07-21，17:53（杨林森 摄）

43 大神农架

▲ 老照片 1907-05

1907 年 5 月，威尔逊拍摄了一片巴山冷杉林被采伐后的迹地。后经神农架国家公园管理局杨林森考证，这里位于大神农架南坡，照片右上方的山峰海拔 3 050 米，是被称为"华中屋脊"的神农架山脉的重要山峰之一，原为兴山、巴东、房县三县的界山。100 多年以前，神农架地区的森林遭到严重采伐，老照片上巴山冷杉横七竖八地倒在山坡上，左下方还有被火烧过的痕迹，仅在主峰下方的山脊上保存有少量树林。20 世纪 70 年代以前，这里的人为活动频繁。

自然保护区建立后，该地区加大了对森林的保护力度。新照片中，老照片迹地上的植被已经得到全面恢复，大片墨绿色的树木是新生长的巴山冷杉。巴山冷杉林稀疏的地方，有湖北花楸（*Sorbus hupehensis*）、华中山楂（*Crataegus wilsonii*）、光叶陇东海棠（*Malus kansuensis* var. *calva*）、华山松（*Pinus armandii*）等树木生长。疏林中的空地上，生长有箭竹（*Fargesia spathacea*）、发草（*Deschampsia cespitosa*）、羊茅（*Festuca ovina*）、三毛草（*Trisetum bifidum*）、湖北老鹳草（*Geranium rosthornii*）等组成的草甸。照片下方的灌木是麻花杜鹃（*Rhododendron maculiferum*）。由于树木茂密，拍摄者不得不爬到树上才完成了照片的拍摄。

拍摄地点	神农架林区木鱼镇红河
海　拔	2 650 米
坐　标	31°24.890'N，110°17.948'E
拍摄时间	老照片 1907-05
	新照片 2021-09-12，13:24（杨林森 摄）

▲ 新照片 2021-09-12

下谷坪 44

老照片拍摄的是 1910 年今神农架林区下谷坪土家族乡（当年属于巴东县）的一段河谷。河中布满了巨石，右岸高处四壁白色的房屋是一座寺庙。

新照片-1，由于修建水电站，河流改道，原河道废弃。

水电站在几年前被拆除，新照片-2拍摄时，原来索桥的位置上新建了一座水泥桥。河床仍旧处于干涸状态，水生生态环境尚待恢复。

拍摄地点	神农架林区下谷坪土家族乡
海 拔	730 米
坐 标	31°21.950'N，110°14.617'E
拍摄时间	老照片 1910-06-21
	新照片-1 2007-06-03，17:20
	新照片-2 2019-07-14，10:36（杨林森 摄）

▲ 老照片 1910-06-21

▲ 新照片-1 2007-06-03

▲ 新照片-2 2019-07-14

「45」马家沟 -1

▲ 新照片 -1 2007-06-07

▲ 老照片 1910-06-21

老照片拍摄的是 1910 年今神农架林区马家沟（当年属于巴东县）的一处景观。左下方小河的远端，便是下谷坪乡。

由于原址右边山崖垮塌，几块数十吨重的巨石刚好落在原照片拍摄点的位置上。新照片 -1 左下方区域生长的一棵杉木挡住了前方的视线。

原址右边那几块巨石因修公路已被炸掉。新照片 -2 左下方区域修建了不少新房，一条新修的乡村公路正在施工。

拍摄地点	神农架林区下谷坪土家族乡
海　　拔	770 米
坐　　标	31°22.884′N，110°14.144′E
拍摄时间	老照片 1910-06-21
	新照片 -1 2007-06-07，10:15
	新照片 -2 2019-07-14，10:38（杨林森 摄）

▲ 新照片 -2 2019-07-14

马家沟 -2 **46**

▲ 新照片 -2 2019-07-14

▲ 老照片 1910-06-21

▲ 新照片 -1 2007-06-07

老照片拍摄的是 1910 年神农架林区马家沟另一处景观。小溪上有一座用木棍搭建的小桥，桥的右侧有一块上百吨的巨石，远处有一间小屋。

新照片 -1 中，沟内的植被较 100 年前茂密。原来的木桥变成了铁索桥，右侧的巨石还在，但溪水流量却比过去明显减少了，溪沟左侧一棵高约 5 米的洋椿（*Cedrela odorata*）挡住了后面房屋。

由于原拍摄点位置已修建了公路，新照片 -2 上，地形有较大改变。河上游方向的巨石旁边正在修建一座自来水厂，拍摄点前有几棵栗树挡住了视线。

拍摄地点	神农架林区下谷坪土家族乡
海 拔	786 米
坐 标	31°22.944'N，110°14.271'E
拍摄时间	老照片 1910-06-21
	新照片 -1 2007-06-07，10:45
	新照片 -2 2019-07-14，17:57（杨林森 摄）

47 板桥沟

老照片拍摄的是1910年今神农架林区的板桥沟。据威尔逊记载，照片上的洋椿高15.54米，胸围1.83米。左前方有一块圆形的大石头，上面长着一棵小树。

洋椿在几年前已被砍伐。新照片-1中，树桩上重新萌发出6米高的丛生状小树。大石头和上面的小树还在，由于缺乏营养，100年来小树几乎没有长高。

新照片-2拍摄时，原拍摄点位置前方有树木遮掩，无法正常拍摄，取景位置向左偏离。大石头上的灌木长多了。

▲ 老照片 1910-06-21

拍摄地点 神农架林区板桥沟
海　　拔 850米
坐　　标 31°23.288'N, 110°13.060'E
拍摄时间 老照片 1910-06-21
　　　　 新照片-1 2007-06-07, 15:35
　　　　 新照片-2 2019-07-06, 13:38
　　　　（杨林森 摄）

▲ 新照片-1 2007-06-07

▲ 新照片-2 2019-07-06

大九湖 [48]

老照片拍摄的是 1910 年的今神农架林区九湖镇。这里由 9 条山脉环抱，山间盆地优美宁静，如诗如画。

新照片 -1 中，远处山上的树木较 100 年前茂盛，山脚下的房屋比以前多了几间。拍摄当天大雾，远景不是很清楚。

新照片 -2 中，远处山坡上的树木更加茂密，近处草坡上生长起一片稀疏的灌木，照片右下方的位置上重新修建了新房。

▲ 老照片 1910-06-23

▲ 新照片 -2 2019-05-25

▲ 新照片 -1 2007-06-04

拍摄地点	神农架林区九湖镇
海　拔	1 763 米
坐　标	31°29.362'N, 110°01.326'E
拍摄时间	老照片 1910-06-23
	新照片 -1　2007-06-04，10:30
	新照片 -2　2019-05-25，12:12（杨林森 摄）

49 黄葛树

▲ 老照片 1908-03-25

拍摄地点 巴东县现林业局家属院
海　拔 273 米
坐　标 31°02.723'N，110°19.989'E
拍摄时间 老照片 1908-03-25
　　　　 新照片 -1 2007-06-08，10:55
　　　　 新照片 -2 2020-10-07，09:25（郑定荣 摄）

老照片拍摄的是 1908 年巴东县城边的一棵黄葛树（*Ficus virens* var. *sulanceolata*）和一棵柞木（*Xylosma congesta*）。威尔逊当年拍摄时，黄葛树高 13.7 米，估计树龄大约 100 年。

新照片 -1 拍摄于 2007 年。由于三峡大坝修建，水位升高几十米，黄葛树被搬迁到新县城林业局家属院内，移栽时为保证成活，左边侧枝被锯掉。

新照片 -2 下方的石碑，详细介绍了这棵黄葛树与威尔逊之间的渊源，以及它被保存下来的故事（注：黄葛树别名大叶榕树）。

▲ 新照片 -2 2020-10-07

▲ 新照片 -1 2007-06-08

重庆市 北线

——溶洞、天坑 和古栈道之旅

重庆市巫溪县蓝英大峡谷秋日风光

■ 重庆云阳龙缸 （Jordan 摄）

　　这一条路线包括重庆市巫溪县，以及云阳县和开州区北部地区，起始于巫溪县阴条岭国家级自然保护区的瓦口岭，与湖北省西北线神农架林区西部大九湖衔接，是 1910 年 6 月威尔逊第四次到中国西部考察路线的一部分。

　　巫溪县是中国早期的制盐地之一。在县城北面的宁厂古镇，有一口盐卤泉从山洞中流出，数千年经久不断。县内还保存有古人在崖壁上安放的悬棺，以及 2 000 多年前在大宁河边修建的栈道遗迹。这些谜一样的遗迹，在威尔逊的著作中曾有提到。

　　阴条岭主峰海拔 2 797 米，是重庆市的最高点，被称为"重庆第一峰"。据记载，当年威尔逊路过这里时，看到一棵生长得十分漂亮的血皮槭树，高 18 米，胸围达 2 米，由于生长的地方十分险峻，无法拍摄照片令威尔逊感到非常遗憾。保护区内还有古老的金钱槭，以及杜鹃、忍冬、鸢尾、绣线菊、黄芦木等花卉植物。阴条岭自然保护区生物资源十分丰富，有高等植物 1 800 余种，脊椎动物 300 余种，均具有很高的生态价值。

　　云阳县北面为石灰岩岩溶地貌，分布着很多溶洞、天坑、绝壁，著名的有九狮坪、黑风洞、剪刀架、轿顶山等。当年威尔逊从巫溪县进入云阳县时，为了走近路，沿着一条当地运输

私盐的小道前往，这条小路开凿在石灰岩悬崖绝壁之上，中途还要穿过一处 45 米的隧洞，十分危险，这处隧洞至今犹在。

开州区北面的温泉镇也是中国的文化古镇之一，已有 2 000 多年历史。镇内不仅有温泉，也有盐卤泉，自汉代以来便盛产井盐，经济十分繁荣，也因此声名远播。威尔逊一行到达温泉镇，所住的客栈旁边有一个巨大的石灰岩溶洞，当地人称"仙女洞"，洞内温度常年保持在 14℃～18℃，十分舒适。百余年过去了，这个溶洞仍保存完好，客栈也还在接待游客。

重庆市

巫溪县 瓦口岭（Hwa-kuo-ling）—苹果园（Peh-kuo-yuen）—小平池（Hsao-pingtsze）—太平山（Ta-pingshan）—谭家墩（Tan-chia-tien）—溪口（Chikou）—大宁县（Taning Hsien，现巫溪县）—鸡头坝（Che-tou-pa，现凤凰镇）—老石溪（Lao-shih-che，现菱角镇）—屠家坝（To-chia-pa）—峡口（Hsia-kow，现文峰镇）—朝阳洞（Chio-yang-tung，现朝阳镇）—三岔沟（Shan-chia-kou，现尖山镇）—田坝镇

云阳县 上坝乡—穿洞子—沙沱子（Sha-to-tzu，现沙市镇）—窄口子（Chr-kou-tzu，现龙坝镇）

开州区（原开县） 石垭子（Shih-ya-tzu，现金霞村）—马家沟（Ma-chia-kou，现乐园乡）—易家槽（Yi-chiao-tsao，现敦好镇龙珠村）—黄桶槽（Wang-tung-tsao，现敦好镇龙珠村）—高桥（Kao-chiao，现高桥镇）

重庆市 巫溪县

[01] 重庆市和湖北省交界处

▲ 老照片 1910-06-24

老照片拍摄的是1910年今重庆市巫溪县（1997年以前属于四川省）和湖北省交界地区的一处山地景观。照片上半部分是高耸的石灰岩山崖，下方是一片陡峻的坡地和梯田。整个坡面上植被稀少，水土流失严重。

由于山体下滑，新照片-1中，下方山坡的坡度变缓，梯田面积有所扩大，植被覆盖率明显增加。梯田之间修建了一条公路。照片下方农田上建有一排瓦房。

新照片-2山坡上部的植被保护得很好，右边的中间，有一片地面出现了裸露现象。照片下方原来的瓦房，改建成平顶彩钢棚，供村里堆放农产品和开会使用。在近年脱贫攻坚工作中，从村到户的泥土公路全都变成了3.8米宽的硬化路，农村居住环境日益改善。

拍摄地点	巫溪县双阳乡马塘村
海　拔	1 425 米
坐　标	31°28.379'N, 109°50.832'E
拍摄时间	老照片 1910-06-24
	新照片-1 2007-01-18, 10:00
	新照片-2 2019-09-28, 17:07（陈吉君 摄）

▲ 新照片-1 2007-01-18

▲ 新照片-2 2019-09-28

石灰岩山崖 02

老照片拍摄的是 1910 年巫溪县的一处石灰岩山崖景观，下方一大片光秃秃的农田未种庄稼。

由于山体下滑，新照片 -1 中山崖下方坡度变缓。近 10 年来退耕还林工程的实施，山坡上已长出茂密的树林，小块农田分布于林地之中。右下方原有一片树林已被开垦为农田。

由于新一轮退耕还林工作的实施，最近 10 年山坡上的树木更加茂密，生态环境进一步好转。新照片 -2 山坡中部新修建了一幢房屋。

▲ 老照片 1910-06-24

▲ 新照片 -2 2019-09-28

拍摄地点	巫溪县双阳乡张家淌村
海　拔	1 070 米
坐　标	31°28.621'N, 109°49.835'E
拍摄时间	老照片 1910-06-24
	新照片 -1 2009-04-20，10:22
	新照片 -2 2019-09-28，12:39（夏忠魁摄）

▲ 新照片 -1 2009-04-20

03 雇工的家

老照片拍摄的是 1910 年巫溪县一处雇工居住的草房，房屋之间有一条小路。威尔逊在他的日记中曾这样描写："村子里三面由陡峭的石山环抱，第四面即是悬崖的边缘。"

新照片 -1 中，小路仍在，左侧的草房变成了瓦房，右侧的草房毁于 1970 年代的一场大火。

新照片 -2 下方的树木更加高大茂密。左边房屋主人徐发银在几年前已去世，右边房屋主人叫蹇友军，因子女在巫溪县城读书便进城打工。原有的泥土路已加宽成为硬化的水泥路，以方便村民出行。

▲ 老照片 1910-06-25

▲ 新照片 -1 2009-04-20

拍摄地点	巫溪县双阳乡七龙村
海　拔	1 130 米
坐　标	31°28.735'N, 109°48.693'E
拍摄时间	老照片 1910-06-25
	新照片 -1 2009-04-20，14:13
	新照片 -2 2019-09-29，10:07（方益洪 摄）

▲ 新照片 -2 2019-09-29

水田坝村 **04**

老照片拍摄的是 1910 年巫溪县一片石灰岩山峰。照片中下方有一间孤立的小屋，旁边有一条小路，右边是一片梯田。

新照片 -1 整体景观几乎没有改变，生态环境较以前明显好转。原小屋位置上重新修建了新房，房屋主人姓许，1940 年从外地迁来。原来的小路已变成公路，右边的梯田还在。

新照片 -2 中，一条特高压电缆从村子上空穿过。照片下方的树木长得高大茂密，生态环境较 12 年前更好了。人居环境日益改善，交通更加便利。

▲ 老照片 1910-06-25

▲ 新照片 -1 2007-06-24

拍摄地点	巫溪县水田坝村
海 拔	528 米
坐 标	31°28.972'N，109°39.651'E
拍摄时间	老照片 1910-06-25
	新照片 -1 2007-06-24，11:10
	新照片 -2 2019-09-28，13:19（冉豪 摄）

▲ 新照片 -2 2019-09-28

05 谭家墩

老照片拍摄的是 1910 年巫溪县大宁河边的一处小镇。河上一只小木船正在摆渡，对面悬崖上一排整齐的房屋，这里便是当年繁华的小镇——谭家墩。

新照片 -1 拍摄时，生态环境变好。大宁河左岸修建公路后建成了沿河一条街。谭家墩老街几乎已无人居住。右上角光秃的岩石，系多年前岩壁上的灌木和草丛脱落而造成。谭家墩的兴衰，印证了交通条件对一个地区经济发展的重要性。

大宁河左岸新建了防洪堤岸和房屋。新照片 -2，右岸的树木较 12 年前生长茂密。上游电站修建后，大宁河水变得清澈见底，但河水流量有所减少。

▲ 老照片 1910-06-25

▲ 新照片 -1 2007-06-23

▲ 新照片 -2 2019-10-13

拍摄地点	巫溪县宁厂镇 58 号
海 拔	287 米
坐 标	31°28.996'N，109°38.264'E
拍摄时间	老照片 1910-06-25
	新照片 -1 2007-06-23，09:25
	新照片 -2 2019-10-13，11:07（李美华 摄）

九层楼 06

老照片拍摄的是 1910 年巫溪县城附近的一处悬崖，因形如楼房而取名"九层楼"。悬崖高约 300 米，大宁河从崖下流过，左岸沿河有一条小路，是通往陕西的主要道路。

新照片 -1 中，右侧修建了一大片房屋，九层楼下方的崖壁上，凿通了一条通往陕西的公路，代替了原有的小路。

新照片 -2 中，前方已建成了一座大桥。由于县城附近凤凰山发现危岩，为保障通往陕西、湖北方向的车辆、行人生命财产的安全，县政府提前预案建桥，大桥于 2016 年 12 月 31 日通车。大桥建成后第二年，凤凰山危岩便垮塌。新照片 -2 的拍摄点与新照片 -1 的拍摄位置有一些差异。

▲ 老照片 1910-06-27

▲ 新照片 -2 2019-10-13

▲ 新照片 -1 2007-06-23

拍摄地点	巫溪县水文站
海拔	230 米
坐标	31°24.244'N，E109°37.720'E
拍摄时间	老照片 1910-06-27
	新照片 -1 2007-06-23，14:10
	新照片 -2 2019-10-13，11:48（李美华摄）

07 巫溪县北门

▲ 老照片 1910-06-27

老照片拍摄的是 1910 年巫溪县城北门。照片上城墙坚固，规划整齐，房屋修建精美。右侧山坡上，树木灌丛茂密，左边山坡下，大宁河绕城而过。整体景观协调和谐，优雅宁静。

新照片-1 中，城墙已在 20 世纪六七十年代被毁。由于缺乏规划，加之山区条件有限，城内房屋拥挤。山坡上原有的树木已被现代建筑代替。镜头前面，有一排杨树挡住了视线。

新照片-2 中可见当地政府 2010 年根据威尔逊的老照片重新恢复的北城门。新照片-3 拍摄时镜头前方杨树遮住视线，拍摄角度有所偏差。

拍摄地点	巫溪县水文站观测台
海 拔	237 米
坐 标	31°24.230'N, 109°37.705'E
拍摄时间	老照片 1910-06-27
	新照片-1 2007-06-23, 14:30
	新照片-2 2013-09-15, 07:37
	新照片-3 2019-10-13, 11:38（李美华摄）

▲ 新照片-1 2007-06-23

▲ 新照片-2 2013-09-15

▲ 新照片-3 2019-10-13

重庆市 云阳县

云阳河谷 -1 08

老照片拍摄的是 1910 年云阳县北部的河谷，流经峡谷底部的汤溪河，由北向南注入长江。

新照片 -1 整体景观未变，河谷右岸新修的公路与汤溪河平行，在前景位置长出了马尾松和马桑（*Coriaria nepalensis*）。

新照片 -2 拍摄于 2021 年 4 月 13 日。云阳县志办组织摄影师再次前往拍摄。为了避开拍摄点前方树木，摄影师向智银冒着危险，腰系保险绳在悬崖边操控无人机，终于拍摄成功。河谷地区的生态环境较 13 年前有了进一步好转。

▲ 老照片 1910-07-01

▲ 新照片 -1 2008-04-15

拍摄地点	云阳县上坝乡季湾村
海　拔	新照片 -1 1 975 米；新照片 -2 1 949 米
坐　标	新照片 -1 31°22.006'N，108°52.736'E
	新照片 -2 31°22.020'N，108°53.810'E
拍摄时间	老照片 1910-07-01
	新照片 -1 2008-04-15，12:40
	新照片 -2 2021-04-13，16:00 （向智银 杨若飞摄）

▲ 新照片 -2 2021-04-13

「09」穿洞入口

▲ 老照片 1910-07-01

老照片拍摄于 1910 年，在巫溪县至云阳县的盐道上有一处岩洞，两地人员往来须从洞中穿行，当地称之为"穿洞"。老照片拍摄的是悬崖上方的"穿洞入口"。

由于岩石垮塌，新照片 -1 中洞口形状有所改变，目前洞内已无法直立行走。洞口站立者，是季湾村村支书袁学田。

由于洞口进一步垮塌，新照片 -2 拍摄角度有一些差异，站在洞口的是当地村民王生保。

拍摄地点	云阳县上坝乡季湾村
海　拔	630 米
坐　标	因洞口上方岩石遮挡，卫星信号丢失；距下面"穿洞出口"照片很近
拍摄时间	老照片 1910-07-01 新照片 -1 2008-04-15，15:02 新照片 -2 2019-10-31，10:25 （向智银 黄云 摄）

▲ 新照片 -1 2008-04-15

▲ 新照片 -2 2019-10-31

穿洞出口 [10]

▲ 新照片 -2 2019-10-31

▲ 老照片 1910-07-01

▲ 新照片 -1 2008-04-15

老照片拍摄于 1910 年，是位于悬崖下方穿洞的出口。

由于云阳到巫溪两县之间已修通公路，新照片 -1 拍摄时，原有的古盐道早已荒芜，洞口及小路上灌木丛生。洞口站立者，是时任季湾村村支书袁学田。

新照片 -2 中洞口生长的藤蔓较 11 年前更粗大茂密，站在洞口的是季湾村现任支书黄孝安。

拍摄地点	云阳县上坝乡季湾村
海　　拔	625 米
坐　　标	31°21.508'N，108°53.678'E
拍摄时间	老照片 1910-07-01
	新照片 -1 2008-04-15，14:55
	新照片 -2 2019-10-31，09:51（向智银 黄云 摄）

[11] 悬崖

▲ 老照片 1910-07-01

▲ 新照片 -2 2019-10-31

拍摄地点	云阳县上坝乡季湾村
海　拔	540 米
坐　标	31°21.413'N，108°53.577'E
拍摄时间	老照片 1910-07-01
	新照片 -1 2008-04-15，14:41
	新照片 -2 2019-10-31，10:27（向智银 黄云 摄）

　　老照片拍摄于 1910 年，拍摄的是云阳县上坝乡的一处悬崖，高 80 ~ 100 米。当年盐道上的挑夫就是在这样陡峭的悬崖上穿行，前面两张照片中的穿洞就位于这一处悬崖上。

　　新照片 -1 悬崖整体景观未变，左上方有明显的岩石垮塌痕迹，穿洞入口的小路已无法通行。

　　新照片 -2 中穿洞入口下方的岩石明显垮塌，地面上长满了灌木，生态环境较 11 年前有了很大的恢复。

▲ 新照片 -1 2008-04-15

云阳河谷 -2 「12」

▲ 新照片 -1 2008-04-15

▲ 新照片 -2 2021-04-13

▲ 老照片 1910-07-01

老照片拍摄的是 1910 年云阳县北部的河谷，峡谷底部是汤溪河。

新照片 -1 的拍摄位置较原照片偏低。河谷右下方修建了一条公路。

由于拍摄点前方扩建公路和增建房屋，遮住了拍摄的视线，新照片 -2 拍摄的位置与上一次拍摄有一定偏差。河谷地区的生态环境较 13 年前有了进一步好转。

拍摄地点	云阳县上坝乡季湾村
海　　拔	新照片 -1 2 275 米；新照片 -2 2 284 米
坐　　标	新照片 -1 31°21.069'N，108°53.341'E
	新照片 -2 31°20.497'N，108°53.639'E
拍摄时间	老照片 1910-07-01
	新照片 -1 2008-04-15，14:15
	新照片 -2 2021-04-13，11:10（向智银 杨若飞 刘兴敏 摄）

「13」沙市镇

▲ 老照片 1910-07-02

▲ 新照片 -1 2007-06-25

▲ 新照片 -2 2019-10-30

老照片拍摄的是 1910 年云阳县北部的一座小镇，照片中部的房屋是长江北岸山区一处重要的驿站。

新照片 -1 拍摄时，老照片左前方的土坡在 1997 年的一次塌方中消失。小河对岸房屋增多，修建了不少高大楼房，挡住了一部分背景。因河流改道，新照片拍摄点比老照片低一些。

新照片 -2 中，小河对岸的房屋比 12 年前更加密集，河边修起了坚固的防护堤。照片右边生长了两棵高 15 米、胸径 24 厘米的栾树（*Koelreuteria paniculata*）。

拍摄地点	云阳县沙市镇
海　拔	242 米
坐　标	31°19.843'N，108°52.972'E
拍摄时间	老照片 1910-07-02
	新照片 -1 2007-06-25，17:56
	新照片 -2 2019-10-30，14:32（向智银 黄云 摄）

陶家大院 [14]

老照片拍摄的是 1910 年云阳县陶家大院。陶家祖籍湖北黄冈，后迁至云阳靠经营盐、煤、铁等致富。陶家大院在清同治年间由陶鸣玉主持修建，历时 13 年。

新照片 -1 中的站立者，是陶鸣玉的第六代孙子陶宏均。陶家大院在 20 世纪 50 年代初时被分给十几户村民居住。由于维护不善，1967 年 3 月 21 日最后一面墙垛倒塌，陶家大院从此消失。

新照片 -2 中，远处山坡上的树木更加茂密，房屋格局基本未变。照片左下方的路面进行了硬化处理，村民出行更方便了。

▲ 老照片 1910-07-02

▲ 新照片 -2 2019-10-30

▲ 新照片 -1 2008-04-15

拍摄地点	云阳县农坝镇红梁村
海　拔	709 米
坐　标	31°21.840'N，108°45.661'E
拍摄时间	老照片 1910-07-02
	新照片 -1 2008-04-15，9:30
	新照片 -2 2019-10-30，10:14（向智银 黄云 摄）

重庆市 开州区

「15」石灰岩峰柱

▲ 老照片 1910-07-03

老照片拍摄的是 1910 年开县（现开州区）一处石灰岩峰柱。据当地历史记载，明末清初时期，李自成残部曾在峰柱上修建堡垒坚守过一段时期。

新照片-1 上中，左下方区域已开垦为农田，并新修了房屋和围墙。

新照片-2 中，石灰岩峰柱和山坡上的柏树长高大了，在照片中下部位置长出一片阔叶树林，生态环境较 11 年前变得更好。

▲ 新照片-1 2008-04-14

拍摄地点 开州区温泉镇金霞村
海　拔 706 米
坐　标 31°21.237'N，108°38.749'E
拍摄时间 老照片 1910-07-03
　　　　 新照片-1 2008-04-14，16:00
　　　　 新照片-2 2019-09-26，15:56（余其彬 摄）

▲ 新照片-2 2019-09-26

温泉镇 **16**

老照片拍摄的是 1910 年开县温泉镇。当年这里地处四方交通要道，盛产盐、煤、铁矿，大片整齐的房屋尽显出昔日的繁华。

新照片-1 中，近处建有一幢高大楼房，原来的一棵黄葛树和周围的灌木都长大了。由于水泥厂的修建，远处山崖已被炸掉一大片，整个温泉镇终日被浓烟笼罩。2010 年以来，地方政府先后关闭了 7 家小水泥厂，温泉镇空气质量明显改善。

新照片-2 中，左边几棵高大的树木，遮住了后方的黄葛树。远处光秃的石壁上，长出了小灌木。

▲ 老照片 1910-07-03

▲ 新照片-1 2008-04-14

▲ 新照片-2 2019-09-27

拍摄地点 开州区温泉镇燕子街
海　拔 280 米
坐　标 31°22.170'N，108°31.411'E
拍摄时间 老照片 1910-07-03
　　　　　新照片-1 2008-04-14，13:15
　　　　　新照片-2 2019-09-27，09:30（余其彬 摄）

重庆市 长江沿线

—— 三峡 之 旅

■ 航拍重庆奉节瞿塘峡晨曦 （石耀臣 摄）

通过 100 年前威尔逊在重庆长江沿岸拍摄的老照片，与三峡大坝建成库区水位上升后拍摄的影像对比，可以了解库区环境和植物的变化。

1900～1910 年，威尔逊曾多次乘着木船往返于长江三峡地区。在他的日记中，记录了他经过三峡急流险滩时的惊险场面，他乘坐的木船有两次险些撞上礁石。他还描写了三峡两岸美丽和丰富的植物："在绝壁上，长满了可爱的鲜花、灌木和绿草，美极了！丰富极了！真正的天堂美景！"他还写道："所有的峡谷，给予了如此原始和美妙绝伦的风景，无论是钢笔、铅笔、其他画笔还是照相机，都难以描绘它的美景。"

在巫山县城东约 15 千米处的长江北岸，一根巨石突兀于青峰云霞之中，宛若一个美丽动人的少女，被称为"神女峰"，据民间传说系天宫西王母之小女儿瑶姬的化身，她曾帮助大禹治水，斩杀十二妖龙，为百姓驱除虎豹，为人间行云播雨，为治病育种灵芝，后化作神女峰，为三峡行船指点航路。1903 年 5 月，威尔逊在经过巫峡时，他雇用的一个船夫被另一条船的纤绳拽到江中淹死了。为此，他帮助这个船夫的家人到巫山县打赢了官司，获得了对方赔偿。100 年后，由于三峡水库的修建，巫峡段江面已经变得一平如镜。

1908 年 3 月 31 日，威尔逊从宜昌乘船前往重庆途中，在云阳拍摄了张飞庙的老照片。该庙系纪念三国时期蜀汉名将张飞而修建，始建于蜀汉末期，后经历代修葺扩建，距今已有 1700 多年的历史。张飞庙原址位于老云阳县城飞凤山麓，三峡水库建设初期，被搬迁到上游 32 千米新县城对岸的盘石镇龙宝村狮子岩下。庙内保存了大量珍贵的字画碑刻，有稀世文物 200 余件，被誉为"巴蜀胜景、文藻胜地"，先后被评为全国重点文物保护单位和中国国家风景名胜区，是长江三峡黄金旅游线路上的重要景点之一。

在张飞庙老照片拍摄之前，威尔逊还拍摄了几张木船经过奉节县境内瞿塘峡的照片，十分珍贵。

1908 年 4 月 2 日，威尔逊在今重庆市万州区长江边拍摄了 9 张照片。100 多年以后，当年长江边的一个小渔村，已变成一座繁华的大城市。由于过去几十年环境变化太大，本书作者仅找到 3 张老照片的拍摄点。通过这些老照片，可以看出万州码头一带，因长江水位升高给城市带来了巨大变化。

1909 年 1 月 5 日，威尔逊从成都返回宜昌途中，在忠县石宝寨留下了一张珍贵的历史照片。石宝寨位于距重庆市忠

■ 丰都鬼城阴阳界桥

县 29 千米处，临江依巨石而建，寨楼高 56 米。相传为女娲补天所遗的一尊五彩石，故名"石宝"，被称为"江上明珠"。此石形如玉印，又名"玉印山"。石宝寨始建于明万历年间，经清康熙、乾隆年间修建完善。塔楼依玉印山修建，依山耸势，飞檐展翼，是长江黄金旅游线路上著名的人文景观之一，

被誉为"世界八大奇异建筑"之一。

　　1908 年 4 月 6 日，威尔逊在丰都县长江边拍摄了一棵黄葛树。老照片拍摄点所在的丰都县名山镇，是著名的"丰都鬼城"和"中国神曲之乡"所在地，也是传说中人类亡灵的归宿之地。丰都不仅是传说中的鬼城，

还是集儒、道、佛为一体的民俗文化艺术宝库，是长江黄金旅游线路上著名的人文景观之一。

　　我们从威尔逊拍摄的老照片中可以了解，在重庆市长江沿岸路线中蕴含着悠久、丰富的历史文化。

重庆市 巫山县

[01] 无夺桥

▲ 老照片 1909-01-11

▲ 新照片 -1 2007-06-25

老照片拍摄于 1909 年 1 月 11 日，照片中的桥是巫山县巫峡峡口附近的无夺桥。桥的下方，有一条被称为"横石溪"的小河从长江北岸的峡谷流出，桥上方一座山峰形状奇特，被称为"棺材盖"。桥两侧的悬崖上岩石裸露，少有植物生长。

由于三峡大坝的修建，水位已升高近 50 米，新照片 -1 拍摄时，无夺桥已没入水下。自三峡水库蓄水以来，石壁上的灌木较 100 年前茂密。

因季节原因，库区水位略有升高，新照片 -2 整体景观变化不大。

▲ 新照片 -2 2021-04-23

拍摄地点	巫山县巫峡峡口
海　　拔	145 米
坐　　标	31°01.278'N，110°02.762'E
拍摄时间	老照片 1909-01-11
	新照片 -1 2007-06-25，10:46
	新照片 -2 2021-04-23，16:50（贾林 杨博 摄）

神女溪口 02

老照片拍摄于 1909 年 1 月 9 日，是威尔逊从成都乘船返回宜昌途中，在巫山县巫峡峡口著名的神女峰下拍摄的一处悬崖，崖壁的一侧是神女溪汇入长江的溪口，另一侧踞江而立与神女峰隔江相望，溪水也因此而得名。

由于三峡大坝的修建，水位升高近 50 米。新照片-1 悬崖下部已没入水下，船经过巫峡时已不再有搁浅的危险了。大坝建后库区雨量增加，空气湿度增大，山坡上已长出密集的灌木。悬崖中部建有一座航标站。

新照片-2 拍摄时，库区水位略有升高，整体景观变化不大。三峡大坝三期蓄水后，平湖回流，神女溪内奇秀雄险的风景与原生态居民"惊现"在游客面前，昔日只有少数摄影家知道的奇峰丽景，已经成为三峡游的新亮点。威尔逊曾经驻足的神女溪口，如今是神女溪景区的主入口，无数慕名游览长江三峡的游客登过神女峰，转身即进神女溪。每逢旅游旺季，神女溪口车水马龙，游人如织。

▲ 老照片 1909-01-09

拍摄地点	巫山县神女溪口
海　拔	148 米
坐　标	31°01.153'N，110°00.268'E
拍摄时间	老照片 1909-01-09 新照片-1 2007-06-25，11:06 新照片-2 2021-04-23，16:24 （贾林 杨博 摄）

▲ 新照片-2 2021-04-23

▲ 新照片-1 2007-06-25

重庆市 云阳县

「03」文峰塔

▲ 老照片 1909-01-07

▲ 新照片 -1 2008-04-16

拍摄地点 云阳县新津乡
海　拔 新照片 -1 148 米；新照片 -2 173 米
坐　标 30°56.082'N，108°58.162'E
拍摄时间 老照片 1909-01-07
　　　　新照片 -1 2008-04-16，11:02
　　　　新照片 -2 2019-11-21，15:20（程午燕 摄）
　　　　新照片 -3 文峰塔近照

老照片拍摄的是 1909 年云阳县长江南岸一处景观，山峦右上方有一座宝塔。据县志介绍，宝塔叫"文峰塔"，建于 1837 年。

因三峡水库蓄水，江边景观已发生很大变化。新照片-1 拍摄时，原有山坡上的房屋已搬迁，但文峰塔依旧保存完好。听当地人说，20 世纪 90 年代文峰塔被雷击垮塔顶，2002 年重新修缮。

因三峡水库蓄水后长江水位上升至 173 米，新照片-2 中，景观发生了一些变化。对面山坡上新建了一些房屋，植被较 11 年前茂密了。

▲ 新照片-2 2019-11-21

▲ 新照片-3 文峰塔近照

04 张飞庙

老照片拍摄的是 100 余年前云阳县的一座庙宇。该庙宇是为纪念三国时期蜀汉大将张飞而建，距今已有 1 700 多年的历史。

因三峡水库蓄水，张飞庙于 2002 年 10 月至 2003 年 7 月，从下游搬迁至新县城，庙宇搬迁后依然保持依山、坐岩、临江的地理特征。该庙的搬迁是我国地面文物搬迁级别最高、搬得最远、影响最大的一项工程，现存建筑近 90% 的构件都是老庙拆迁下来的材料。原照片庙宇右方有"灵钟千古"四个字，新照片 -1 中已改为"江上风清"，系清末云阳名人彭聚兴书写。

新照片 -2 是用无人机拍摄的，凸显出庙宇四周浓荫密闭的优美环境。照片的坐标和海拔较新照片 -1 有一些改变。

▲ 老照片 1908-03-31

拍摄地点	云阳县新县城对岸
海 拔	167 米
坐 标	30°54.794'N，108°41.956'E
拍摄时间	老照片 1908-03-31
	新照片 -1 2007-06-26，09:26
	新照片 -2 2019-06-19，10:53（刘兴敏 摄）

▲ 新照片 -1 2007-06-26

▲ 新照片 -2 2019-06-19

黄葛树 05

老照片拍摄的是 1908 年今重庆万州区长江边上的一棵黄葛树。据威尔逊当年记载，树高 15 米，胸围 4.5 米，冠幅直径 27.4 米。枝叶茂盛像一把巨大的华盖，撑在江边的大路上，为行人遮风挡雨。

新照片 -1 中，黄葛树已饱经沧桑。听园林局工作人员介绍，20 世纪 50 年代，有单位在大树四周修建宿舍，大树生境遭受影响甚至濒临死亡。2007 年，这里建成滨江大道，黄葛树重获新生。

经过相关人员细心管护，新照片 -2 中，黄葛树较 14 年前已恢复枝叶繁茂。

▲ 老照片 1908-04-01

▲ 新照片 -2 2021-06-22

▲ 新照片 -1 2007-06-28

拍摄地点	万州区滨江大道
海　拔	186 米
坐　标	新照片 -1 30°48.340'N，108°23.013'E
	新照片 -2 30°48.589'N，108°23.655'E
拍摄时间	老照片 1908-04-01
	新照片 -1 2007-06-28，13:30
	新照片 -2 2021-06-22，14:14（唐文龙 摄）

06 万州城

▲ 老照片 1908-04-01

▲ 新照片 -1 2007-06-28

拍摄地点 万州区长江南岸

海　　拔 新照片 -1 160 米；新照片 -2 162 米
新照片 -3 174 米；新照片 -4 187 米

坐　　标 新照片 -1 至 3 30°48.307'N，108°23.620'E
新照片 -4 30°48.897'N，108°24.419'E

拍摄时间 老照片 1908-04-01
新照片 -1 2007-06-28，14:10
新照片 -2 2009-10-22，15:22
新照片 -3 2009-11-01，14:56
新照片 -4 2021-06-22，14:33（唐文龙 摄）

老照片拍摄的是 1908 年万县（今万州区）全景，左边高处一幢醒目的白色楼房是教堂，右下方长江上是德国军舰"沃特兰特号"。

三峡大坝修建完工水库开始蓄水后，库区水位不断上升，原来的老城下半部已没入水中，远处两座小山隐约可见的轮廓，证实了新照片拍摄位置的准确度。

新照片 –1 至 3 拍摄时，库区水位海拔高度分别为 145 米、148 米、171.2 米。万州新城和远处的山坡，就像在大海中的岛屿。

新照片 –4 拍摄时，库区水位为 173 米，这个水位略高于新照片 –3 拍摄时的水位。照片下方区域出现大片的沙滩，左边沙滩上长出了一片绿色草坪。

▲ 新照片 –2 2009–10–22

▲ 新照片 –3 2009–11–01

▲ 新照片 –4 2021–06–22

07 太白岩

老照片拍摄的是 1908 年太白岩下的万州老城和庙宇。江边码头上停泊着很多小木船，岸边是一片破旧低矮的棚屋，这正是百余年前万州的真实写照。

新照片 -1 拍摄时，万州已发生了翻天覆地的变化。幢幢高楼，鳞次栉比；江边码头上，停靠着崭新的游船。

新照片 -2 拍摄时，水位为 158 米。对面山坡上新建了不少房屋，一幢高大建筑尚未完工。

新照片 -3 拍摄时，三峡水库水位达到了 171.2 米，高大的建筑已经完工，是新建的重庆三峡中心医院。

新照片 -4 的下方，靠近江边的房屋格局几乎没有发生变化。在照片上方显示区域，原右边三幢高楼屋顶上的"三峡中心医院"的标牌已经被取掉；照片的中上区域，又新修了一大片高楼，其中偏左的一幢体量最大，是新建的三峡中心医院。

▲ 老照片 1908-04-01

拍摄地点	万州区长江南岸
海　拔	新照片 -1 160 米；新照片 -2 162 米；新照片 -3 174 米；新照片 -4 187 米
坐　标	新照片 -1、2、3　30°48.307'N, 108°23.620'E 新照片 -4　30°48.897'N, 108°24.419'E
拍摄时间	老照片 1908-04-01 新照片 -1　2007-06-28，13:30 新照片 -2　2009-04-22，15:14 新照片 -3　2009-11-01，15:01 新照片 -4　2021-06-22，14:34（唐文龙 摄）

▲ 新照片 -1 2007-06-28

▲ 新照片-2 2009-04-22

▲ 新照片-3 2009-11-01

▲ 新照片-4 2021-06-22

重庆市 忠县

08 石宝寨

▲ 老照片 1909-01-05

老照片拍摄的是 1909 年的忠县石宝寨。石宝寨依崖而建，寨楼共 12 层，高 56 米，被称为"世界八大奇异建筑"之一。寨下面是一排破旧的房屋。

新照片-1 拍摄时，石宝寨正在维修。

新照片-2 拍摄于 2009 年。

新照片-3 拍摄于三峡水库蓄水 175 米之后，石宝寨和它背靠的玉印山，已成为浩淼烟波中的一处孤岛。

拍摄地点	忠县石宝寨
海　拔	150 米
坐　标	30°25.286'N，108°11.110'E
拍摄时间	老照片 1909-01-05

新照片-1 2007-06-29，9:30
新照片-2 2009-09-27，12:31（马建生 摄）
新照片-3 2019-09-20（潭卫高 摄）

▲ 新照片-1 2007-06-29

▲ 新照片-2 2009-09-27

▲ 新照片-3 2019-09-20

重庆市 丰都县

黄葛树 09

老照片拍摄的是 1908 年丰都县长江边的一棵黄葛树。据威尔逊记载，这棵树树高 15.2 米，胸围 3.6 米，冠幅直径 18.2 米。树下有一座小庙，四周种了一大片罂粟。

新照片-1 拍摄时，原来的黄葛树已不在了，这里被开辟为一个以中国民间传说中"阴曹地府"为主题的民俗文化公园；一座索桥横跨，山顶上塑造了一个阎王爷头像，左侧前方有一大片堆积物。

新照片-2 山坡上植被葱郁，山下增加了很多房屋，长江边修建起了坚固的堤岸，阎王头像已改为五鱼山景区牌坊。由于拍摄点被遮挡，新照片-2 拍摄点改在离原点 1 000 米以外的长江对岸拍摄。

▲ 老照片 1908-04-06

▲ 新照片-2 2020-04-22

▲ 新照片-1 2009-04-10

拍摄地点	新照片-1 丰都县名山街道；新照片-2 丰都县长江南岸
海 拔	185 米
坐 标	新照片-1 29°53.115'N，107°43.006'E
	新照片-2 （缺）
拍摄时间	老照片 1908-04-06
	新照片-1 2009-04-10，15:07
	新照片-2 2020-04-22，12:43（唐文龙 摄）

仪陇晨雾 （黄文志 摄）

■ 成都宽窄巷子

　　这一条路线从四川盆地东部穿越到盆地西部。四川盆地是中国四大盆地之一，四周山地海拔在 1 000 ～ 3 000 米之间，盆底地势低矮，海拔 200 ～ 750 米。四川盆地因为地表广泛出露侏罗纪至白垩纪的紫红色砂页岩，又称为"红色盆地"。被誉为"天府之国"的四川不仅是中国重要的稻、麦、玉米等粮食丰产区，还盛产甘蔗、蚕丝、棉花、茶叶、油菜、药材和水果。

　　四川东线起始于今宣汉县（当时为东乡县），当年威尔逊经过这里时对这里留下了很好的印象。当年，威尔逊和他的同伴在县城内找到一处安静、清洁的客栈住宿。城内还有一个罗马天主教教堂，他与教堂的传教士愉快地用英语交谈了 1 小时，这是他自 6 月初离开宜昌后第一次见到西方人。1910 年 7 月 9 日，在考察队进入县城之前，威尔逊看见当地有人住在岩洞里而感到好奇，于是拍摄了一张照片。

宣汉县旅游资源十分丰富，目前已建成三处国家 4A 级景区，尤以"巴山大峡谷"最为著名。巴山大峡谷属喀斯特地貌，山势奇特、河水清澈，峰丛入云、谷深一线，溶洞众多且动植物种类丰富。宣汉县矿产资源亦十分丰富，近期已探明天然气储量 1.5 万亿立方，煤炭储量 1.6 亿吨，正在由一个农业大县向工业和旅游大县转型。2020 年 6 月，宣汉县成功成为"四川省首批全域旅游示范区"。

离开宣汉后，威尔逊经通川、平昌、巴州、仪陇到达阆中。他在沿途拍摄了一批精美的墓地照片和几张川北农村梯田照片，这些珍贵资料对研究川北的历史文化和农业发展具有重要意义。

1910 年 7 月 19 日，威尔逊到达川北重镇阆中。他在这里拍摄了两张十分珍贵的照片，一张是黄连垭，另一张是嘉陵江边南津关附近的连峰楼。连峰楼在 20 世纪六七十年代被毁，当地为发展旅游业很想对其恢复重建，但又没有可以依据的历史资料。2007 年本书作者第一次去阆中，把威尔逊拍摄的连峰楼老照片送给了阆中市历史文化名城研究会的刘先澄副会长，后来，连峰楼由当地一企业根据老照片重新修复。

值得一提的是，威尔逊日记中记录了阆中有一个重要的教会中心，他在这里与主教及其助手愉快地度过了几小时。本书作者到阆中后，由刘先澄副会长带领参观了当地的圣约翰教堂和市人民医院。在古城的一条小巷内，一幢深灰色具有西方风格的砖混结构建筑格外引人注目，听刘副会长介绍，这座教堂是由被称为"剑桥七杰之一"的英国圣公会主教盖士利（William Wharton Cassels）在 1885 年修建，现在已被列为"省级重点文物保护单位"。盖士利毕业于英国剑桥大学，读书期间成绩特别优秀，同时又具有卓越的组织能力，在学校里有很高威望，后信奉基督，终生在中国传教，1925 年他和夫人因感染伤寒相继在阆中去世，双双葬在阆中。

离开阆中后，威尔逊经过盐亭、三台，顺利到达成都。自 1910 年 6 月 4 日从宜昌出发，7 月 27 日抵达成都，历时 54 天。早在 1903 年和 1908 年，威尔逊已经两次到过成都，他对这座位于四川的西部城市留下了深刻印象，并把成都（平原）称为"中国西部的花园"，在这里拍摄了很多珍贵照片。本书重拍时，作者在成都宽巷子和窄巷子两条街上各找到了一张老照片的拍摄点，为成都这座国际旅游城市找寻到了更多历史的印迹。

达州市

宣汉县 破池（Pao-tsze，现茶河镇破池村）—东乡县（Tunghsiang Hsien，现宣汉县）—南坝场（Nan-pa-ch'ang，现南坝镇）—明月场（Mirn-yueh-ch'ang，现明月乡）—王家场（Wang-chia-ch'ang，现王家村）—双庙场（Shuang-miao-ch'ang，现大成镇）

通川区 绥定府（Suiting Fu，现通川区）—三溪庙（San-che-miao，现安云乡）—碑牌场（Peh-pai ch'ang，现碑庙镇）—雷鼓坑（Lei-kang-keng）—北山场（Peh-shan-ch'ang，现北山镇）

巴中市

平昌县 青凤场（Yuan-fang-ch'ang，现青凤镇）—福耳塘（Fu-erh-tang，现石垭乡）—板庙场（Pai-miao-ch'ang，现板庙镇）—青龙场（Chen-lung-ch'ang，现青云镇）—江口（Chiang-kou，现巴州区）—核桃坎（Hei-tou-kan）

巴州区 鼎山场（Ting-shan-ch'ang，现鼎山镇）—龙背场（Lung-peh-ch'ang），现龙背乡

南充市

仪陇县 大罗场（Tai-lu-ch'ang，现大罗乡）—福临场（Fu-ling-ch'ang，现福临乡）—石垭场（Shih-ya-ch'ang，现日兴乡）—仪陇县（Yi-lung-Hsien，现金城镇）—土门铺（Tu-men-pu，现土门镇）

阆中市 水观音（Shui-kuan-yin，现水观镇）—金垭场（Chin-ya-ch'ang，现金垭镇）—河溪关（Ho-che-kuan，现河溪街道）—黄连垭—保宁府（Pao-ning-Fu，现保宁街道）—南津关（Nan-ching-kuan）

绵阳市

盐亭县

三台县 秋林镇—八洞镇

成都市

武侯区 武侯祠—望江楼—九眼桥

成华区 昭觉寺

青羊区 青羊宫—支矶石街—槐树街—宽巷子—窄巷子

达州市 宣汉县

01 岩洞人家

▲ 老照片 1910-07-09

老照片拍摄的是 1910 年今宣汉县城东门外一户在岩洞内居住的人家，房屋四周用泥土筑墙，有竹篱围栏。

新照片 -1 拍摄于 2008 年，照片上站立者，系岩洞人家的后代梁启元夫妇和他们 12 岁的孙女梁甜甜。据当地乡干部回忆，1961 年，宣汉县委书记张培云路过此地，发现有人还住在岩洞，当即指示村支书将其安置在畜牧局的养猪场宿舍居住。1986 年，梁家在县城修建了一幢有两个铺面的两层楼新房。

新照片 -2 拍摄时，原来岩洞上方的柏木和其他树木都长高了不少，岩石下方洞口，几乎被茂密的灌木和草本植物完全遮住。梁启元现在是当地社区的负责人。

拍摄地点	宣汉县东南乡
海 拔	371m
坐 标	31°21.550'N，107°44.666'E
拍摄时间	老照片 1910-07-09
	新照片 -1 2008-04-13，10:00
	新照片 -2 2020-03-25，13:25（候华志 摄）

▲ 新照片 -1 2008-04-13

▲ 新照片 -2 2020-03-25

北山镇 02

老照片拍摄的是 1910 年达县（现达州市）的北山乡（现北山镇）。照片右上方山顶上树林茂密，树林下方房屋密集处，便是当年的场镇。

新照片 -1 景观变化较大。近处修建了一座水库蓄水；山坡和山顶上的树木均在 20 世纪六七十年代被砍伐，右上方新修的楼房代替了瓦房。当时为作者带路的高龄老大爷王恩普认为，老照片确系原来的北山乡，他还说老照片上有三个显著特点：山脊上长有一片树林；树林下方有一片整齐的瓦房，中间一幢有白色屋脊和飞檐翘角，是禹王宫；房屋前方有几棵大树，其中一棵是柞木，当地群众叫它檬子树。

近年农村开展了高标准农田改造，场镇上也新修了很多房屋，新照片 -2 景观变化很大。这次去的摄影师见到了王恩普的儿子王魁义。王魁义告诉摄影师，他父亲早已去世，弥留之际还念念不忘为作者带路之事，认为这是为北山镇做了一件好事。

▲ 老照片 1910-07-13

▲ 新照片 -1 2008-04-12

拍摄地点	通川区北山镇
海　拔	652 米
坐　标	31°28.863'N，107°17.776'E
拍摄时间	老照片 1910-07-13
	新照片 -1 2008-04-12，11:35
	新照片 -2 2021-03-11，19:14（贾林 杨博 摄）

▲ 新照片 -2 2021-03-11

巴中市 巴州区

「03」石拱桥

▲ 老照片 1910-07-13

▲ 新照片 -1 2008-04-10

▲ 新照片 -2 2021-03-12

老照片拍摄的是一座石拱桥。该拱桥建于 1792 年，长 11 米，宽 2.5 米。石桥头有一家经营杂货的小店。

新照片 -1 拍摄时，石拱桥已不在了。1998 年 5 月 20 日，当地 4 小时内降雨量达 340 毫米引发洪水，拱桥瞬间倒塌。后来在原址重建了一座平面的水泥桥。2008 年，本书作者来这里拍摄照片时，见到了那间小屋主人的孙子赵勤昌。赵勤昌当年 64 岁，他祖父在桥头那间小屋开设的小商店经营油、盐、针头线脑等杂货。由于商店开设在官道边，也向往来行人客商免费提供茶水。因此，1910 年 7 月 13 日这天，威尔逊一行人路过这里时，很可能在这里休息并喝了茶水。

新照片 -2 中可以看到，桥下面的挡水坝进行了加固。桥上拿一本书的人，系 2008 年为作者带路的当地镇干部孙一律。

拍摄地点	巴州区鼎山镇
海　拔	342 米
坐　标	31°34.972'N，106°46.499'E
拍摄时间	老照片 1910-07-13
	新照片 -1 2008-04-10，11:00
	新照片 -2 2021-03-12，12:59（贾林 杨博 摄）

谯家大坟 [04]

▲ 新照片 -2 2021-04-29

▲ 老照片 1910-07-13

▲ 新照片 -1 2008-04-10

拍摄地点	巴州区鼎山镇
海　拔	545 米
坐　标	31°35.880'N, 106°48.140'E
拍摄时间	老照片 1910-07-13
	新照片 -1 2008-04-10, 14:14
	新照片 -2 2021-04-29, 17:02（孙一律摄）

老照片拍摄的是一户谯姓人家的墓地。谯家先祖谯周官至三国时蜀汉光禄大夫，墓地两根竖立的石柱上部有一处斗形装饰，表示谯家先祖曾为朝中文官。随后谯家人其中的一支来到巴中落户，仅鼎山镇就有好几百人。

新照片 -1 景观近处是一片梯田。原墓地毁于 20 世纪六七十年代，后来，当地人认为这里风水好，便在山坡中间地段重新建起了墓地。

新照片 -2 拍摄时，墓地已搬迁，山坡上柏木林生长茂盛。近几年乡村开展土地整治工作，采用六菱角水泥砖保护边坡。在照片下方的区域，栽有一片李树（Prunus salicina）。

南充市 阆中市

05 南津关

▲ 老照片 1910-07-19

▲ 新照片 -1 2007-06-19

▲ 新照片 -2 2019-09-23

老照片拍摄的是 1910 年位于嘉陵江边的阆中古城南津关。这里是从川北进入成都的重要渡口。照片左下方的轿椅是当年威尔逊乘坐过的，后面精美的建筑是"连峰楼"，右面山崖下是"张宪祠"。张宪是南宋抗金名将岳飞之婿。

新照片 -1 拍摄时，原建筑早已被毁，临近江边的地方办起了餐厅。

新照片 -2 拍摄的是当地一家企业于 2013 年根据威尔逊的老照片重新恢复修建的南津关仿古建筑。由于拍摄季节正值嘉陵江水位上涨期，照片下方区域原来的江岸已淹没于江水中。

拍摄地点	阆中市南津关
海　拔	346 米
坐　标	31°34.217'N，105°58.071'E
拍摄时间	老照片 1910-07-19
	新照片 -1 2007-06-19，15:30
	新照片 -2 2019-09-23，17:57（贺俊东 摄）

黄连垭 **06**

老照片拍摄的是 1910 年阆中古城南面的黄连垭。照片拍摄的是黄连垭集市上的一条街道，前方有一座关帝庙。

新照片-1 拍摄于 2007 年，原建筑在 20 世纪六七十年代中被毁，重新修建了一片瓦房。由于旁边新修了一条宽敞的公路，原有道路已被废弃。照片左下方站立者是本书摄影助理王杭明。

新照片-2 上，这里正在进行"城中村改造建设项目"，一片高楼不久将会在这里出现。

拍摄地点	阆中市黄连垭
海　拔	361 米
坐　标	31°33.692'N，105°59.635'E
拍摄时间	老照片 1910-07-19
	新照片-1 2007-06-19，16:00
	新照片-2 2019-09-24，14:05（贺俊东 摄）

▲ 老照片 1910-07-19

▲ 新照片-1 2007-06-19

▲ 新照片-2 2019-09-24

绵阳市 三台县

「07」新村寺

▲ 老照片 1910-07-21

▲ 新照片 -2 2019-09-03

▲ 新照片 -1 2008-04-08

老照片拍摄的是 1910 年的三台县新村寺。当年威尔逊路过这里，他的轿子停放在一棵楝树（*Melia azedarach*）下。根据他的记载，树高 24 米，胸围 3.7 米。庙宇前面是一座四层高的石塔，又称为"字库"，专门用作焚烧印有文字的纸张。

寺庙和石塔毁于 20 世纪 50 年代，楝树被砍于 20 世纪六七十年代，用于修建当地医院。新照片 -1 中的是当地群众挖出了过去偷埋于地下的寺庙和石塔残片的情景。

新照片 -2 拍摄于 2019 年，经当地村民集资修复的寺庙尚未完工。到了 2020 年，根据相关政策，尚未完工的寺庙已被拆除。

拍摄地点	三台县八洞镇
海　拔	463 米
坐　标	31°05.491'N，104°51.228'E
拍摄时间	老照片 1910-07-21
	新照片 -1 2008-04-08，14:20
	新照片 -2 2019-09-03，16:56（何志春 摄）

武侯祠 08

老照片是威尔逊 1908 年拍摄的武侯祠正殿旁的西厢房。左、右两边和后面，各生长有一棵银木（*Cinnamomum septentrionale*），右边那棵树的主干，在距地面大约 1 米处弯曲向上生长。

新照片 -1 中，原来左边的银木换种了木樨（*Osmanthus fragrans*）。后面的银木高约 28 米，直径 0.8 米，主干依旧分叉。厢房四壁开敞变成了走廊。

从新照片 -2 可以看出，树木生长更加茂密，已将厢房下半部的建筑几乎全遮住了。

▲ 老照片 1908-05-14

▲ 新照片 -2 2019-07-06

▲ 新照片 -1 2008-08-31

拍摄地点	成都市武侯祠桂荷楼
海　拔	498m
坐　标	30°38.914'N，104°02.800'E
拍摄时间	老照片 1908-05-14
	新照片 -1 2008-08-31，16:30
	新照片 -2 2019-07-06，15:32

09 望江楼

老照片拍摄的是 1908 年成都城东南锦江边的望江楼。该楼系清代建筑群，据传是明清两代为了纪念唐代女诗人薛涛而建。楼高四层，上面两层平面呈八角形，设计巧妙，飞檐翘角，雕梁画栋，雄伟壮观。

新照片 -1 拍摄时，原来的建筑保存完好，四周的围墙被拆除，树木更加茂密。这里是成都市著名的旅游景点——望江楼公园。公园内修篁夹道，绿荫蔽日，栽培有 500 余种竹子。

新照片 -2 中，望江楼崇丽阁左后方，远处新建了一排高层楼房。

▲ 老照片 1908-08-24

▲ 新照片 -1 2008-08-17

拍摄地点	成都市望江楼对面江边
海　拔	480 米
坐　标	30°38.018'N，104°05.502'E
拍摄时间	老照片 1908-08-24
	新照片 -1 2008-08-17，15:25
	新照片 -2 2019-07-06，14:47

▲ 新照片 -2 2019-07-06

成都市 锦江区

九眼桥 [10]

老照片拍摄的是 1908 年成都城东南锦江上的九眼桥。该桥始建于 1593 年，系石栏杆和石桥面组成的大拱桥，因桥下有 9 个桥洞而得名，威尔逊称之为"马可·波罗桥"。其时，河中小船，往来穿梭；河水清澈，波光粼粼；锦江两岸，芳草萋萋。

新照片-1 中，原有的老桥已被拆除，河两岸高楼林立，桥头砌成石坎；河中淤塞，无法通航。

新照片-2 中，桥的远方和左岸都增加了不少高楼，锦江两岸的树木生长较以前茂密，锦江水质有了一定改善。

拍摄地点	成都市东门锦江边
海　拔	481 米
坐　标	30°38.624'N, 104°05.149'E
拍摄时间	老照片 1908-08-24
	新照片-1 2008-06-11，09:05
	新照片-2 2019-07-06，14:25

▲ 老照片 1908-08-24

▲ 新照片-1 2008-06-11

▲ 新照片-2 2019-07-06

成都市 成华区

11 昭觉寺

▲ 老照片 1908-06-11

老照片拍摄的是 1908 年的昭觉寺大门入口。一条笔直的石板小路通向前方的一座小亭，两边生长着一排排的柏树。

新照片 -1 拍摄时，原来的石板路已变成水泥路面，前方的小亭还在。据寺庙内僧人讲，柏树在 20 世纪六七十年代被砍伐，现为重新栽植的银木和润楠（*Machilus nanmu*）。

新照片 -2 中，昭觉寺的整体格局未变，道路两边的树木生长更加茂密。仔细观察后发现，右边有两棵银木不在了，两旁树下的球形灌木海桐（*Pittosporum tobira*）长大了不少。

拍摄地点	成都市昭觉寺大门内
海　拔	492 米
坐　标	30°42.514'N，104°06.205'E
拍摄时间	老照片 1908-06-11
	新照片 -1 2007-11-18，15:55
	新照片 -2 2019-07-07，10:19

▲ 新照片 -1 2007-11-18

▲ 新照片 -2 2019-07-07

川陕路口 **12**

▲ 新照片-1 2007-11-18

▲ 老照片 1908-08-11

▲ 新照片-2 2019-07-07

老照片拍摄的是 1908 年成都北郊川陕路口。照片中间一条大路通向远方，两旁长满了茂密的竹林。左下方一个穿着考究的妇女正侧头张望，路口停着一辆独轮车，前方有一处农家院子。

新照片-1拍摄于 2007 年。照片前面的站立者，是时年 88 岁的常济师父，当时他在昭觉寺已出家 60 年了。据常济师父回忆，他身后就是原来的川陕路口；老照片上的农家院子是昭觉寺东林园，是寺庙种菜僧人的居住地；1970 年，成都市动物园搬迁到这里时修建了围墙，竹林随之消失。

新照片-2 中，左边那棵银木长高了近 1 米。当年陪同作者拍摄的常济师父，2019 年时整整 100 岁。由于他行动不便，作者到他的住地拜访了他。

拍摄地点	成都市昭觉寺
海　拔	495 米
坐　标	30°42.583'N，104°06.213'E
拍摄时间	老照片 1908-08-11
	新照片-1 2007-11-18，11:20
	新照片-2 2019-07-07，11:00

成都市 青羊区

「13」楠木

▲ 老照片 1908-08-17

▲ 新照片-1 2007-11-18

▲ 新照片-2 2019-07-06

老照片拍摄的是 1908 年成都青羊宫内一棵楠木（*Phoebe zhennan*）。根据威尔逊记载，树高 24.3 米，胸围 3 米。

新照片-1 拍摄时，原有的楠木不在了，重新栽培了一棵银杏树，树高 22 米。

新照片-2 中，远处的银杏树木生长茂密。照片右下方的花盆里，原来种的柏树变成了一棵经园艺修剪的银杏桩头。

拍摄地点	成都市青羊宫八卦亭
海　拔	495 米
坐　标	30°39.816'N，104°02.368'E
拍摄时间	老照片 1908-08-17
	新照片-1 2007-11-18，15:59
	新照片-2 2019-07-06，15:48

八卦亭 14

青羊宫八卦亭建于 1873 ~ 1882 年，亭高 20 米，分为三层；屋檐高耸，石柱盘龙；雕梁画栋，雄伟壮观。亭内供奉道教祖师老子塑像和他骑牛过函谷关的画像。亭前种有数棵柏树。

新照片 -1 拍摄于 2007 年，八卦亭仍保存完好。据当年青羊宫 105 岁的蒋信平真人介绍，柏树在 20 世纪 50 年代初被砍伐。

新照片 -2 中，本书作者陪同国外友人到青羊宫参观。左起：斯文·兰俊（Sven Landrien）、印开蒲、丽莎·彼尔森（Lisa Pearson）、斯柯特·荻瑞斯（Scott Dietrich）。

拍摄地点	成都市青羊宫
海　拔	488 米
坐　标	30°39.800'N，104°02.351'E
拍摄时间	老照片 1908-08-18
	新照片 -1 2007-11-04，11:37
	新照片 -2 2017-06-13，10:53

▲ 老照片 1908-08-18

▲ 新照片 -2 2017-06-13

▲ 新照片 2007-11-04

「15」关帝庙

▲ 老照片 -1 1908

▲ 老照片 -2 1910-07-31

老照片 -1 是德国建筑学家恩斯特·柏石曼（Ernst Boerschmann）在1908 年拍摄，早于威尔逊两年。当年这里是为清代驻军创办的"正红旗易学"。

老照片 -2 是威尔逊 1910 年在位于成都市少城内拍摄的关帝庙，门前西侧生长有几棵高大的楠木，左边树下设有一个岗亭并站着一个门卫，正门右侧挂有一幅"正红旗初等小学堂"牌匾。两个牌匾文字的变化，是研究清末学制难得的第一手资料。据考证，这里原为清代前期权臣年羹尧的生祠，年获罪后曾一度闲置，1783 年改用作关帝庙。

▲ 新照片 -1 2007-11-04

新照片 -1 拍摄时，当年的关帝庙和楠木都不在了。1924 年，这里曾辟为成都市森林公园。抗日战争期间，公园被空军层板厂占用，抗战胜利后又被一军阀据为私宅，现为成都画院所在地。门前栽有几棵银杏树。

新照片 -2 中，画院大门前的几棵银杏茂密高大。照片右下方的一幢仿古建筑，是一家火锅店。

拍摄地点	成都市支矶石街口
海　　拔	486m
坐　　标	30°40.092'N，104°02.960'E
拍摄时间	老照片 -1　1908
	老照片 -2　1910-07-31
	新照片 -1　2007-11-04，14:38
	新照片 -2　2019-07-06，15:17

▲ 新照片 -2 2019-07-06

槐树街 [16]

老照片拍摄的是 1910 年成都的一条街道。街口生长有一棵古槐树（*Styphnolobium japonicum*），据威尔逊记载，树高 18.3 米、胸围 3 米。

新照片 -1 拍摄时，这里已变成城市中的繁华大街。听当地老人说，原来的古槐树在抗战期间因日军空袭中被炸毁，抗战胜利后在原地重新移栽了一棵老槐树。新照片 -1 拍摄两年后，那棵老槐树也死了。幸亏在 2007 年拍摄了这张照片，否则很难确定古槐树原来生长的地点。

新照片 -2 拍摄时，原来槐树生长的地方，种上了一棵苏铁（*Cycas revoluta*）。

▲ 老照片 1910-07-31

▲ 新照片 -1 2007-11-04

▲ 新照片 -2 2019-07-06

拍摄地点	成都市槐树街
海　拔	481m
坐　标	30°40.488'N，104°02.749'E
拍摄时间	老照片 1910-07-31
	新照片 -1 2007-11-04，13:34
	新照片 -2 2019-07-06，16:43

「17」宽巷子

▲ 老照片 1910-07-31

老照片拍摄的是 1910 年成都少城内的一条老街，街的两旁保留了很多明清时代的建筑。这条老街是清代驻军所在地。这张老照片是人工制作的彩色。

为了寻找这张照片的位置，2019 年，经人介绍，作者见到了曾在成都市规划院工作的退休职工，78 岁的谢阶奎老大爷。他在附近工作和居住了 50 多年，见证了宽窄巷子的重新改造过程。他认为老照片拍摄地点应当是宽巷子 25 号附近，那里的一棵榆树（*Ulmus pumila*）还在。

宽窄巷子现在是成都著名的旅游景点。

拍摄地点	成都市宽巷子 25 号
海　拔	490 米
坐　标	30°39.961'N，104°03.961'E
拍摄时间	老照片 1910-07-31
	新照片 2019-07-08，07:58

▲ 新照片 2019-07-08

窄巷子 [18]

▲ 老照片 1908-08-22

▲ 新照片 2019-07-09

　　谢阶奎老大爷认为，这张老照片拍摄地点应当是窄巷子内一幢小洋楼附近。小洋楼修建时间比老照片拍摄时间晚了大约 30 年。

　　原窄巷子老街上的明清建筑十分破旧。20 世纪 80 年代，在宽窄巷子列入《成都历史文化名城保护规划》后，重新修建了如新照片所示的仿古街区。这里与宽巷子一同成为成都著名的旅游景点。

拍摄地点	成都市窄巷子小洋楼
海　　拔	489 米
坐　　标	30°41.32'N，104°02.964'E
拍摄时间	老照片 1908-08-22
	新照片 2019-07-09，09:23

四川省 西线

—— 穿越 "嘉绒藏地" 之旅

锦绣田园 （袁蓉荪 摄）

■ 都江堰水利工程

　　这一条路线从成都出发，沿西北方向首先到达都江堰市（原灌县）。1908 年 6 月 16 日，威尔逊在都江堰拍摄了一批照片，本书作者现找到了五张老照片的拍摄点，集中在都江堰水利工程附近。在威尔逊所著《中国——园林之母》一书中，他对这项工程给予了很高的评价："成都平原的富饶归功于一套完整的灌溉系统，包括运河、灌渠、水沟、人工和天然的溪流形成的一个

全面、完整的水系网。这一系统由一名叫李冰的官员和他的儿子建于公元前 256 年。这个水系网不仅用于灌溉农田，也用于各种行业。李冰关于治水的'深淘滩、低作堰'六字箴言成为定律并得到后代严格执行。"

　　在都江堰考察期间，威尔逊参观了二王庙，他除了对庙中李冰父子的塑像感兴趣外，还专门记录了庙里的古树："两株华丽的紫薇经修剪、整枝，培植成扇形，

高约 7.6 米，宽 3.6 米，据说树龄已超过 200 年，此树精美无比，在别处我从未见过。"

离开都江堰后，威尔逊一行经漩口、水磨沟、蒿子坪，翻越了一座海拔 3 000 米的牛头山，下山后又经糖房到达转经楼，进入现在的卧龙自然保护区境内。在翻越牛头山时，威尔逊发现一种形态优雅的针叶树种，取名叫四川红杉。随后，他们一直沿着皮条河上行，经卧龙关、大岩洞、驴驴店，到达邓生塘。途中，威尔逊还发现了一种著名的木兰科植物——圆叶天女花，这种植物花叶同放，开花时花朵微微下垂，具有很高的观赏价值。离开邓生塘后，他们开始攀登巴朗山，沿途色彩艳丽的高山花卉，让威尔逊心旷神怡，他在日记中写道："在短暂的夏季，繁花如景的高山地区，像一片宽阔的花海，由银莲花、报春、龙胆、绿绒蒿、翠雀、点地梅、杓兰、千里光、百合、鸢尾、马先蒿等组成了花的地毯，像色彩华丽的彩虹，高山草地以其迷人的风光，吸引着人们的注意力。"继续前行，他看到了大片的全缘叶绿绒蒿："在海拔 3 500 米之上，华丽的全缘叶绿绒蒿成片覆盖着大地，硕大的花瓣鲜黄色，内卷成球形，长在高 0.6 ~ 0.76 米的植株上，呈现出一片壮丽的景色。"

此后，威尔逊一直向西经卧龙自然保护区，翻越巴朗山到达小金县，再沿小金河到今甘孜藏族自治州的丹巴县。到达丹巴县后他又向西南方向溯东谷河上行至牦牛村口，再向南溯奎拥河上行几千米才到达邓巴村（原小奎拥村）。1908 年 7 月 5 日，威尔逊曾在一户藏族村民家中住过一晚。威尔逊不仅拍摄了房屋的照片，还十分风趣地称那里为"我的公寓"，而那时居住在老屋的是老屋的主人四朗措的曾祖母。

从四朗措家老屋继续沿奎拥河上行，沿着一条长约 10 千米的高原宽谷，可以直达丹巴与康定交界的大炮山垭口。在那里，威尔逊到达了他在中国所有足迹中的海拔最高点（海拔 4 550 米）。

成 都 市
都江堰市　　玉垒关—安澜桥（An-lan-chiao）

阿坝藏族羌族自治州
汶川县　　漩口（Hsuan-kou）—水磨沟（Shui-mo-kou，现水磨镇）—鹞子山（Yao-tsze-shan）—黑石场（Hei-shih-ch'ang）- 漆山（Che shan）—九龙山（Chiu-lung-shan）—蒿子坪（Hao-tzu ping）—牛头山（Niu-tou-shan）

四川省汶川卧龙特别行政区
塘坊（T'ang-fang）—转经楼（Chuan-ching-lou）—卧龙关（Wu-lung-kuan）—大岩洞（Ta-ngai-tung）—驴驴店（Yü-yü-tien）—邓生塘（Teng-sheng-tang，现邓生）—向阳坪（Hsiang-yang-ping，现向阳店）—塘房—巴朗山口（Pan-lan-shan-kou）

小金县　　万尖峰（Wan-Jěn-fen）—高店子（Kao-tien-tzu，现松林口）—日隆关（Reh-lung-kuan，现四姑娘山镇）—广金坝（Kuan-chin-pa，现石鼓村）—达维乡（Ta-wei 现达维镇）—木垭村（Mo-ya-c'ha）—官寨（Kuan-chai，现沃日镇）—小官寨（Hsiao-kuan-chai，现窄小村）—老营（Lao-yang，老营村）—猛固桥（Ma-lun-chia）—新街子（Hsin-kai-tsze）—懋功厅（Monkong-Ting，现小金县）—僧格宗（Sheng-ko-chung，现宅垄镇）

甘孜藏族自治州
丹巴县　　太平桥乡—班古桥（Pan-ku-chi-ao，现半扇门镇境内）—岳扎（Yo-tsa，现墨尔多山镇）—中路（Tsung-lu，现中路乡）—诺米章谷（Romi-chango，现丹巴县城章谷镇）—东谷（Tung-ku，现东谷镇）—铜炉房村（Tung-lu-fang）—牦牛村（Mao-niu）—小奎拥村（Kuei-yung，现邓巴村）—台站—大炮山（Ta-p'ao-shan-ya-kou，丹巴与康定交界垭口）

成都市 都江堰市

「01」伏龙观

▲ 老照片 1908-06-16

拍摄地点 都江堰市离堆公园
海　　拔 710m
坐　　标 31°00.003'N，103°36.668'E
拍摄时间 老照片 1908-06-16
　　　　 新照片-1 2006-06-22，10:30
　　　　 新照片-2 2009-06-01，13:43
　　　　 新照片-3 2019-07-10，14:29

▲ 新照片-1 2006-06-22

老照片拍摄的是 1908 年灌县（今都江堰市）伏龙观。沿着宽阔的石梯拾级而上，道观庄严肃穆、气势恢宏，正中匾额上写着"万世永赖"几个大字，石梯两侧各生长有一排楠木。

新照片-1中，石梯和道观的建筑形式没有变，匾额上的原四个字变成了今"伏龙观"三个字。石梯两旁的楠木长高也长粗了，左边第一棵高约 30 米，胸径 0.8 米。

2008 年汶川特大地震中，伏龙观古建筑也遭受到一些损坏，新照片-2拍摄时正在维修。

经历了汶川特大大地震，道观主体建筑仍保存良好，新照片-3石阶两侧的几棵楠木较地震前生长得更加高大粗壮。

02 长生宫

老照片拍摄的是 1908 年灌县青城山脚下的一座道教宫观——长生宫。小巧精致的长生宫坐落在水稻田中，四周环绕着茂密的楠木，左边还有一片竹林。

新照片-1 拍摄时，长生宫所在地已建为四川省农业银行的宾馆。四周的楠木长得比过去更加高大，但有两棵树的顶端已经枯萎。老照片上庙前水稻田的位置修建了一条宽阔公路。

新照片-2 中，公路对面的楠木生长十分茂密，几乎完全遮住了后面的房屋，两棵顶端枯萎的树干看不见了。

▲ 老照片 1908-06-16

拍摄地点	都江堰市鹤翔山庄
海　拔	690 米
坐　标	30°53.900'N，103°35.304'E
拍摄时间	老照片 1908-06-16
	新照片-1 2006-07-23，08:40
	新照片-2 2019-07-10，14:27

▲ 新照片-1 2006-07-23

▲ 新照片-2 2019-07-10

宝瓶口 `03`

老照片拍摄的是 1908 年灌县玉垒山脚下的宝瓶口。2 000 多年前，蜀太守李冰治水时，将玉垒山凿开一个缺口后形成一处离堆。岷江从照片右下方区域流入成都平原，从此天府之国"水旱从人，不知饥馑"。

新照片-1 中，近处的树木更加茂密，离堆上房屋的建筑式样基本未变。远处外江两岸，建起了坚固的大堤。

新照片-2 中，远处景观未变，近处左边两棵槐树长高了，右边那棵斜向生长的槐树已枯死。

▲ 老照片 1908-06-16

▲ 新照片-1 2006-06-22

▲ 新照片-2 2019-07-10

拍摄地点	都江堰市玉垒山
海　　拔	750 米
坐　　标	31°00.076'N，103°36.704'E
拍摄时间	老照片 1908-06-16
	新照片-1 2006-06-22，11:15
	新照片-2 2019-07-10，09:31

「04」二王庙

▲ 老照片 1908-06-16

老照片拍摄的是 1908 年灌县二王庙。岷江右岸山坡上，被树木掩映的几处庙宇，是为纪念李冰父子治水而修建的"二王庙"。远处山坡上树木稀疏，看上去像不久前遭受过一场火灾。

新照片 -1 拍摄于 2007 年。时隔近 100 年后，近处树木和远处的森林得以恢复。1958 年，为纪念毛泽东来此视察，在"二王庙"上方修建了一幢"主席楼"，并于 20 世纪末更名为"秦堰楼"。

新照片 -2 中，近处树木和远处的森林生长更加茂密。

▲ 新照片 -1 2007-08-23

拍摄地点	都江堰市玉垒关
海　拔	770 米
坐　标	31°00.269'N，103°35.564'E
拍摄时间	老照片 1908-06-16
	新照片 -1 2007-08-23，11:10
	新照片 -2 2019-07-10，08:43

▲ 新照片 -2 2019-07-10

安澜桥 05

老照片是 1908 年拍摄的都江堰水利工程。岷江从远方汹涌奔流而下，进入平原后水流变得平静安宁。远山近水，河滩索桥，树丛波光，浓淡虚实，犹如一幅中国传统水墨画。从照片中间区域伸出的鱼嘴大堤，将岷江分成内、外两江。安澜桥横跨都江堰水利工程，是古代四川内地与西部阿坝地区之间的商业要道和汉、藏、羌族人民联系的重要纽带。

新照片 -1 拍摄时，这座建于 2 000 多年前的水利工程周围，已建起了大堤，索桥左侧已变成了带闸门的水泥大桥。距离上游五千米处，新建有一座坝高 156 米的紫坪铺水库，是国家西部大开发的"十大工程"之一。

新照片 -2 中，都江堰四周整体景观没有改变，岷江两岸的树木较 12 年前生长更茂密。

▲ 老照片 1908-06-16

▲ 新照片 -2 2019-07-10

▲ 新照片 -1 2007-08-23

拍摄地点	都江堰市玉垒关古道
海　拔	775 米
坐　标	31°00.269'N，103°35.564'E
拍摄时间	老照片 1908-06-16
	新照片 -1 2007-08-23，11:00
	新照片 -2 2019-07-10，08:57

阿坝藏族羌族自治州 汶川县

[06] 漩口

▲ 老照片 1908-06-17

老照片拍摄的是 1908 年汶川县的漩口镇。漩口镇房屋整齐，街道向远处延伸，可以看出当时的繁华情景。岷江右岸山坡上，有一座石砌的宝塔。

100 年之后，因紫坪铺水库修建，岷江水位上升了 50 米，漩口镇和对岸的宝塔已经全部搬迁。新照片 -1 左侧山坡上有一条公路，代替了过去的茶马古道。

新照片 -2 拍摄时水库水位上升了 41 米。新照片 -1 左侧原来的公路已没入水中，在其上方又重新修了一条公路。路边山坡上栽了很多水杉（*Metasequoia glyptostroboides*）、柳杉（*Cryptomeria japonica*）和桉树（*Eucalyptus robusta*）。右前方远处可以隐约见到一座桥，是都汶高速公路上的紫坪铺大桥。

▲ 新照片 -1 2007-08-26

拍摄地点	汶川县原漩口镇水库边
海 拔	新照片 -1 859m；新照片 -2 900m
坐 标	新照片 -1 30°59.578'N，103°28.920'E
	新照片 -2 30°59.550'N，103°28.917'E
拍摄时间	老照片 1908-06-17
	新照片 -1 2007-08-26，16:50
	新照片 -2 2021-06-05，11:42（陈建军 普耘 摄）

▲ 新照片 -2 2021-06-05

银龙峡谷 07

老照片拍摄的是 1908 年汶川县的银龙峡谷（位于今卧龙国家级自然保护区内）。左侧悬崖下部岩石上，有几处明显的凹陷痕迹。

新照片 -1 中，左边悬崖上的树木比过去长高了，右侧下方的景观中因塌方产生的堆积物增加，照片近处的灌丛不如过去茂盛。峡谷右侧远处的岩体，有整体向左侧移动的迹象。

新照片 -2 拍摄于 2008 年汶川特大地震之后，峡谷右侧有明显垮塌痕迹。

新照片 -3 拍摄于 2008 年汶川特大地震 10 年之后，新照片 -2 右下方因地震损坏的植被已经逐步恢复。

拍摄地点	汶川县卧龙银龙峡谷
海　拔	2 110 米
坐　标	30°58.334'N，103°06.981'E
拍摄时间	老照片 1908-06-21
	新照片 -1 2006-06-20，15:20
	新照片 -2 2009-06-09，13:20
	新照片 -3 2018-06-07，09:49

▲ 老照片 1908-06-21

▲ 新照片 -1 2006-06-20

▲ 新照片 -2 2009-06-09

▲ 新照片 -3 2018-06-07

08 三圣沟

▲ 新照片-1 2006-06-20

▲ 新照片-2 2009-06-09

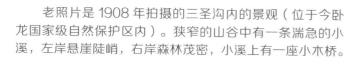

▲ 老照片 1908-06-22

老照片是 1908 年拍摄的三圣沟内的景观（位于今卧龙国家级自然保护区内）。狭窄的山谷中有一条湍急的小溪，左岸悬崖陡峭，右岸森林茂密，小溪上有一座小木桥。

新照片-1 中，左下方正在扩建公路，小木桥已变成一座坚固的石桥。右侧森林比过去更加茂密，生长在小溪边一块大岩石上的树木明显长高了。

新照片-2 拍摄于 2008 年汶川特大地震后第二年，峡谷两侧和远处山坡上均有明显的垮塌痕迹。

新照片-3 显示，2008 年汶川特大地震发生 10 年后，三圣沟内被损毁的景观已得到恢复，左下方的公路已铺设了水泥路面。

拍摄地点	汶川县卧龙三圣沟
海　　拔	2 550m
坐　　标	30°53.793'N，103°00.682'E
拍摄时间	老照片 1908-06-22
	新照片-1 2006-06-20，14:50
	新照片-2 2009-06-09，13:49
	新照片-3 2018-06-07，10:22

▲ 新照片-3 2018-06-07

积雪的巴朗山垭口 09

老照片拍摄于 1908 年，拍摄点位于巴朗山垭口偏小金县一侧。据威尔逊记载，此处海拔高达 4 465 米，尽管已到了 6 月下旬，地面上还残留着一些积雪。这是威尔逊在中国西部经过的第二高的拍摄点，相当于植被垂直带上海拔最高的流石滩稀疏植被带。

这个拍摄点是本书重拍时新找到的。新照片可以看到，建有高压输电线和供通信的铁塔。2016 年，巴朗山隧道贯通后，汽车从卧龙进入小金不再需要翻越垭口，行车难度大大降低，通行时间也大大缩短。隧道修建在海拔 3 850 米处，全长 9.7 千米，是 2008 年汶川特大地震灾后重建的重点工程。

▲ 老照片 1908-06-22

▲ 新照片 2021-06-05

拍摄地点	小金县巴朗山垭口
海 拔	4 420 米
坐 标	30°54.750′N，102°53.383′E
拍摄时间	老照片 1908-06-22
	新照片 2021-06-05，13:04（杨晗 李臻 摄）

「10」达维碉楼

▲ 老照片 1908-06-26

▲ 新照片 -1 2007-09-17

▲ 新照片 -2 2019-07-27

老照片拍摄的是 1908 年小金县的达维镇。山谷中，一座典型的嘉绒藏族村寨依山而建，高低错落，白色的窗户十分醒目。两侧各建有一座碉楼，其中左边的碉楼笔直，高约 60 米，碉楼下方建有一座经楼。

新照片 -1 中，右边山坡中部新建了一条公路，老照片上近处的老房屋不见了，远处新修的房屋比较零乱。左边碉楼在 20 世纪五六十年代被拆；中国电信的铁塔，取代了右边碉楼。由于公路修建，地形发生变化，老照片的拍摄位置很难寻找准确。

新照片 -2 可见，2008 年汶川特大地震后，公路边的旧房已全部重新修建。右上方山坡上修建了一幢名为"夹金山庄"的宾馆。

拍摄地点　小金县达维镇小金河对岸
海　　拔　2 758m
坐　　标　30°57.847'N，102°38.360'E
拍摄时间　老照片 1908-06-26
　　　　　新照片 -1 2007-09-17，17:30
　　　　　新照片 -2 2019-07-27，15:40（乡村笔记石室民族营团队 摄）

沃日官寨 11

老照片拍摄的是 1908 年小金县的沃日官寨。官寨修建在一处开阔的坡地上，碉楼和经楼高高耸立。右边一条小路从低到高通向山坡，这是当年的茶马古道。

新照片 -1 拍摄时，村子里房屋增加了，碉楼和经楼保存完好。右边的茶马古道已被一条平缓的公路取代。通向村寨的小桥变成了一座石桥。左边高大的白色楼房，是新建的学校。

新照片 -2 拍摄于 2008 年汶川特大地震两年后，受损的官寨小学已重建。

▲ 老照片 1908-06-26

▲ 新照片 -2 2010-10-21

▲ 新照片 -1 2007-08-04

拍摄地点　小金县沃日乡官寨村（王万华家屋顶上）
海　拔　2 487 米
坐　标　31°01.521'N，102°30.261'E
拍摄时间　老照片 1908-06-26
　　　　　新照片 -1 2007-08-04，11:30
　　　　　新照片 -2 2010-10-21，09:48

12 两河口

▲ 老照片 1908-06-27

▲ 新照片 -1 2007-08-04

老照片拍摄的是 1908 年小金河与抚边河交汇处的两河口。河上建有当地特有的伸臂木桥，远处有两条通向山坡的小路。右下方是当年的茶马古道。

新照片 -1 中，右下方已修建起一条公路，两座小木桥重建成坚固的石桥。两河交汇处，修建了一座白塔，山坡上的小路依然如故。

新照片 -2 显示，白塔左下方新建了一幢白色的房屋，公路护栏外侧的树木长高了。

拍摄地点	小金县两河口
海　拔	2 320 米
坐　标	31°01.052'N，102°24.332'E
拍摄时间	老照片 1908-06-27
	新照片 -1 2007-08-04，12:01
	新照片 -2 2018-09-21，14:03（乡村笔记石室民族营团队 摄）

▲ 新照片 -2 2018-09-21

三关桥 **13**

老照片拍摄的是 1908 年小金县城附近的三关桥。该桥为西部藏族同胞聚居区特有的伸臂木桥，集力学与美学为一体，具有很高的科学和艺术价值。北桥头上题有"灵崖锁江"几个大字，南桥头保存有清咸丰皇帝题字的石碑。

新照片 -1 拍摄时，原有木桥已被铁索桥代替，桥头的房屋也已重建。左岸山崖上几处突起的石块还在，右岸山坡上新建了不少房屋，四周树木茂盛。

新照片 -2 总体景观变化不大，由于照片左下方水文站的堡坎和护栏倾斜，造成拍摄点偏离。河对岸索桥边新修了一幢藏式楼房。

拍摄地点	小金县美兴镇小金水文站
海　　拔	2 287 米
坐　　标	31°00.005'N，102°21.211'E
拍摄时间	老照片 1908-06-27

　　　　　　新照片 -1 2007-08-04，12:00
　　　　　　新照片 -2 2018-09-21，13:31
　　　（乡村笔记石室民族营团队 摄）

▲ 老照片 1908-06-27

▲ 新照片 -1 2007-08-04

▲ 新照片 -2 2018-09-21

甘孜藏族自治州 丹巴县

「14」喇嘛寺

▲ 老照片 1908-06-29

老照片拍摄的是 1908 年丹巴县半扇门乡的曲登沙寺。寺庙依山而建，下临小金河，背靠墨尔多神山，高低错落，静静地坐落在群山怀抱之中，灰白色的泥墙十分耀眼，显出寺庙的高大和庄严。近处小溪和小金河交汇处的树林中隐藏着一幢藏式小屋。

新照片-1 中，寺庙较 100 年前修护得更好。小金河左岸修建了一条公路，近处小溪被填埋。房屋已搬迁至公路边，主人叫王远仁，祖籍陕西，200 多年前其先辈随清乾隆皇帝平定金川的队伍留居此地。

新照片-2 远处的寺庙没发生变化，公路右边建起了一幢新房，房屋主人是王远仁的弟弟王远志。照片下方长满了蔷薇灌丛，两侧栽有胡桃树，将后面的公路完全挡住了。

▲ 新照片-1 2007-09-18

拍摄地点 丹巴县半扇门镇喇嘛寺村
海　　拔 2 150 米
坐　　标 31°01.569'N，102°08.944'E
拍摄时间 老照片 1908-06-29
　　　　　新照片-1 2007-09-18，10:30
　　　　　新照片-2 2020-06-07，10:24（袁敏、刘波 摄）

▲ 新照片-2 2020-06-07

15 小金河谷的农田

▲ 老照片 1908-06-29

▲ 新照片 -1 2006-06-19

▲ 新照片 -2 2019-12-12

拍摄地点	丹巴县太平桥乡
海　拔	2 166 米
坐　标	31°00.322'N，102°05.931'E
拍摄时间	老照片 1908-06-29
	新照片 -1 2006-06-19，15:10
	新照片 -2 2019-12-12，13:13（周强华 摄）

老照片拍摄的是 1908 年丹巴县小金河谷的农田。河谷中有一片玉米地，中间生长有一棵高大的杨树；靠山坡处，有一幢平顶藏式小屋。

新照片 -1 拍摄时，原来的房屋已搬迁至小金河上游 300 米处。老屋的主人叫徐文重，世代在这里居住。1997 年，杨树被砍掉了，树桩至今还在。当地人说，杨树被砍时树高 25 米，胸围 2 米。

新照片 -2 拍摄于 2019 年 12 月，尽管处于冬季，我们从河谷两岸仍旧可以看出，山坡上生长稀疏的植被较 13 年前有所增加。左下方的杨树长高了，右上方的一块岩石垮塌，形成了一处纺锤形的大洞。

▲ 老照片 1908-6-29

▲ 新照片 -1 2007-09-18

▲ 新照片 -2 2018-09-21

老照片拍摄的是 1908 年小金河上一座十分危险的老桥，右岸有一条小路。

新照片 -1 中已看不见老桥踪影，河右岸的小路在 1983 年改建成了公路。原拍摄点应该在河左岸，因河流改道，新照片 -1 只能在右岸拍摄。

新照片 -2 中，河谷景观没有明显变化，右边的几棵树木长高大了。

拍摄地点	丹巴县半扇门乡
海　拔	2 100m
坐　标	30°58.506'N，102°01.070'E
拍摄时间	老照片 1908-6-29
	新照片 -1 2007-09-18，10:00
	新照片 -2 2018-09-21，11:30（乡村笔记石室民族营团队 摄）

「17」中路碉楼

▲ 老照片 1908-06-30

老照片拍摄的是 1908 年丹巴县东女谷乡（原中路乡）碉楼。在一片因山体滑坡形成的堆积平台上，聚集着一个藏族村寨，掩映在碉楼下和绿树丛中的房屋隐约可见，构成一幅优美的乡村画卷。

由于拍摄点位置高度偏低，新照片 -1 中山坡上寨子里的房屋无法看清楚。山坡上植被茂密，原来灌丛生长的地方，长出了高大的乔林。从整体景观分析，堆积平台似乎有整体下滑的趋势。

新照片 -2 中，山坡上修建了很多新房，植被较 13 年前更加茂密。该地区是当地著名的旅游景点。

拍摄地点	丹巴县东女谷乡（原中路乡）
海 拔	1 995 米
坐 标	30°54.741'N，101°56.276'E
拍摄时间	老照片 1908-06-30
	新照片 -1 2007-09-18，12:40
	新照片 -2 2020-06-07，10:14

▲ 新照片 -1 2007-09-18

▲ 新照片 -2 2020-06-07

小金河口 18

老照片拍摄的是 1908 年丹巴县小金河口。小金河从东面流淌而来，在丹巴县城大渡河第一桥附近注入大渡河。

新照片 -1 中，河左岸靠山修建了一条公路，泥土和石块将河道挤向右岸，新辟的土地上建起了房屋。

新照片 -2 拍摄于 2019 年，小金河左岸修建了很多房屋，一幢正在施工的高楼已经修建到第九层。

▲ 老照片 1908-06-30

▲ 新照片 -2 2019-12-11

▲ 新照片 -1 2007-08-04

拍摄地点	丹巴县大渡河第一桥东桥头
海　　拔	1 876 米
坐　　标	30°52.746'N，101°54.100'E
拍摄时间	老照片 1908-06-30
	新照片 -1 2007-08-04，18:00
	新照片 -2 2019-12-11，14:49（周强华 摄）

「19」竹索桥

▲ 老照片 1908-06-30

▲ 新照片 -1 2008-10-11

▲ 新照片 -2 2019-08-02

拍摄地点 丹巴县三岔河南路嘴
海　　拔 1 883 米
坐　　标 30°52.815'N，101°53.585'E
拍摄时间 老照片 1908-06-30
　　　　　新照片 -1 2008-10-11，15:26
　　　　　新照片 -2 2019-08-02，12:17（乡村笔记石室民族营团队 摄）

老照片拍摄的是 1908 年丹巴县大金河上的一座竹索桥。从北而来的大金河是大渡河上游的正流，流至丹巴后的河段被称为"大渡河"。

新照片 -1 拍摄时，原来的竹索桥已被铁索桥取代，紧靠下游的地方，建起了两座新的大桥。大金河两岸，新建了很多房屋。远处山坡上，滑坡痕迹十分明显。

新照片 -2 与新照片 -1 拍摄时间相距 11 年，现今大渡河两岸建起了一排排的高楼大厦。在四川西部河谷地区，地质条件极不稳定，城镇的快建、发展存在着一定的安全隐患，值得引起重视。

丹巴县城 20

老照片拍摄的是 1908 年丹巴县城全景。从照片中可见，整个县城房屋不足100 间，尽管低矮、拥挤，但仍排列有序。

新照片 -1 远处的山河依旧，城里新盖了大量的楼房，大渡河两岸适合居住的土地不多，从高处望下，城市建筑十分拥挤。

新照片 -2 左下方区域建起了一幢十余层的高楼，县城右边山坡上的树木长高了。

拍摄地点	丹巴县民主街
海 拔	1 923 米
坐 标	30°52.734'N，101°52.760'E
拍摄时间	老照片 1908-07-01
	新照片 -1 2007-08-04，17:15
	新照片 -2 2019-12-11，13:37（周强华 摄）

▲ 老照片 1908-07-01

▲ 新照片 -1 2007-08-04

▲ 新照片 -2 2019-12-11

21 藏族村寨

老照片拍摄的是 1908 年丹巴县西面一处乡村景观。在藏族村寨和悬崖上生长着一片岷江柏木（*Cupressus chengiana*）。大山怀抱中的村寨与大自然融为一体，犹如神话中的仙境。

新照片 -1 远处的景观几乎未改变。实施退耕还林工程后，农田面积较过去缩小，山坡上的灌丛生长茂盛，悬崖上的岷江柏树长高了。

新照片 -2 中，河对岸村寨修建了很多新房，山坡上的柏树较十余年前长得更高了，一些落叶的阔叶树生长得十分茂密。

▲ 老照片 1908-07-02

▲ 新照片 -1 2007-09-18

拍摄地点	丹巴县东谷镇井备村
海　拔	2 172 米
坐　标	30°47.688'N，101°45.960'E
拍摄时间	老照片 1908-07-02
	新照片 -1 2007-09-18，14:50
	新照片 -2 2020-06-06，12:38（袁敏 刘波 摄）

▲ 新照片 -2 2020-06-06

一棵高大的柏树 22

▲ 新照片 -1 2007-09-18

▲ 新照片 -2 2020-06-06

▲ 老照片 1908-07-02

老照片拍摄的是 1908 年丹巴县东谷镇一棵高大的柏树。据威尔逊记载，该树种为西藏柏木（*Cupressus torulosa*），树高 24.3 米，胸围 3 米。在柏树左边，有一幢藏式房屋。

新照片 -1 中，当年的柏树已不见踪影了。当年柏树生长地方，是当时东谷镇政府所在地。

新照片 -2 远处的景观变化不大。照片左边中部的几幢房屋仍在，左下方原来的乡政府现已成为东谷村村委会，照片右下方的房屋，是前几年新修的乡卫生院一角。

（注：本书作者根据柏木属的地理分布，确定这一带的柏木应为岷江柏木。威尔逊在这一条路线考察期间，拍摄了很多张柏木的照片，我们统一按岷江柏木介绍。）

拍摄地点	丹巴县东谷镇
海　拔	2 204m
坐　标	30°47.418'N，101°45.057'E
拍摄时间	老照片 1908-07-02
	新照片 -1 2007-09-18，15:10
	新照片 -2 2020-06-06，15:13

23 杨树

▲ 老照片 1908-07-03

拍摄地点	丹巴县东谷镇陡水岩
海　　拔	2 250 米
坐　　标	30°46.286'N，101°43.342'E
拍摄时间	老照片 1908-07-03
	新照片 -1 2008-10-11，14:20
	新照片 -2 2020-06-06，16:17

老照片拍摄的是 1908 年丹巴县东谷河上游一棵高大的杨树。据威尔逊记载，该树高约 18 米，胸围约 3 米。树下湍急的河流上，架有一座伸臂木桥。

新照片 -1 拍摄时，杨树和木桥都不在了。据当地 87 岁的老人何志国介绍，木桥在 20 世纪 50 年代被拆掉，杨树在 1973 年修建公路时被砍伐。由于公路多次扩建，右岸地形变化较大。

新照片 -2 中，近处的小树和灌木近几年在河水冲击下消失了，照片下方露出的河床景象，与老照片拍摄时十分相似。两岸生长的树木较十多年前长得更加高大、茂密。

▲ 新照片 -2 2020-06-06

▲ 新照片 -1 2008-10-11

丹巴西面的一座山峰 24

▲ 新照片 -1 2008-10-11

▲ 新照片 -2 2020-06-06

▲ 老照片 1908-07-03

老照片拍摄的是 1908 年丹巴县西面的一座陡峭的山峰。山坡上的岩层竖直或扭曲，可以看出在远古时期这里曾发生过剧烈的地壳运动。

因左侧山沟多次发生泥石流，新照片 -1 前景农田面积明显扩大。远处山坡上的植被茂密，生态环境明显变好。

新照片 -2 中，远处山上的树木较十多年前生长得更加茂密，近处长出一片高大的阔叶树林，照片下已修建了一座铁索木板桥。

拍摄地点	丹巴县东谷镇铜炉房村
海　拔	2 486 米
坐　标	30°44.459'N，101°44.249'E
拍摄时间	老照片 1908-07-03
	新照片 -1 2008-10-11，12:20
	新照片 -2 2020-06-06，16:20

「25」喇嘛桥

▲ 老照片 1908-07-05

▲ 新照片 -1 2008-10-12

▲ 新照片 -2 2021-09-27

老照片拍摄的是 1908 年丹巴县东谷镇邓巴村的一座小木桥。桥头附近有一棵高大的铁杉（*Tsuga chinensis*）。据威尔逊记载，该树高约 30 米，胸围约 4.5 米。

铁杉已在 30 年前被采伐。新照片 -1 中，四周生长出很多铁杉、云杉（*Picea asperata*）、杨树、桦树（*Betula*）等幼树，林下和林沿生长着茂密的箭竹。原有的一座小桥在 1963 年被毁，后来又重新修建。河道较原来增宽了。

新照片 -2 左边的云杉树和右边的铁杉树都长高大了，右下方重新修建的小木桥已在几年前被冲毁。由于修建道路原因，新照片 -2 的拍摄位置较新照片 -1 的拍摄位置高出 1 米左右。

拍摄地点	丹巴县东谷镇邓巴村（原奎拥村）
海　　拔	2 880 米
坐　　标	30°34.585'N，101°45.260'E
拍摄时间	老照片 1908-07-05
	新照片 -1 2008-10-12，09:05
	新照片 -2 2021-09-27，09:30

两棵沙棘树 [26]

1908 年 7 月 5 日晚，威尔逊在他的日记中写道："这里树林中最突出的是有很多沙棘（*Hippophae rhamnoides*）的大树，难以想象的是它们竟能长到这么大。我拍摄了两棵老树，高达 15.2 米，胸围分别为 3.4 米和 4.2 米。"

这个拍摄点是本书重拍时新找到的。由于这里地处奎拥河的一条支流，新照片中沟内近几十年来泥石流泛滥，堆积体厚达 3 米以上，老照片拍摄点已经被泥石流掩埋，新照片拍摄点与老照片拍摄点不在同一角度。两棵老树树干下部也被泥石流掩埋 2～3 米。历经 113 年，左边的沙棘老树地上部分胸径大约为 0.8 米，右边的一棵其胸径大约为 1 米。由于泥石流对树干掩埋造成的影响，左边老树已经快要死亡，附近大约有十几棵相同的老树，同样也都生长不良。

▲ 老照片 1908-07-05

▲ 新照片 2021-09-27

拍摄地点	丹巴县邓巴村（原奎拥村）
海　拔	3 197 米
坐　标	30°32.448'N，101°46.389'E
拍摄时间	老照片 1908-07-05
	新照片 2021-09-27，10:46

「27」藏族民居

▲ 老照片 1908-07-05

拍摄地点 丹巴县东谷乡邓巴村（原奎拥村）
海　拔 3 225 米
坐　标 30°32.555'N，101°46.233'E
拍摄时间 老照片 1908-07-05
　　　　新照片 -1 2007-09-19，12:05
　　　　新照片 -2 2021-09-27，12:30

　　老照片拍摄的是丹巴县一幢普通的藏式民居。1908 年 7 月 4 日，威尔逊曾在这里住过一晚，风趣地称这里为"我的公寓"，他还在日记中写道："房屋的女主人性格开朗……笑声也很好听。"这幢修建在四川西部甘孜藏族自治州的房屋与世隔绝，一个西方植物学家的到来，让它受到人们的关注。

　　新照片 -1 中，"公寓"房屋已经重修，屋前那片农田变为一块坝子，下方的小路还在，远处的森林更加茂密。房屋现在的女主人叫四朗措，她和家人已迁到山下居住。

　　由于十几年无人居住，新照片 -2 中，山上的房屋屋顶已开始漏水，右下方围墙上的石块出现垮塌。房屋正面左下方的猪圈旁边，长出一丛蔷薇，由于左边山坡向下滑动，近处原来的一小块平坝，现在变成了斜坡。房屋前方站立者，是四朗措的丈夫大贡布。

▲ 新照片 -1 2007-09-19

▲ 新照片 -2 2021-09-27

[28] 森林 -1

▲ 老照片 1908-07-05

拍摄地点 丹巴县邓巴村（原奎拥村）
海　拔 3 197 米
坐　标 30°32.446'N，101°46.324'E
拍摄时间 老照片 1908-07-05
　　　　 新照片 -1 2007-09-19，13:35
　　　　 新照片 -2 2010-10-22，13:52
　　　　 新照片 -3 2021-09-27，13:10

▲ 新照片 -1 2007-09-19

老照片拍摄的是 1908 年丹巴县东谷乡奎拥村（现为邓巴村）一处森林景观。在这片森林的后面，是康巴地区著名的雅拉神山（又名"大炮山"）。

新照片 -1 远处的森林和近处的农田几乎没有变化。一个世纪的时光转眼即逝，新照片 -1 仿佛是老照片的彩色版。

新照片 -2 拍摄于 2010 年秋天，森林中的红杉（*Larix potaninii*）树冠变成了金黄色。

新照片 -3 可以看出，森林中杨树和桦木等阔叶树种明显增多，这应当与最近十几年来气候变暖有很大的关系。森林右下方的树林和左下方灌丛都长高了。由于国家长期实施退耕还林政策，附近的农户都搬迁到了山下，照片下方的农田没有再继续耕种，地里生长起了稀疏的草本植物，生态得到进一步恢复。

▲ 新照片 -2 2010-10-22

▲ 新照片 -3 2021-09-27

29 森林 -2

▲ 老照片 1908-07-06

老照片拍摄的是 1908 年丹巴县奎拥河上游的一处森林景观。老照片原有的文字说明中对这片植物的描述是红杉林。根据记录，当年威尔逊一行人曾在这里的树下搭建了一个简易的小棚住宿了一晚。

老照片拍摄 100 年之后，经作者现场调查，森林主要构成树种是紫果云杉（*Picea purpurea*）和鳞皮冷杉（*Abies squamata*）的混交林，混生有少量红杉。新照片 -1 中，树林茂密高大。原有的森林在 20 世纪 80 年代末被采伐，目前更新良好，迹地上已长出 2 米高的幼树。

新照片 -2 中，迹地上的针叶林幼树较 13 年前生长得更加茂密，照片下方长出一片落叶的杯腺柳（*Salix cupularis*）灌丛。

▲ 新照片 -2 2021-09-27

▲ 新照片 -1 2008-10-12

拍摄地点	丹巴县邓巴村（原奎拥村）斯巴斯波
海 拔	3 770 米
坐 标	30°28.813'N，101°47.092'E
拍摄时间	老照片 1908-07-06
	新照片 -1 2008-10-12，13:50
	新照片 -2 2021-09-27，08:30（贾林 杨博 摄）

▲ 新照片 -1 2008-10-12

▲ 老照片 1908-07-07

老照片拍摄的是 1908 年丹巴县奎拥村至大炮山主峰北坡，当地茶马古道上一处客栈附近的森林和草地景观。远处生长的树木为红杉。

老照片拍摄 100 年之后，新照片 -1 整体景观未变。左边山坡下的红杉树，较 100 年前长高了。由于过度放牧，近处草地明显退化，不如 100 年前茂盛，草地上的苞叶大黄（*Rheum alexandrae*）数量也明显减少。

新照片 -2 远处的红杉林生长得更加高大，树林边缘和近处草地上的灌丛生长十分茂密，有逐渐取代这一带草地的可能，这与气候变暖有一定关系。

拍摄地点	丹巴县邓巴村（原奎拥村）台站
海　拔	3 918 米
坐　标	30°27.340'N, 101°46.824'E
拍摄时间	老照片 1908-07-07
	新照片 -1 2008-10-12，16:00
	新照片 -2 2021-09-27，09:49（朱单 摄）

▲ 新照片 -2 2021-09-27

「31」奎拥台站 -2

老照片拍摄的是 1908 年丹巴县奎拥村至大炮山主峰北坡，当地茶马古道上一处客栈附近的森林和灌木丛景观。远处生长的树木为红杉，拍摄地点与上一张照片紧靠。

老照片拍摄 100 年之后，新照片 -1 整体景观未变，远处红杉较 100 年前长高了，近处灌木种类出现变化。喜阴的高山杜鹃（*Rhododendron lapponicum*）灌丛数量增多，局部区域出现了嵩草（*Kobresia myosuroides*）草甸。

新照片 -2 中的红杉树较 13 年前相比更加高大茂密，照片下方的灌丛也生长得高大密集。

▲ 老照片 1908-07-07

▲ 新照片 -1 2008-10-12

拍摄地点	丹巴县邓巴村（原奎拥村）台站
海　拔	3 938 米
坐　标	30°27.178'N，101°46.848'E
拍摄时间	老照片 1908-07-07
	新照片 -1 2008-10-12，16:30
	新照片 -2 2021-09-27，17:33（贾林 杨博摄）

▲ 新照片 -2 2021-09-27

通向大炮山的山谷 32

老照片拍摄的是 1908 年丹巴县境内大炮山东北坡的一处山谷。照片拍摄处海拔 4 550 米，是威尔逊在中国西部经过的海拔最高点。左边山坡下灰白色的小路是通向康定的茶马古道，山谷底部白色的曲线是奎拥河的源头。

老照片拍摄 100 年之后，新照片 -1 整体景观未变。也许是季节差异，谷底小溪水量减少，左边山坡上几处冲沟明显扩大。值得注意的一个现象是，在山谷远处原来生长灌丛和草甸的地方，已出现了一大片红杉幼林，这很可能与全球气候变暖有关。

从新照片 -2 可以看出远方山谷红杉幼树较 13 年前长高了不少，山谷右侧方向绿色的林线，升高了 50 ～ 100 米，部分地段甚至上升到山谷的中山段。由此可见近 13 年来气温加速升高，同时也可以预见，不久的将来，在山谷右侧方将会出现一片茂密的红杉林。

▲ 老照片 1908-07-07

▲ 新照片 -1 2008-10-13

▲ 新照片 -2 2021-09-27

拍摄地点	丹巴县大炮山垭口
海　　拔	4 550 米
坐　　标	30°24.394'N，101°44.969'E
拍摄时间	老照片 1908-07-07
	新照片 -1 2008-10-13，11:30
	新照片 -2 2021-09-27，13:10（朱单 摄）

甘孜藏族自治州 康定市

33 雅拉雪山

▲ 老照片 1908-07-07

▲ 新照片-1 2008-10-13

老照片拍摄的是著名的雅拉雪山，拍摄点在茶马古道今丹巴县与康定市交界处，大炮山垭口靠近康定县一侧。雅拉神山主峰5 884米，巍巍壮观，是当地藏族同胞心目中的神山。

在老照片拍摄100年之后，主峰下方的积雪明显减少。新照片-1中，雪线下方的流石滩面积有所增大。

新照片-2中，雪山主峰左下方积雪在减少。如果全球气温继续升高，可以预见，山顶上的积雪将有可能全部消失。为了垭口附近这张照片的拍摄，摄影师准备了几个月，在三名藏族向导的帮助下，搭乘摩托车又加上步行，全程用了12个小时，途中还遭遇了雷阵雨，历尽艰难，终于完成了拍摄任务。

▲ 新照片 -2 2021-09-27

拍摄地点　大炮山垭口下方丹巴县与康定市交界处
海　拔　4 530 米
坐　标　30°24.394'N，101°44.969'E
拍摄时间　老照片 1908-07-07
　　　　　新照片 -1 2008-10-13，11:45
　　　　　新照片 -2 2021-09-27，14:47（贾林 杨博 摄）

「七」

四川省 西南线

—— 穿越 藏、彝、汉 民族走廊之旅

■ 折多山

■ 海螺沟红石滩 （梓曦 摄）

这条路线从大炮山垭口向东南方向，沿雅拉河经新店子、中谷村、雅拉乡，到达康定老城所在地——炉城镇。

早在 1903 年，威尔逊第二次到中国，就是到康定收集开黄花的全缘叶绿绒蒿。他历尽艰险，终于于当年 7 月 17 日在康定以南的雅加埂附近找到了这种被西方人称作"黄色罂粟"的植物。为了表彰他到中国收集植物取得的成就，英国切尔西的维奇园艺公司授予他一枚金质的胸针。这枚胸针用五片纯金箔制成全缘叶绿绒蒿花朵的形状，并镶嵌了 41 颗钻石。随后维奇园艺公司又授予威尔逊"维奇园艺纪念章"，以奖励他对西方园艺界的贡献（从中国引进新植物）。

从康定到泸定有两条路线可走：一条沿折多河和 318 国道经瓦斯沟到泸定，沿途有多处威尔逊的老照片拍摄点；另一条则沿榆（林）

磨（西）公路，翻越雅加埂，经磨西、冷碛到泸定，沿途除老照片拍摄点以外，还可观赏到十分丰富的高山花卉。尤其是雅加埂一带，除了多种绿绒蒿属植物外，还有杜鹃属、报春属、龙胆属、马先蒿属、金莲花属、银莲花属、大黄属、驴蹄草属等花卉。

从雅加埂河沿榆磨路向南便到达泸定县磨西镇，沿途森林植物十分丰富，3 月可以看到光叶玉兰，5 月下旬至 6 月中旬可以看到西康天女花，这两种木兰科植物都被威尔逊引种到西方。沿途还可以看到青藏高原的特殊自然景观——由藻类和真菌形成的美丽的红石滩。

从磨西镇经冷碛镇沿大渡河而上，便可到达泸定县城，沿途有多处威尔逊的老照片拍摄点。从冷碛出发向东南方向，沿茶马古道翻越飞越岭便可进入汉源境内。每年 6 月，几千米的茶马古道两侧，开满

了粉被灯台报春，使这里成为一道亮丽的风景线。在汉源境内，威尔逊拍摄过几张照片，其中清溪古镇全景这一张，镇内房屋沿十字形中轴线布局，粉墙黛瓦，错落有致，优美宁静，与四周环境十分协调，体现了中国古代"天人合一"的建筑思想。

　　离开汉源后，威尔逊经荥经、雅安雨城区、邛崃、新津返回成都。荥经被称为"珙桐之乡"，每年5月，在荥经的安靖乡和龙苍沟一带，可以观赏到数万亩珙桐盛开的景象。

　　1908年8月10日，威尔逊在邛崃拍摄了一张十分华丽、精美的牌坊照片，这张照片在1911年和1913年先后两次刊登在美国《国家地理》杂志上，让邛崃茶马古道上的这一艺术珍品进入了全球视野。113年之后，本书作者寻访到牌坊修建的地点邛崃市孔明街道卧龙社区（原卧龙场），得知牌坊在1963年已经被拆毁，所幸牌坊陈姓主人的后代仍旧生活在当地，向作者讲述了很多令人难忘的历史故事。

甘孜藏族自治州 康定市

[01] 莲花山

▲ 老照片 1908-07-08

拍摄地点	康定市中谷村
海　　拔	3 213 米
坐　　标	30°16.941' N，101°50.274' E
拍摄时间	老照片 1908-07-08
	新照片 -1 2009-09-03，12:57
	新照片 -2 2020-06-05，13:39

老照片拍摄的是 1908 年康定府（今康定市）雅拉乡附近的几座海拔 4 500 米以上的高山。群山形状如盛开的莲花而得名。当年威尔逊经过这里时，尽管正值盛夏，但远处山峰下部的凹陷处，还能看到有残留的积雪。照片左下方近处低矮的灌木林中，有一片裸露的地块，这里正是当年的茶马古道。

新照片 -1 中的莲花山景观依旧，但山上积雪有所减少；近处左边山坡明显下滑；灌木林长高了许多。

作者在 2020 年 6 月初前往拍摄时，当地一直下雨，新照片 -2 中，山顶上的积雪增多。经过观察对比，远处山坡上的草地面积减少，森林面积有所增加。照片左下方和中间河谷地带的树木都长高了，右下方的一棵云杉也长高了不少。

▲ 新照片 -1 2009-09-03

▲ 新照片 -2 2020-06-05

中谷村 02

▲ 新照片 -1 2008-10-15

▲ 老照片 1908-07-08

老照片拍摄的是 1908 年康定府中谷村的一处景观。山谷远方的雪山脚下，便是康定府。

新照片 -1 远处的雪山依旧。近处草地和两边山坡上，树木较 100 年前茂盛。左边山坡脚下，便是当年威尔逊曾经住过的中谷村。

新照片 -2 远处山坡上的树木，较 12 年前新照片 -1 拍摄时生长得更加高大茂密。照片下方区域新修了一条从康定城内至机场和塔公镇的公路，故此原来的拍摄点位发生了一些改变。

▲ 新照片 -2 2021-09-28

拍摄地点	康定市中谷村
海　拔	3 054 米
坐　标	30°15.316' N，101°52.797' E
拍摄时间	老照片 1908-07-08
	新照片 -1 2008-10-15，10:40
	新照片 -2 2021-09-28，15:05（贾林 杨博 摄）

「03」茶马古道

▲ 老照片 1908-07-30

▲ 新照片 2021-06-15

　　这是一张震撼人心灵的老照片。照片上的两个背夫的背夹上，高耸着小山一样的茶包，在不堪重负的生活担子下，他们的眼神里充满着疲惫和绝望。据记载，威尔逊过去在茶马古道上曾多次与背夫相遇，但从未像这一次这样表现出对背夫的关切和同情，他找人称了称两人背的货物重量，其中一人背了 144 千克，另一人背了 135 千克。当他得知他们每天要行走 9.7 千米时，深深为中国人的吃苦耐劳精神感动，他在著作中这样写道："在西方人不能生存的地方，中国人却能够创造财富。"

拍摄地点	康定市炉城镇街道柳杨村张秀贵家门前
海　拔	2 016 米
坐　标	30°06.026'N，102°02.961'E
拍摄时间	老照片 1908-07-30
	新照片 2021-06-15，09:35（贺明秋 摄）

　　老照片的拍摄位置是本书重拍时新找到的。为了寻找这张照片的拍摄地点，摄影师根据老照片拍摄的时间顺序，经过反复走访、考察、比对，确定位置是在今康定市炉城镇的杨柳村。自古以来，这里就位于茶马古道上。1950 年代以前，街道两边各有一排房屋，属于一户罗姓人家，老照片上左边背夫身后的瓦房，是罗家的猪圈。从泸定去康定的茶马古道，到达这里后便开始爬坡，背夫们习惯在这里杵一个"拐扒子"，支撑在地并站立着倚靠休息。1971 年，川藏公路扩建时为了降低坡度，把原来的"一段三道拐"拉直了，公路抬升了近 5 米，靠山边的房屋全拆掉了，现在路基就在罗家房屋正中位置。原房屋旁边有一棵鹅耳枥（Carpinus turczaninowii）大树（当地称之为"岩少子树"），扩建公路时也被砍掉了。据当地 80 ～ 90 岁的老人们回忆，大树砍掉时的胸围，三个成年人都围不过来，胸围应该不小于 5.4 米。

山坡上的竹林 04

▲ 老照片 1908-07-30

▲ 新照片 2021-06-20

老照片是威尔逊1908年7月30日拍摄的当地一处叫水槽头山的竹林。从威尔逊记载的原始资料上得知，该竹林生长十分密集，行人无法穿越。在照片右边显示的区域中，为多种阔叶树种组成的幼林和灌丛。照片下方有一条小路，看样子是当年的茶马古道。经四川省甘孜藏族自治州林科所鉴定，这里生长的竹子是丰实箭竹（*Fargesia ferax*）。当地群众在每年6月前后，有到这里来采竹笋的习惯。

这个拍摄点是本书重拍时新找到的。从新照片山坡侧面的图像可以看出，110余年之后，山坡下段的堆积物明显增多了，原来凹下去的侧面变得凸出，应该是多年来由于垮塌和滑坡造成的。山坡上的植被发生了很大的变化，原来的丰实箭竹已被以多种落叶阔叶树种组成的幼林和灌木替代，主要有野漆（*oxicodendron succedaneum*）、青榨槭（*Acer davidii*）、多毛樱桃（*Prunus polytricha*）、牛奶子（*Elaeagnus umbellata*）、马桑、狭叶海桐（*Pittosporum glabratum var. neriifolium*）、山梅花（*Philadelphus incanus*）、杯腺柳、黑壳楠（*Lindera megaphylla*）等。原来的丰实箭竹已很稀少，而且生长在林下。上述情况表明，近几十年来该地区气温有所升高，空气湿度也明显增加了。

近几十年来红岩子对面的涧槽杠沟多次涨水，使折多河改道把老照片下部区域的茶马古道冲毁，新照片的下部区域变成了河滩。

拍摄地点	康定市炉城镇街道柳场村红岩子
海　拔	1 993 米
坐　标	30°05.586'N，102°03.117'E
拍摄时间	老照片 1908-07-30
	新照片 2021-06-20，13:01（贺明秋 摄）

05 折多河

▲ 老照片 1908-07-30

▲ 新照片 -2 2020-06-05

拍摄地点 康定市炉城镇
海　　拔 1 837 米
坐　　标 30°05.090′N，102°05.398′E
拍摄时间 老照片 1908-07-30
　　　　　 新照片 -1 2006-06-18，11:05
　　　　　 新照片 -2 2020-06-05，18:02

老照片拍摄的是 1908 年康定府折多河上的一座小桥。清澈湍急的河水从高处流下，形成一处漂亮的瀑布。

新照片 -1 远方景观依旧，但小桥已经消失。原两岸架桥时的大石头还在，上面有几处凹下的小坑，是当年架桥竖木桩的地方。河的左岸是 318 国道，公路修建时改变了地形，因而河流位置较原来稍有改变。由于上游修建了多座水电站，折多河的水量明显减少，河中几块巨石出露。

新照片 -2 中，左边远处和右边近处河谷的树木较 14 年前长高了不少。折多河水流量已进一步减少。

▲ 新照片 -1 2006-06-18

日地河谷 06

老照片拍摄的是 1908 年康定府日地村折多河边的一处悬崖。

新照片 -1 远处的景观依旧。几十年前的一次地震，导致河流右岸悬崖垮塌，使照片右前方的堆积物增加。河流左岸为 318 国道。

新照片 -2 整体景观变化不大，右前方堆积物上的树木生长更茂密、更高大了。

▲ 老照片 1908-07-30

▲ 新照片 -2 2020-06-05

▲ 新照片 -1 2007-08-08

拍摄地点	康定市姑咱镇日地河谷
海　拔	1 729 米
坐　标	30°04.336'N，102°06.278'E
拍摄时间	老照片 1908-07-30
	新照片 -1 2007-08-08，09:10
	新照片 -2 2020-06-05，11:20

「07」上瓦斯村的柏树

▲ 老照片 1908-07-30

▲ 新照片 -1 2007-09-20

老照片拍摄的是 1908 年康定府上瓦斯村一处悬崖。悬崖的下段有一片玉米地和一间矮小的房屋，房屋右边长有一棵高大的岷江柏木。根据威尔逊记载，树高 30 米，胸围 3 米。

新照片 -1 整体景观变化不大。被树木遮住的房屋，现在的主人叫施有云，他的高祖是曾随清末四川总督赵尔丰军队来此定居的，至今已是宗族第五代。施有云回忆说，1948 年修筑公路时，柏树被砍伐后用来造了桥。

新照片 -2 远处山崖上的灌木未见变化，照片下方的树木长高了，原来种玉米的农地上种了枇杷。在老照片一间矮小房屋的原址上，修建起了一幢白色三层楼房。

拍摄地点	康定市姑咱镇上瓦斯村
海　拔	1 450 米
坐　标	30°04.485'N，102°08.293'E
拍摄时间	老照片 1908-07-30
	新照片 -1 2007-09-20，14:00
	新照片 -2 2020-06-05，10:18

▲ 新照片 -2 2020-06-05

公主桥 [08]

▲ 新照片 -2 2019-06-13

▲ 老照片 1908-07-27

▲ 新照片 -1 2007-09-20

　　老照片拍摄的是 1908 年康定府城南的公主桥。公主桥建于清朝晚期，威尔逊把这里称为"通向西藏的门户"。站立桥头，向西可遥望蓝天下的雪峰，向东可观看郭达山云飞雾绕，是康定城南一道精致的风景线。

　　新照片 -1 中的公主桥已经多次维修，两岸河堤用条石加固。为保证老桥的安全，在紧靠公主桥的上方，新修了一座公路桥，桥头两端修建了不少新房。

　　新照片 -2 中的古桥被保护得很好，远处山坡上的森林，较 13 年前生长得更加茂盛，这或与气候变暖有一定关系。

拍摄地点	康定市甘孜州国税局
海　　拔	2 575 米
坐　　标	30°02.712'N，101°57.580'E
拍摄时间	老照片 1908-07-27
	新照片 -1 2007-09-20，15:50
	新照片 -2 2019-06-13，12:10

｢09｣康定城

▲ 老照片 1908-07-23

▲ 新照片 -1 2007-09-20

拍摄地点 康定市跑马山索道入口处
海　　拔 2 575 米
坐　　标 30°02.712'N，101°57.561'E
拍摄时间 老照片 1908-07-23
　　　　　新照片 -1 2007-09-20，17:20
　　　　　新照片 -2 2010-07-27，09:32
　　　　　新照片 -3 2019-06-13，12:08

▲ 新照片 -2 2010-07-27

▲ 新照片 -3 2019-06-13

　　1908 年，威尔逊从康定府南郊向城内方向拍摄了这张老照片。照片上可以看到县城全景。折多河从左下方流入城内。当年城内房屋低矮，整齐密集，几处高大的建筑均为寺庙。

　　新照片 -1 拍摄时，摄影师的视线被照片左边两幢房屋完全遮住。透过照片右下方的绕城公路，可以看出前方新建了不少高大的楼房。

　　新照片 -2 中可见，在新照片 -1 左下方瓦房的位置，修建了一幢高层楼房。

　　新照片 -3 中，在 2010 年修建的高层楼房的附近，另一幢高层楼房正在修建。作者认为，在地质条件不稳定的地震多发地区，高层住房密集修建应当谨慎而为。

10 寺庙

老照片拍摄的是 1908 年康定府城外的两座寺庙，其中照片左下方的是金刚寺，右上方的是南无寺。寺庙四周树木茂盛，风景优美。一条小沟在两座寺庙之间穿过，直达折多河边。

新照片-1 中，寺庙建筑外观金碧辉煌，四周楼房密布。这里是康定市的南城区。远处山坡上，经历百余年之后，植被保护得很好，两旁的灌丛茂密，小沟水土流失的问题得到有效控制。

新照片-2 景观变化很大。照片下方的河上建起一座水泥桥，新建的居民小区的房屋，几乎把金刚寺遮住了。右上方的南无寺，建筑范围扩大了不少。

▲ 老照片 1908-07-27

▲ 新照片-1 2006-06-18

拍摄地点	康定市南郊
海　拔	2 630 米
坐　标	30°02.407'N, 101°57.735'E
拍摄时间	老照片 1908-07-27
	新照片-1 2006-06-18，17:00
	新照片-2 2019-06-13，11:40

▲ 新照片-2 2019-06-13

康定南郊「11」

▲ 新照片-1 2008-10-15

▲ 老照片 1908-07-24

▲ 新照片-2 2020-10-29

老照片拍摄的是 1908 年的康定府南郊。顺着左右两侧高大的杨树林方向，是分别连接汉藏两地的茶马古道。

新照片-1 中杨树数量减少，因修建川藏公路时被砍伐了一部分。昔日的古道，已被宽敞的公路取代，四周修建了很多新房。

新照片-2 中，公路两边和远处都修建了很多高层楼房，这里已成为当地人们生产生活的地方。

拍摄地点	康定市南郊
海　拔	2 579 米
坐　标	30°02.286'N，101°57.584'E
拍摄时间	老照片 1908-07-24
	新照片-1 2008-10-15，12:25
	新照片-2 2020-10-29，11:07（丁云飞 摄）

「12」折多山上的植被 -1

▲ 老照片 1908-07-25

▲ 新照片 2021-06-27

拍摄地点	康定市榆林街道折多塘村二台子道班房沟口
海　拔	3 710 米
坐　标	30°02.291'N, 101°50.474'E
拍摄时间	老照片 1908-07-25
	新照片 2021-06-27, 10:05 (贺明秋 摄)

这张老照片拍摄的是康定府榆林街道折多塘村二台子道班房沟口河对面 (现 318 国道偏西方向)。据威尔逊记载，拍摄的对象是折多山上的植被，主要有冷杉和云杉，以及多种灌木组成的高山灌丛。

这个拍摄点是本书重拍时新找到的。从新照上可以判断，这里的冷杉为鳞皮冷杉，云杉为川西云杉 (*Picea likiangensis* var. *rubescens*)。这个云杉的变种定名人正是威尔逊和他在阿诺德树木园的同事雷德。灌木种类主要有高山栎 (*Quercus semecarpifolia*)、杯腺柳、高山杜鹃等。由于临近森林生长上限，海拔较高，百余年来照片上方的冷杉和云杉树几乎没有长高，照片下方的灌木也未发生明显变化。在照片中上部，一处三角形的石堆至今仍旧清晰可见，为什么这一片地方不生长植物，其中的原因值得进一步研究。

折多山上的植被 -2 13

▲ 新照片 2021-06-27

▲ 老照片 1908-07-25

拍摄地点 康定市榆林街道折多塘村二台子道班房沟口
海 拔 3 710 米
坐 标 30°02.291'N，101°50.474'E
拍摄时间 老照片 1908-07-25
　　　　　新照片 2021-06-27，10:25（贺明秋 摄）

老照片拍摄于 1908 年。据威尔逊记载，山坡上的植被主要以川滇高山栎
（*Quercus aquifolioides*）灌丛为主。这种植物的定名人也是威尔逊和他在
阿诺德树木园的同事雷德。

　　这个拍摄点是本书重拍时新找到的，和上一张照片处在同一个拍摄点，
唯一不同的是，拍摄对象在 318 国道偏东方向。由于所处地方坡向差异，植被
类型也发生了变化。新照片中部位置的灌丛仍以川滇高山栎为主，也有黄芦木
（*Berberis amurensis*）；上部位置还有匍匐生长的香柏（*Juniperus pingii*
var. *wilsonii*）和低矮的高山杜鹃灌丛。杜鹃灌丛的种类主要有草原杜鹃
（*Rhododendron telmateium*）、隐蕊杜鹃（*Rhododendron intricatum*）等。
也许是由于气候变化的原因，照片下部位置的川滇高山栎由原来匍匐低矮的形
状长成了大灌木，灌丛内还混生了一些翠绿色的杯腺柳。

「14」折多山上的植被 -3

这张老照片与前面两张老照片的拍摄时间都在 1908 年 7 月 25 日。据威尔逊记载，灌丛种类以刺柏（*Juniperus formosana*）和高山栎为主。

这个拍摄点是本书重拍时新找到的。新照片中，威尔逊所记载的刺柏已被合并入刺柏属（*Juniperus*），为纪念威尔逊作为模式标本采集人，分类学家将这种植物作为一个变种，并以威尔逊的姓氏命名香柏。康定折多山就是这一树种的模式标本原产地。除香柏灌丛外，这里还分布有川滇高山栎灌丛，以及匍匐栒子（*Cotoneaster adpressus*）、黄芦木等种类的植物，照片下方杯腺柳灌丛生长茂密，在杯腺柳灌丛中还发现了川西云杉的幼苗，这应该与气候变暖有一定关系。

▲ 老照片 1908-07-25

拍摄地点	康定市榆林街道折多塘村二台子白节沟上游
海　拔	3 670 米
坐　标	30°01.979'N，102°50.910'E
拍摄时间	老照片 1908-07-25
	新照片 2021-06-27，10:25（贺明秋 摄）

▲ 新照片 2021-06-27

山坡上的松树 **15**

▲ 新照片 2021-06-27

▲ 老照片 1908-07-26

老照片拍摄的是一处陡峭的悬崖上的几棵高大的松树。据威尔逊记载，树种为高山松（*Pinus densata*），又名西康赤松，高 15.24~18.29 米，胸围 1.22~1.83 米。这张老照片拍摄时间在 1908 年 7 月 26 日，与前面三张照片比较，时间晚了一天。老照片右下方，有一棵乔木状的川滇高山栎树。

这个拍摄点是本书重拍时新找到的。新照片右下方的川滇高山栎树长得更高大了。据当地人介绍，在很多年以前，由于悬崖从上至下整体发生了垮塌，所有的高山松都被毁了。这里属于折多塘村，附近有一处温泉，摄影师采访村子里的居民得知，过去经 318 国道线往来于川藏两地的司机和旅客，都喜欢在这里留宿，除了当地人热情好客外，温泉更可以洗去旅途中的疲劳。由此推断，威尔逊 1908 年 7 月 25 日就在这附近住过一晚，说不定还在这里洗了温泉。第二天（7月 26 日）在回康定府的途中拍摄了下张"赵家坪"的折多河谷照片。

拍摄地点	康定市榆林街道折多塘村上仁波洛
海　　拔	3 086 米
坐　　标	29°59.657'N，101°53.613'E
拍摄时间	老照片　1908-07-26
	新照片　2021-06-27，10:25（贺明秋 摄）

16 赵家坪

▲ 老照片 1908-07-26

▲ 新照片-1 2007-09-20

▲ 新照片-2 2019-06-13

1908年，威尔逊在康定府赵家坪附近拍摄了一张折多河河谷照片。这里距康定城南5千米，因地势平坦，湍急的折多河流经这里时变得曲折缓慢。两岸坡地上，只有一两间房屋，人迹罕见。

新照片-1的下方区域房屋密集，挡住了折多河。河流两岸，新建了两条直通榆林、宫康定新城的公路。昔日荒凉的山坡上，长满了灌丛和小树林。

新照片-2近处的房屋变化不大，远处修建了多幢高楼。由于公路改建，现在的拍摄点位置略高出原拍摄点。

拍摄地点	康定市赵家坪
海　　拔	2 810米
坐　　标	30°00.585'N，101°57.128'E
拍摄时间	老照片 1908-07-26
	新照片-1 2007-09-20，16:08
	新照片-2 2019-06-13，14:24

雅加埂雪山近景 **17**

老照片拍摄的是 1908 年的雅加埂雪山，拍摄点在康定府境内，威尔逊重点拍摄了一座雪峰。

新照片 -1 远处冰舌上"黑点"还在，根据照片放大后确定，那个无法积雪的区域，是一块凸起的岩石。百余年时光，只在照相机快门"咔嚓"一瞬间流失。

新照片 -2 中，山上的积雪较 13 年前有所减少。

▲ 老照片 1908-07-19

▲ 新照片 -2 2019-06-21

▲ 新照片 -1 2006-06-18

拍摄地点	康定市雅加埂
海　　拔	3 970 米
坐　　标	29°54.011'N，102°00.252'E
拍摄时间	老照片 1908-07-19
	新照片 -1 2006-06-18，15:20
	新照片 -2 2019-06-21，17:16（丁云飞 摄）

甘孜藏族自治州 泸定县

「18」雅加埂雪山远景

▲ 老照片 1908-07-19

老照片拍摄的是 1908 年的雅加埂雪山。与前面一张照片的不同点在于，这一张是远景，拍摄点位置在泸定境内。银色的雪峰在蓝天下闪烁，雪山脚下是一片布满砾石的高山草甸；两座雪峰之间，有一条白色的冰舌，冰舌中间有一处黑色区域，那里没有被冰雪覆盖。

新照片 -1 远处雪峰依旧。近处草甸上的石块增多，左下方多了一处小湖泊，是修建公路取土时造成的。

新照片 -2 中，山上的积雪较 13 年前拍摄的新照片 -1 时的明显减少。照片下方由于附近修建蓄水设施取土，草地表面受到一定影响。

拍摄地点	泸定县雅加埂
海　拔	3 970 米
坐　标	29°54.174'N，101°59.999'E
拍摄时间	老照片 1908-07-19
	新照片 -1 2006-06-18，15:00
	新照片 -2 2019-06-21，16:29（丁云飞摄）

▲ 新照片 -1 2006-06-18

▲ 新照片 -2 2019-06-21

草地「19」

老照片拍摄的地点是泸定与康定交界处，雅加埂雪山南面的一片高山草地。钟花报春（*Primula sikkimensis*）和苞叶大黄正在盛开，禾草和蒿草生长茂密，高度至少在30厘米以上。

新照片-1拍摄时，由于曾经的过度放牧，该处草地退化十分明显，远处山坡出现裸露，也有滑坡现象。

新照片-2中可见，国家实行退牧还草后，该处山地生态得到恢复。

拍摄地点	泸定县新兴乡大坪
海　拔	3 724 米
坐　标	29°53.221'N，102°00.967'E
拍摄时间	老照片 1908-07-19
	新照片-1 2008-10-15，09:07
	新照片-2 2019-06-13，08:40

▲ 老照片 1908-07-19

▲ 新照片-1 2008-10-15

▲ 新照片-2 2019-06-13

⌈20⌋冷杉林

▲ 新照片 -1 2009-11-06

▲ 老照片 1908-07-15

▲ 新照片 -2 2021-06-17

　　老照片拍摄的是 1908 年雅加埂南面的一片茂密的冷杉林，拍摄地点在泸定境内。

　　这里的森林在 20 多年前已被采伐过一次，余下的大多为过熟林和幼树，新照片 -1 中，森林外貌不如百余年前。照片下方，原来的茶马古道上，新修了一条连接海螺沟和康定之间的旅游公路。新照片 -1 和百余年前老照片拍摄时均云雾笼罩，无法看清照片上方远景。

　　新照片 -2 的拍摄点位置更接近老照片的拍摄点，经过近十年来的抚育和保护，原有的幼树林相整齐，生长旺盛。新照片 -2 拍摄时是难得一遇的好天气，照片上方高海拔地带的高山灌丛和草甸清晰可见，为今后留下了准确的拍摄参照物。

拍摄地点	泸定县新兴乡草坪子
海　　拔	新照片 -1 3 500 米；新照片 -2 3 450 米
坐　　标	新照片 -1 29°51.855'N，102°01.099'E
	新照片 -2 29°52.136'N，102°01.641'E
拍摄时间	老照片 1908-07-15
	新照片 -1 2009-11-06，11:29
	新照片 -2 2021-06-17，16:17（黄永邦 孙光俊 摄）

针叶阔叶混交林 21

▲ 新照片 -2 2020-07-27

▲ 老照片 1908-07-19

▲ 新照片 -1 2008-10-16

老照片拍摄的是 1908 年泸定县新兴乡一片常绿针叶树与落叶阔叶树的混交林。照片上部山脊以冷杉为主，照片中部为铁杉、槭树（*Acer*）、桦木等树种混交林。

新照片 -1 山脊上的冷杉依然生长茂密。山坡下部和靠近溪沟附近的铁杉已被采伐，取而代之的是落叶阔叶树种。

新照片 -2 与新照片 -1 对比可以明显看出，对面山坡上的针叶、阔叶树种都较 12 年前生长得更加茂密。一棵川滇桤木（*Alnus ferdinandi-coburgii*）的树枝，遮挡住了照片下方小水沟。

拍摄地点	泸定县新兴乡牛扎沟
海　拔	2 425 米
坐　标	29°46.605'N，102°03.631'E
拍摄时间	老照片 1908-07-19
	新照片 -1 2008-10-16，11:55
	新照片 -2 2020-07-27，17:32（鞠文彬 摄）

²²铁杉

▲ 老照片 1908-07-19

▲ 新照片 -1 2008-10-16

▲ 新照片 -2 2020-07-27

老照片拍摄的是 1908 年泸定县新兴乡一条小溪的沟口，照片右边有一棵高大的铁杉。

新照片 -1 拍摄后，经过核实最终确认地点选择有误。

新照片 -2 拍摄于 2019 年。拍摄前，摄影师经过仔细比对，重新在附近找到了准确的拍摄地点。新照片 -2 中沟内的植被保存较好，近处那棵高大铁杉尽管已不在，但沟内的铁杉林仍旧生长茂密。

拍摄地点	泸定县新兴乡小河子
海　　拔	新照片 -1 2 410 米，新照片 -2 2 547 米
坐　　标	新照片 -1 29°46.605'N，102°03.544'E
	新照片 -2 29°47.450'N，102°03.360'E
拍摄时间	老照片 1908-07-19
	新照片 -1 2008-10-16，12:22
	新照片 -2 2020-07-27，14:42（鞠文彬 摄）

南门关沟 **23**

老照片拍摄的是 1908 年的泸定县新兴乡的南门关沟，这里位于蜀山之王——贡嘎山东坡。沟内冰川发育，动植物种类丰富。

新照片 -1 远处景观依旧，近处两边山坡明显下滑。由于沟内泥石流频发，河床下切深达 5 米以上。

新照片 -2 中，近几年发生泥石流留下的大石头上长满了乔利橘色藻（*Trentepohlia jolithus*）。右边山坡下开垦出一片农田，并修建有一幢房屋。

▲ 老照片 1908-07-17

▲ 新照片 -2 2019-10-29

▲ 新照片 -1 2008-10-16

拍摄地点	泸定县新兴乡南门关沟口
海　拔	2 164 米
坐　标	29°43.944'N，102°03.220'E
拍摄时间	老照片 1908-07-17
	新照片 -1 2008-10-16，12:22
	新照片 -2 2019-10-29，15:44（黄永邦 孙光俊 摄）

24 杉木古树

▲ 老照片 1908-07-17

▲ 新照片-1 1982-10-21

老照片拍摄于 1908 年，是茶马古道上的磨西镇。这里生长着一棵杉木古树，当时已有 300 多年历史。据威尔逊记载，树高 36.6 米，胸围 6.1 米。当地百姓将其视为神树，树下有一间小庙常年香火不绝。

新照片-1 拍摄于 1982 年 10 月，大树已经向左方倾斜。作者当年拍摄时并不知道威尔逊在这里曾经拍摄过照片。

新照片-2 拍摄于 2007 年，大树已毁于 1993 年烧香引发的火灾。

新照片-3 拍摄于 2019 年。由于旅游业的发展，当地对沿街的饭店进行了仿古装修。金雪山饭店左面新修了一幢更高的房屋，遮住了被大火烧毁后残留的枯死树桩。

拍摄地点	泸定县磨西镇
海 拔	1 663 米
坐 标	29°39.127'N，102°07.070'E
拍摄时间	老照片 1908-07-17
	新照片-1 1982-10-21
	新照片-2 2007-09-22，09:07
	新照片-3 2019-06-13，07:19

▲ 新照片-2 2007-09-22

▲ 新照片-3 2019-06-13

银杏古树 25

老照片是威尔逊拍摄的 1908 年的茶马古道上的一棵银杏古树。据资料记载，这棵古树树龄当年已有 1700 多年。据威尔逊记载，树高 24 米，胸围 7.6 米，枝繁叶茂。当地村民将其视为神树，并在树下修建了一座小庙供人拜祭。

新照片 -1 拍摄于 1982 年 10 月 22 日。古树仍旧生长健壮。与上一组照片相似，作者在这里拍摄时，并不知道威尔逊 74 年前曾经在这里拍摄过照片。

2007 年新照片 -2 拍摄时，古树被新修的房屋挤压，濒临死亡。

新照片 -3 拍摄时，作者发现 2007 年的照片拍摄方位有误，这次更正了拍摄位置。古树四周房屋密集，多年来四周地面被铺上水泥，造成古树根部无法透气呼吸，古树逐渐枯死。

▲ 新照片 -2 2007-09-22

▲ 老照片 1908-08-01

拍摄地点	泸定县冷碛镇
海　拔	新照片 -1 1 350 米；新照片 -2 1 247 米
坐　标	新照片 -1 29°47.237'N，102°13.597'E
	新照片 -2 29°47.228'N，102°13.591'E
拍摄时间	老照片 1908-08-01
	新照片 -1 1982-10-22
	新照片 -2 2007-09-22，08:15
	新照片 -3 2019-06-12，16:23

▲ 新照片 -3 2019-06-12

▲ 新照片 -1 1982-10-22

「26」大渡河边的柏树

▲ 老照片 1908-07-05

▲ 新照片 2021-06-17

　　1908 年 8 月 1 日，威尔逊路过泸定县境内时，在一处名叫"街街上"附近的大渡河边拍摄了这张岷江柏木照片。据威尔逊记载：树高 30.68 米，胸围 3.05 米。"街街上"是泸定县城向下游冷碛方向第一个歇脚住店地点，因大约有 100 米长的小街道而得名。这棵高大的柏树生长在一片玉米地中。老照片左边偏上方，有一个两叉路口，路口右下方有几间房屋和一座"关圣庙"。据当地老人回忆，这些房屋在民国初期被毁于一场大火。照片右边中部，有一片泛着白色光影的区域，便是著名的大渡河。大渡河在民国以前又叫"通河"，在威尔逊的日记中曾多次这样提到。

拍摄地点	泸定县大坝村
海　拔	1 347 米
坐　标	29°51.812'N，102°13.148'E
拍摄时间	老照片 1908-07-05
	新照片 2021-06-17，15:06（贺明秋 摄）

　　这个拍摄点是本书重拍时新找到的。据当地 70～80 岁的老人回忆，从他们有记忆以来就没见过柏树了。现在这片地上栽了很多胡桃树并间种了玉米。新照片下方的水泥路就修建在原来的茶马古道上。修建时路基被垫高了几米。

　　新照片中河坝上的建筑群为泸桥镇大坝村，大坝村现在为泸定县教育园区，包括甘孜藏族自治州特殊教育学校、甘孜藏族自治州高级中学（东区）、甘孜藏族自治州职业学校都在此园区内。在大渡河对面的山坡脚下，是 1992 年修建的一条公路。山坡上方的几条冲沟位置，完全与老照片一致，不同点在于，山坡上修建了三座高压输电线铁塔，植被也较 113 年前更茂密了。

　　2020 年 4 月 9 日，大坝街街上村与大坝村合并为大坝村。

上田坝 27

老照片拍摄的是 1908 年泸定县的上田坝村。在照片中可以看到一条小溪从左边区域注入大渡河，小溪两岸台地上，地势平缓，是当地主要的农产区。

历经近百余年的冲刷和淤积，新照片-1 中，小溪河床升高且变宽了，小流域的治理已刻不容缓。大渡河对岸，由于公路修建，导致了几处塌方。照片左下方，那块巨石依旧屹立河中。

新照片-2 拍摄时，这里已变成泸定县工业园区。通过三张照片对比看出，这里最近 13 年生态环境的变化与改善巨大。

▲ 老照片 1908-08-01

▲ 新照片-2 2019-06-12

▲ 新照片-1 2006-06-18

拍摄地点	泸定县上田坝村河对岸公路边
海　　拔	1 440 米
坐　　标	29°52.555'N, 102°13.243'E
拍摄时间	老照片 1908-08-01
	新照片-1 2006-06-18，09:50
	新照片-2 2019-06-12，14:50

「28」泸定桥

老照片拍摄的是 1908 年的泸定县的铁索桥（泸定桥）。桥下大渡河江流直泻，远方山峦层层相叠，两岸桥墩遥遥相对，铁链横空，连接着两岸，远远望去像一幅浓淡相宜的山水画。

新照片 -1 中，铁索桥依旧还在，大渡河边高楼林立，一座崭新的泸定县城正在兴建。河流两岸山坡上，植被较近百年前更为茂盛。

新照片 -2 中能够看到，近年来在泸定桥的两岸，又新修了很多高层建筑。

▲ 老照片 1908-08-01

▲ 新照片 -2 2019-06-12

▲ 新照片 -1 2007-08-08

拍摄地点	泸定县泸定桥下游 200 米处
海　拔	1 313 米
坐　标	29°54.731'N, 102°13.815'E
拍摄时间	老照片 1908-08-01
	新照片 -1 2007-08-08, 10:35
	新照片 -2 2019-06-12, 14:19

咱里村的三棵柏树 29

▲ 老照片 1908-07-05

▲ 新照片 2021-06-17

老照片拍摄的是当年泸定县咱里村土司衙门园子里的三棵岷江柏木。衙门园子为当年咱里村姓古的土司家的私人园子。据威尔逊记载：中间那两棵分别高 24.38 米和 30.48 米，胸围分别为 2.44 米和 3.66 米。在老照片左边中部，有一片整齐的梯田，梯田上面有一片房屋的地方，被称为"小咱里"。

这个拍摄点是本书重拍时新找到的。据当地上了年纪的人回忆，他们从小就未见到过有柏木，只知道那里有很多特别大的柏木根，三个人都围不了。20 世纪 50 年代，衙门园子变成一片旱地，分给群众作为各户的自留地，多种上了果树和经济植物。当年柏木的位置，现在属于咱里村一户姓杜的村民家。

新照片中可以看到，近处长满了仙人掌（*Opuntia dillenii*）。远处山脚下新修了很多房屋的地方就是小咱里，又称为咱里村二小队。咱里村位于泸定县到康定市的交通要道上，茶马古道、318 国道和雅康高速都经过此村。新照片远处半山地带的"之"字形公路，为泸定到石棉高速公路的施工便道。

新老照片对比可以看出，近处景观变化很大，已经认不出原来的模样了。但将远处山坡上部几条明显的冲沟进行比较，新老照片上的位置完全一致，证明是在同一个地点进行拍摄的。不同之处是，山坡上的植被明显比 113 年前更茂密，山坡上还修建了几座高压输电线铁塔。

拍摄地点	泸定县泸桥镇咱里村
海　拔	1 458 米
坐　标	29°57.880'N，102°12.569'E
拍摄时间	老照片 1908-07-05
	新照片 2021-06-17，14：18（贺明秋 摄）

「30」烹坝村的一棵柏树

老照片拍摄的是 1908 年泸定县烹坝村的一棵柏木树以及背后的一片陡峭的山崖。根据威尔逊的记载，这棵柏木是西藏柏木，高 30.68 米，胸围 3.05 米。照片左下方为一间低矮的木瓦房屋，房后为一片玉米地。这里位于百余年前的茶马古道上，当年进康定的道路有几条，尽管这一条路沿途十分危险，但由于坡度相对平缓，往返川藏两地的背夫和客商都愿意选择从这里经过。

这个拍摄点是本书重拍时新找到的。新照片中，柏木和左下方的房屋早已经不在了。1929 年在原房屋处建立了烹坝小学，现在照片前方装饰有蓝边的建筑，为 2004 年 11 月翻建的烹坝小学学生宿舍楼。

本书作者根据柏木属植物的地理分布规律，确认老照片上的柏木应为岷江柏木。国家为了支持民族地区社会发展，培养民族人才，在此建立起了一所民族小学。

▲ 老照片 1908-07-31

拍摄地点	泸定县烹坝村小桥槽子
海　　拔	1 385 米
坐　　标	新照片 30°01.907'N，102°11.925'E
拍摄时间	老照片 1908-07-31 新照片 2021-05-13，15:15（贺明秋 摄）

▲ 新照片 2021-05-13

仙人掌 **31**

▲ 新照片 -2 2021-05-10

▲ 老照片 1908-07-31

▲ 新照片 -1 2007-09-21

拍摄地点	泸定县冷竹关至瓦斯沟途中
海　拔	新照片 -1 1 349 米；新照片 -2 1 510 米
坐　标	新照片 -1 29°57.976'N，102°12.739'E
	新照片 -2 30°03.647'N，102°10.112'E
拍摄时间	老照片 1908-07-31
	新照片 -1 2007-09-21，16：35
	新照片 -2 2021-05-10，13：15（贺明秋 摄）

　　老照片拍摄的是 1908 年泸定县大渡河边一处悬崖的景观，悬崖上生长有大片的仙人掌。仙人掌原产美洲热带至温带地区，大部分为引种栽培。我国引种栽培约 30 种，其中有 4 种在南部和西南部地区归化。

　　由于崖壁多次垮塌，地貌有一些改变，新照片 -1 中，仙人掌较过去减少，照片下方一幢房屋正在修建。

　　新照片 -2 拍摄时，摄影师发现新照片 -1 拍摄的位置有误，经过与老照片仔细比对后，重新找到了照片的准确拍摄点。拍摄点属地质灾害频发区，曾多次发生垮塌，照片左下方路边的大石已经下滑至大渡河中。

32 冷竹关

▲ 老照片 1908-07-31

▲ 新照片 -1 2007-09-21

▲ 新照片 -2 2019-10-30

　　老照片拍摄的是 1908 年泸定县的冷竹关。大渡河边悬崖上，弯弯曲曲的茶马古道通向远方，背夫们艰难地向前迈步，脚下是令人恐惧的万丈深渊。据史料统计，当时每年有 5 000 吨的茶叶依靠背夫的双肩运到康定。威尔逊在其著作中，曾经高度赞扬了中国人民吃苦耐劳的精神。

　　新照片 -1 拍摄时，原来的茶马古道已经废弃。沿大渡河修建的 318 国道，直通康定和拉萨。（新照片拍摄点较老照片拍摄点偏低。）

　　新照片 -2 中，左边山坡上稀疏的植被状况几乎没有改变，原来茶马古道留下的痕迹清晰可见，照片靠上部的区域建有座高压输电线铁塔。拍摄位置与老照片更为接近。

拍摄地点	泸定县冷竹关电站
海　拔	新照片 -1 1 400 米，新照片 -2 1 640 米
坐　标	新照片 -1 30°03.377'N，102°09.553'E
	新照片 -2 30°03.18'N，102°09.18'E
拍摄时间	老照片 1908-07-31
	新照片 -1 2007-09-21，13:12
	新照片 -2 2019-10-30，10:07（黄永邦 孙光俊 摄）

瓦斯沟口 **33**

老照片拍摄的是 1908 年泸定县与康定府交界处的瓦斯沟口。大渡河蜿蜒曲折,从远方群山中流经这里,折多河从照片左下方区域汇入大渡河。

由于 318 国道修建,改变了拍摄点的地貌,新照片 -1 的拍摄点,较原拍摄点偏低且偏右。在大渡河左岸前方,增加了不少新建筑,右岸台地上,有一座白塔。

新照片 -2 的拍摄角度点较新照片 -1 更接近老照片的拍摄角度。照片拍摄时正值一年中的旱季,河谷两岸灌丛和草坡一片枯黄。左岸远处山坡上部有几片土地裸露。照片下方区域大渡河左岸新建了成片新房,其中还有不少的高层建筑。

▲ 老照片 1908-06-16

▲ 新照片 -2 2019-07-10

▲ 新照片 -1 2007-08-23

拍摄地点	泸定县北面,距康定府界 2 千米处
海　拔	新照片 -1 1 401 米;新照片 -2 1 516 米
坐　标	新照片 -1 30°04.171'N,102°10.090'E
	新照片 -2 30°04.044'N,102°10.163'E
拍摄时间	老照片 1908-06-16
	新照片 -1 2007-08-23,11:10
	新照片 -2 2019-07-10,08:43(黄永邦 孙光俊摄)

「34」黄连木

▲ 老照片 1908-08-02

▲ 新照片 -2 2019-10-30

老照片拍摄的是 1908 年泸定县飞越岭附近的一棵黄连木（*Pistacia chinensis*）。据威尔逊记载，树高 23.77 米，胸围 3.05 米。右面山坡上有一条弯曲的小路，便是当年的茶马古道。

据当地群众介绍，黄连木树已在 1970 年被砍伐，新照片 -1 中，原来位置上种了一棵 8 米高的梨树（*Pyrus*）。茶马古道上已修建了一条乡村公路。

新照片 -2 拍摄时，原有的梨树不在了，照片下方的土地经平整后坡度平缓。为提高土地的产值，原来的玉米地改种经济作物菊花。近几年来，对进村入户的道路进行了硬化。农民收入增加后，纷纷建起了新房。

拍摄地点	泸定县兴隆乡盐水溪
海　　拔	1 850 米
坐　　标	29°44.115'N，102°17.276'E
拍摄时间	老照片 1908-08-02
	新照片 -1 2008-10-14，11:30
	新照片 -2 2019-10-30，13:13（黄永邦 孙光俊 摄）

▲ 新照片 -1 2008-10-14

悬崖上的冷杉 35

▲ 老照片 1908-08-02

▲ 新照片 -2 2019-10-30

老照片拍摄的是 1908 年泸定县飞越岭一处悬崖上生长的几棵冷杉。

据当地人介绍，原来的冷杉已在 20 世纪五六十年代被砍伐，新照片 -1 中，原来位置附近已长出冷杉的幼树。悬崖右边，有明显垮塌痕迹。

新照片 -2 的拍摄点位置更接近老照片的拍摄点。远处山坡上的植被茂密。在照片中部，有一股清泉水从上方流来。

▲ 新照片 -1 2008-10-14

拍摄地点	泸定县化林坪石斗
海　　拔	新照片 -1 2 128 米，新照片 -2 2 106 米
坐　　标	新照片 -1 29°43.462'N，102°18.187'E
	新照片 -2 29°43.24'N，102°18.14'E
拍摄时间	老照片 1908-08-02
	新照片 -1 2008-10-14，15:24
	新照片 -2 2019-10-30，13:43（黄永邦 孙光俊摄）

「36」化林坪

▲ 老照片 1908-08-02

老照片拍摄的是 1908 年泸定县化林坪，过去这里叫化林营，是茶马古道上一处驻扎军队的重镇。

新照片 -1 中，村庄内房屋增多，古镇建筑的总体格局未改变，但村庄右边原来生长的大树明显减少。从照片中可以看出，左、右两边及远处山坡都有明显向下移动的迹象。

新照片 -2 中，村庄内房屋较 11 年前更加密集，进村的道路拓宽了。这张照片的拍摄位置，较新照片 -1 的拍摄位置高出了几米。

▲ 新照片 -1 2008-10-14

▲ 新照片 -2 2019-10-30

拍摄地点	泸定县化林坪观音阁
海　　拔	2 259 米
坐　　标	29°43.366'N，102°18.330'E
拍摄时间	老照片 1908-08-02
	新照片 -1 2008-10-14，14:02
	新照片 -2 2019-10-30，15:14（黄永邦 孙光俊 摄）

「37」悬崖

▲ 新照片 -1 2008-10-14

▲ 老照片 1908-08-02

▲ 新照片 -2 2019-10-30

老照片拍摄的是 1908 年飞越岭附近一处悬崖。照片下方有一座廊桥，上方树林中有一座叫"观音阁"的小庙。

廊桥已被水冲毁。新照片 -1 桥下的小溪依旧流淌，上方的观音阁隐约可见。悬崖左右两边山坡明显向下移动，左边斜坡上多出一座圆形的小山包。根据新旧照片对比，这里发生大滑坡的可能性极大。

新照片 -2 中，悬崖上方的树木生长较 11 年前高大茂密，观音阁完全被树林遮住。原廊桥位置的左边，新修了一座土地庙。照片下方位置新建了一条乡村公路。

拍摄地点	泸定县化林坪石斗
海　　拔	2 184 米
坐　　标	29°43.403'N，102°18.184'E
拍摄时间	老照片 1908-08-02

新照片 -1 2008-10-14，14:04
新照片 -2 2019-10-30，13:59（黄永邦 孙光俊 摄）

雅安市 汉源县

三交坪 [38]

老照片拍摄的是 1908 年清溪县（今汉源县）三交坪乡的老街。街口西面的小客栈旁，有一棵粗大的君迁子（*Diospyros lotus*）。据威尔逊记载，树高 24.38 米，胸围 3.66 米。几个背夫将茶包背夹靠在路边后在此休息，看样子他们还要继续赶路。

新照片 -1 中，老照片背夫休息的地方，已建有一幢小楼房。君迁子在 1961 年被风刮倒。随着茶马古道被废弃，老街繁华褪尽，时光仿佛凝固在百年以前。

新照片 -2 左边房屋门口的水泥路拓宽了，并修建了一道堡坎。坎下原来的老街上，新建了不少的房屋。

▲ 老照片 1908-08-04

▲ 新照片 -2 2020-11-15

▲ 新照片 -1 2007-09-23

拍摄地点	汉源县三交坪乡
海　拔	1 750 米
坐　标	29°40.779'N，102°23.044'E
拍摄时间	老照片 1908-08-04
	新照片 -1 2007-09-23，11:25
	新照片 -2 2020-11-15，12:56（黄洪安摄）

39 漆树

▲ 老照片 1908-08-04

▲ 新照片-1 2007-10-20

▲ 新照片-2 2019-11-16

　　老照片拍摄的是 1908 年清溪县三交坪乡一棵漆树（*Toxicodendron vernicifluum*）。据威尔逊记载，树高 12.19 米，胸围 1.83 米。从漆树树干中割取的乳液，是我国一种传统的涂料。树下方的房屋，是一间小客栈。

　　新照片-1 中，玉米地前面站立者叫张光明（从母亲姓），2007 年时他已 70 岁，是漆树主人罗万成的儿子。据他讲，老照片上的漆树在 1951 年被他父亲砍伐用来修了猪圈，树下的小客栈也已在 1952 年被拆。

　　新照片-2 中，12 年前的玉米地现在种上了经济作物——花椒（*Zanthoxylum bungeanum*）。

拍摄地点	汉源县三交坪乡钉子坪
海　拔	1 810 米
坐　标	29°40.442'N，102°23.874'E
拍摄时间	老照片 1908-08-04
	新照片-1 2007-10-20，11:00
	新照片-2 2019-11-16，13:16（黄洪安 摄）

珊瑚朴 **40**

▲ 老照片 1908-08-04

▲ 新照片 -1 2007-10-20

▲ 新照片 -2 2020-11-14

老照片拍摄的是 1908 年清溪县宜东镇一棵珊瑚朴（*Celtis julianae*）。据威尔逊记载，树高 27.43 米，胸围 3.05 米。一个戴白色礼帽的人坐在树下休息，很可能是威尔逊的随从。

根据当地一位老村民史万沛介绍，珊瑚朴在 1958 年被砍。新照片 -1 中，树下几间破旧的小屋，几乎还在原来的位置。照片上最左边站立者，是汉源县第三中学教师史捷。照片中那棵胡桃，已经生长了 38 年。

新照片 -2 拍摄于 2020 年。因近年来改善农村交通条件，胡桃在修路时已被迁移。

拍摄地点 汉源县宜东镇茂盛村
海　拔 1 380 米
坐　标 29°39.088'N，102°26.581'E
拍摄时间 老照片 1908-08-04
　　　　新照片 -1 2007-10-20，11:00
　　　　新照片 -2 2020-11-14，09:47（黄洪安摄）

「41」清溪古镇

老照片拍摄的是 1908 年的清溪古镇。古镇四周城墙高筑，东西南三面临涧，镇内的房屋沿十字形中轴线分布，白墙黑瓦，树木掩映，错落有致，优美宁静。左下方白墙环绕的长方形建筑，是当地著名的"嵊山书院"。

新照片 -1 远处山河依旧，但城镇建筑格局已不复存在，城墙早已被拆，书院也改作了粮站。由于社会发展，人口增加，古镇上建起了众多楼房，扩大了镇域面积，不足之处在于缺乏总体规划。

新照片 -2 中，古镇上又修建了很多房屋，左边和右边远处山脚下也建起了定居点。

▲ 老照片 1908-08-05

▲ 新照片 -2 2020-11-15

▲ 新照片 -1 2007-10-05

拍摄地点	汉源县清溪古镇指房顶
海　拔	1 700 米
坐　标	29°33.964'N，102°36.623'E
拍摄时间	老照片 1908-08-05

新照片 -1 2007-10-05，12:00
新照片 -2 2020-11-15，10:51（黄洪安摄）

马烈乡「42」

老照片拍摄于 1908 年 9 月 20 日。威尔逊当年结束了洪雅县瓦屋山考察后，沿白沙河翻越轿顶山进入清溪县马烈乡境内，拍摄了一处刚发生不久的巨大山体滑坡后的景象。该地区原来的小地名叫"冼家山包包"。据记载，清末这里仅有 7 户 40 余人，地处洪雅至富林（汉源）大道边。有一个姓冼的外地秀才，在此办学教书。听当地人说，垮山处原有一户客栈，户主叫李国寿。1908 年 9 月初，暴雨如注，引发了大滑坡，李家客栈被滑坡砸毁，全家和住店客人一起被山洪卷走，至今当地老年人都知道此事。大滑坡发生后不久，威尔逊便路过这里。

这个拍摄点是本书重拍时新找到的。拍摄新照片时，这里已属于马烈乡新华七组，有 87 户人家，200 余人。历经百余年后，经过逐年冲刷，滑坡体坡度较老照片有所减缓，上面已生长起茂密的灌木和小乔木。河边修建了混凝土村道，路旁有不少高大的乔木，主要有杉木、杨树，还有一些竹林。

▲ 老照片 1908-09-20

拍摄地点	汉源县马烈乡新华 7 组
海　拔	2 083 米
坐　标	29°23.373'N，102°49.673'E
拍摄时间	老照片 1908-09-20
	新照片 2021-05-15，12:00（杨国强 陈文国 郭朝林 摄）

▲ 新照片 2021-05-15

成都市 邛崃市

43 华丽的牌坊

▲ 老照片 1908-08-10

　　1908 年 8 月上旬，威尔逊结束了对四川西部的考察，返回成都和乐山休整。8月 10 日这天，当他进入位于邛崃县（今邛崃市）南大门的卧龙场（现孔明街道）时，被一座精美的"节孝牌坊"吸引，便拍摄了这张照片。整座牌坊玲珑精致，庄重威严，凿雕有精美的瑞兽、花果、人物、文字等。在牌坊正门远处，有一乘轿椅落在大路中央的树荫处，该轿椅是威尔逊随队的重要物品，既可用于显示身份，又可用来装运重要物资。牌坊右下方，有两个挑夫模样的青壮男子站在一间瓦房屋檐下躲避正午的烈日，地上还放着一捆从川西高原采集来的植物标本。

　　注：这张老照片的拍摄位置，是邛崃陈瑞生先生提供的。早在 2007 年，陈先生便从他人手中得到了这张照片，但当初尚不能确认是威尔逊所拍摄的，几经周折，直到 2013 年牌坊后人陈炜在法国读书的女儿从哈佛大学树木园网站上最终确认了这张照片的拍摄者正是威尔逊。牌坊系 1878 年邛崃陈盛廷为母亲高氏所立。陈盛廷父亲陈国琼饱读诗书，一生寄情田园，不愿为官，可惜早逝，其妻高氏 20 岁便守寡，含辛茹苦扶育幼儿、侍奉公婆。儿子陈盛廷成才后感念母亲辛劳，上报邛州府并逐级申请，最终经光绪皇帝下旨，建造了这座高约 12 米、宽约 8 米的节孝坊予以旌表。1911 年和 1913 年，美国《国家地理》杂志两次刊登了这张精美的牌坊照片，让邛崃茶马古道上的这一艺术珍品进入了全球视野。1963 年，为修建卧龙公社礼堂，牌坊被拆毁。

　　这个拍摄点是本书重拍时新找到的。新照片中，手持牌坊图片站立者，为 79 岁的陈氏第五代孙陈存礼老先生。陈老先生站立之处，便是原牌坊所在之地。照片右边，是新修的一处城门，上面写有"茶马古道"几个篆体字，表示这里曾经是茶马古道的必经之地。陈家在邛崃是一个大家族，明末为躲避战乱，从湖广入川，后经商为业。陈家在卧龙建有"陈氏宗祠"，人丁兴旺，居住在邛崃市和蒲江县两地以及周边几县的人口约 2 万人，文化名人辈出。

拍摄地点	邛崃市孔明街道卧龙社区（卧龙场）
海　拔	570 米
坐　标	30°24.41'N，103°49.23'E
拍摄时间	老照片 1908-08-10
	新照片 2021-10-10，13:19（何述平摄）

▲ 新照片 2021-10-10

稻田和松树 44

这张老照片的拍摄位置信息和两张新照片，是邛崃陈瑞生先生提供的。陈先生对家乡的历史文化十分关注，2014年，他系统研究了威尔逊经过邛崃的考察路线和拍摄照片的这段历史资料，并在《新邛崃》杂志上刊登了《邛州大道与威尔逊之路》的文章。经陈先生考证，威尔逊1908年8月10日这天，上午拍摄了牌坊，下午路过东岳场（现前进镇）时，眼前的稻田和马尾松林，又吸引了威尔逊的目光，便停下来拍摄了这张照片。

新照片-1拍摄于2013年8月10日，摄影师选择了一个与威尔逊拍摄时相同的月份和日期。百余年过去了，稻田如故，微风阵阵吹来，田野层层波动，稻浪依旧飘香；远处浅丘上的马尾松不见了，变成了大片的枫杨（*Pterocarya stenoptera*）。枫杨林右下方增加了一间农舍。

新照片-2水田位置没有变，远处的树种除枫杨外，还有增加了水杉、香樟等。这些树木的下方，生长有大片的竹丛，还栽培有很多柑橘。

▲ 老照片 1908-08-10

▲ 新照片-1 2013-08-10

▲ 新照片-2 2021-10-14

拍摄地点	邛崃市文君街道南江村（东岳镇）
海拔	443米
坐标	30°24.818'N，103°53.50'E
拍摄时间	老照片 1908-08-10
	新照片-1 2013-08-10，13:50（陈瑞生 摄）
	新照片-2 2021-10-14，09:55（陈瑞生 摄）

「45」荷塘农舍

▲ 老照片 1908-08-10

这张老照片的拍摄位置信息和两张新照片，同样也是邛崃陈瑞生先生提供的。在拍摄了上一张稻田和松树的照片后，威尔逊一行人到达了高桥场（今高埂镇），一片莲花盛开的荷塘和远处的农舍进入了威尔逊的视野，川西平原上宁静祥和的景象，让他忘记了旅途的疲惫。也许是他知道这里距新津已经不远，到新津后他和考察队便可搭乘木船到成都或乐山，因此，他叫助手架上照相机，将这一片田园风情摄入镜头。这是他在邛崃拍摄的第三张照片。

百余年过去了，荷塘的位置几乎没有变，农舍由过去的草房变成了瓦房。新照片-1远处浅丘上的马尾松和杨树被枫杨和竹丛取代。高埂镇成了有名的荷乡，以荷花为主题的乡村旅游蓬勃发展。

如今，照片中的房屋已经搬迁，新照片-2拍摄时，原来的荷塘改成了农田，周围环境与8年前发生了很大的改变。远处高大的树木为杨树，低矮一些的为八角枫（*Alangium chinense*）和构树（*Broussonetia papyrifera*）。

拍摄地点	邛崃市高埂镇街道光明村（高埂子）
海　拔	445 米
坐　标	30°24.49'N，103°32.18'E
拍摄时间	老照片 1908-08-10
	新照片-1 2008-03-20，11:25（陈瑞生 摄）
	新照片-2 2021-10-14，15:20（陈瑞生 摄）

▲ 新照片-1 2008-03-20

▲ 新照片-2 2021-10-14

成都市 新津区

岷江边 46

老照片拍摄的是 1908 年新津城南河和岷江交汇处。江对面山坡为老君山，山上寺庙和楠木树隐约可见，江边停泊着很多木船。

新照片 -1 中，左前方是岷江中游著名的灌溉工程——通济堰。该工程建于 2 000 多年前的西汉，与都江堰齐名，渠首在新津南河与岷江的汇合处。通济堰采用筑坝引水，拦河坝与南河斜交。南河上修建的一座闸门，挡住了前方视野，右岸是一排新修的河堤，由于航道阻塞，河中无船行驶。水体富营养化严重，江边水草茂密。

新照片 -2 整体景观变化不大，河堤边种了一排芦苇，近年来加大了环境治理力度，河水污染状况较十余年前有所改善。

拍摄地点	新津区城南河堤
海　拔	450 米
坐　标	30°24.684'N, 103°49.382'E
拍摄时间	老照片 1908-05-13
	新照片 -1 2008-03-20, 11:25
	新照片 -2 2020-09-08, 08:35（文丕凌 摄）

▲ 老照片 1908-05-13

▲ 新照片 -1 2008-03-20

▲ 新照片 -2 2020-09-08

「八」

四川省 南线

—— 峨眉圣山和"桌山"之旅

航拍峨眉山（石耀臣 摄）

■ 盛开在大瓦山上的山光杜鹃（*Rhododendron oreodoxa*）（辜顺刚 摄）

这一条路线上的主要看点是位于四川盆地西南部边缘的三座名山：峨眉山、瓦屋山和大瓦山。

峨眉山不只是中国"四大佛教名山"之一，更是四川省亚热带植物区系最复杂的地区，植被垂直带谱完整，植物种类丰富，仅高等植物数量便超过 3 200 种。威尔逊对峨眉山的洗象池（Hsiah-hsiang-chüh）情有独钟，他在日记中这样写道："我很高兴能在这里的庙中休息，山上所有寺庙都建在风景秀丽和有传奇故事的地方，但没有任何一处能与此地（指洗象池）媲美。"

瓦屋山位列世界著名的"三大桌山"之一，面积仅次于南美洲的罗奈马山，是世界上第二大山顶平台，其动植物种类也十分丰富。更令人感到好奇的是，听当地人说山上有一处叫"迷魂凼"的地方十分神秘。2018 年，一座威尔逊塑像被树立在了瓦屋山山顶，以纪念这位多次来访此地的植物学家。

大瓦山海拔 3 236 米，在这三座名山中海拔最高，其相对高度仅次于罗奈马山。前人对于大瓦山的赞美之词很多，1878 年第一个登上大瓦山的英国外交官、探险家巴伯尔（E. C. Baber）称这里是"世界上最具魔力的天然公园"，"如果聪明的旅行者想来这里创作'优美的英文'，他在观看和惊叹之余，最好的办法是什么也不用说，就直接离开"。威尔逊对大瓦山的评价则是："它的侧面像一艘巨大的诺亚方舟，高高耸立在云雾之中。"大瓦山植物种类也十分丰富。威尔逊曾两次到这里考察，采集了大量的新植物：三色莓、须蕊铁线莲、桂叶茶藨子、光叶枸子、大叶泡叶枸子、瓦山安息香、凹叶玉兰、川赤芍、华西枫杨、不凡杜鹃、圆叶鹿蹄草、宝兴马兜铃、尖齿卫茅等。

大瓦山南侧，大渡河穿流而过，两岸山峦重叠，形成了著名的金口河大峡谷。峡谷出口处河谷最低海拔约 580 米，峡谷北岸的大瓦山海拔 3 236 米，使峡谷最大谷深达到 2 600 余米，峡谷长度和险峻壮丽的景色世界罕见。

1903 年至 1908 年期间，威尔逊先后多次考察过这三座名山，并收集了大量的花卉植物。他对这三个地区的杜鹃尤其感兴趣，正如他在日记中描写的："我的注意力和兴趣主要集中于杜鹃，杜鹃开花时的华丽难以形容。它们的数量以千万计，性状以灌木为主，也有 9.1 米高的乔木，树枝上开满了各色鲜花，几乎看不到叶片了。花的颜色有洋红、鲜红、肉红、粉红、黄色及纯白色。"每年从 4 月下旬到 6 月上旬，这里有 30 多种杜鹃依次开放，从山脚到山顶，构成了杜鹃花的海洋。

除杜鹃外，还有珙桐、木兰、木莲、拟单性木兰、蔷薇、山茶、花楸、四照花、绣线菊、金丝桃、绣球、忍冬、荚蒾、木樨、芍药、报春、百合、龙胆、鸢尾、铁线莲、金莲花、银莲花、驴蹄草、碎米荠、杓兰、虾脊兰、千里光等数百种观赏花卉，一年四季这里都有看点。

由于威尔逊第一次和第二次到四川西部考察都是乘坐木船沿长江和岷江而上，除三座名山外，他在经过沿途各地时，也拍摄了一批老照片。乐山是他多次前往川西地区的必经之地，也是他在四川中转和休整的站点，对威尔逊来说其重要地位仅次于成都。在乐山城内，他拍摄了乐山古城全景、老霄顶、文庙、肖公嘴、灵宝塔、江边悬崖、银杏树、乐山商会等一系列老照片，对研究、传承乐山的历史文化具有重要的意义。

此外，威尔逊还在五通桥区和宜宾市等地拍摄有老照片，这些地点有的变化很大，有的几乎保持原样，也都值得一看。

乐山市

夹江县 （Kia-kiang-Hsien）—毗卢寺（Ping-ling-ssu，据夹江县宗教志，1948 年改为学校）—惠林寺（Kuei-ling-ssu，原为惠林庵，后改为学校）

眉山市

洪雅县 （Huanya Hsien）—止火街（Che-ho-kai，现止火镇）—东岳场（Tung-to-ch'ang，现东岳镇）—观音铺（Kuang-yin-pu，现柳新乡）—凤浩泽（Fung-hoa-tsze，现洪雅与雅安交界处的三道拐、望乡台和茶坪子一带山脊）

雅安市

雨城区 两岔河（Liang-cha-ho）—曼场（Ngan-ch'ang，现曼场镇）—宝田坝（Pao-tien-pa，现宝田村）—柴山（Tsao-shan，现柴山顶）—马桥沟（Ma-chiao-kou，现麻啄沟）

眉山市

洪雅县 炳灵寺（Ping-ling-shih，原地点被水库淹没，现属于瓦屋山镇管辖）—铜厂河（Tug-ch'ang-ho）—双洞溪（Tsung-tung-che）—瓦屋山—观音坪（Kwan-yin-ping）

乐山市

峨眉山市 两河口（Liang-ho-kou）—清音阁—洪椿坪—九老洞—遇仙寺—洗象池（Hsiah-hsiang-chüh）—雷洞坪—接引殿—金顶—雷洞坪—华严顶—万年寺—白龙洞—清音阁—两河口

金口河区 大天池（Ta-t'ien-ch'ich，现天池村）—大瓦山平台

市中区 牟子镇—皇华台—高标巷—肖公嘴—月咡塘街

五通桥区 金粟镇

宜宾市

叙州区 高场镇

翠屏区 白塔山

雅安市 雨城区

「01」从东北方望瓦屋山

▲ 老照片 1908-09-08

▲ 新照片-2 2021-04-20

拍摄地点	雅安市雨城区晏场镇柴山
海　拔	新照片-1 1330米；新照片-2 1350米
坐　标	新照片-1 29°43.111'N, 103°03.700'E
拍摄时间	老照片 1908-09-08
	新照片-1 2009-06-04, 09:30
	新照片-2 2021-04-20, 11:27（朱单 摄）

老照片拍摄于1908年9月8日，威尔逊从乐山出发，经夹江、洪雅前往清溪县马烈乡的途中，到达一处叫柴山的山坡（现属于雅安市雨城区晏场镇）。东北方向的瓦屋山屹立云端，状如一堵雄伟的高墙。前景山坡上长满了茂密的小树林和灌丛。

由于退耕还林政策的实施，新照片-1左下方和远处山坡上人工栽培的柳杉林长得十分高大，曾经的采伐迹地上也种上了密集的柳杉幼树。新照片拍摄时云雾弥漫，远方的瓦屋山的山顶平台隐约可见。

新照片-2拍摄时，原拍摄点位已长满了茂密的柳杉，只能采用无人机升空拍摄。当天由于雾大，无法看清远方瓦屋山的山顶平台。

▲ 新照片-1 2009-06-04

眉山市 洪雅县

瓦屋山前面的小山峰 02

老照片拍摄的是 1908 年瓦屋山前面一座小山，左上方远处桌状的山峰就是瓦屋山。一条小河从远处流来，右岸树下有几间瓦房，这里是当年的炳灵村。

由于修了水电站大坝，新照片 -1 中，蓄水后近处景观已完全改变。根据现场情况估计，老照片拍摄地点比第一次重新拍摄地点低了 100 米左右。

新照片 -2 拍摄时，电站水库水位上升了几十米。远处山坡上的柳杉生长得十分茂密。

▲ 老照片 1908-09-08

▲ 新照片 -2 2019-08-16

拍摄地点	洪雅县瓦屋山电站大坝
海　拔	1 076 米
坐　标	29°40.341'N，103°02.238'E
拍摄时间	老照片 1908-09-08
	新照片 -1 2009-06-03，11:25
	新照片 -2 2019-08-16，13:25（汤开成 摄）

▲ 新照片 -1 2009-06-03

「03」从金花桥望瓦屋山

▲ 老照片 1908-09-11

老照片是威尔逊 1908 年从金花桥附近拍摄的瓦屋山。从峡谷远望，可以看见瓦屋山顶。一条细长的瀑布，像一根银链，从凹形山顶飘下。右下方近处，有一片农田。据资料显示，当年这里有一家炼铁厂，砍光了远处山坡上的树木。

新照片-1 中，峡谷两边山坡有向下滑动的迹象，山坡上长满了高大的柳杉。由于天气原因，山顶被云雾遮掩。

新照片-2 中，柳杉林较 10 年前生长得更高了。通过照片景观分析，峡谷两边发生滑坡的可能性较大，应当引起有关部门注意。

拍摄地点	洪雅县金花桥附近小河边
海　　拔	1 148 米
坐　　标	29°40.776'N，102°59.274'E
拍摄时间	老照片 1908-09-11
	新照片-1 2009-06-03，12:20
	新照片-2 2019-08-16，12:50（汤开成 摄）

▲ 新照片-1 2009-06-03

▲ 新照片-2 2019-08-16

▲ 新照片 -1 2009-06-03

▲ 老照片 1908-09-11

老照片是 1908 年拍摄的瓦屋山上（现象耳山庄附近）一处悬崖。陡峭的崖壁上长满了小树林和灌丛，悬崖顶上生长着茂密的冷杉林。

新照片 -1 悬崖正面出现多处凹陷，有明显的垮塌痕迹。照片正面，坡度较老照片上陡峭。山顶上的冷杉也较老照片上更加茂密和高大了。

新照片 -2 中，山顶平台和正面悬崖的整体景观变化不大，右下方一丛麻花杜鹃在悬崖边绽放。

▲ 新照片 -2 2021-04-26

拍摄地点	洪雅县瓦屋山兰溪附近观景台上
海 拔	2 655 米
坐 标	29°38.744'N，102°57.193'E
拍摄时间	老照片 1908-09-11
	新照片 -1 2009-06-03，14:52
	新照片 -2 2021-04-26，07:30（何超 摄）

05 鸳鸯池

老照片拍摄的是 1908 年瓦屋山山顶平台上的一处景观，远处山坡两边长满了冷杉，近处生长着茂密的箭竹灌丛。

新照片 -1 远处冷杉长高了。由于近年来气候变化，地下水位降低，近处的箭竹面积有所缩小，左下方出现了一片草坡。

新照片 -2 拍摄点位于新修的旅游栈道上。鸳鸯池附近有一股泉水，当地为发展旅游产业在山顶上筑坝蓄水后形成了一处面积上百亩的水塘，景观发生了很大的变化。由于原拍摄点已被水面淹没，照片的拍摄位置距原拍摄点相差了几十米。

▲ 老照片 1908-09-11

▲ 新照片 -1 2009-06-03

拍摄地点	洪雅县瓦屋山山顶平台鸳鸯池
海　拔	新照片 -1 2 693 米；新照片 -2 2 698 米
坐　标	新照片 -1 29°38.958'N，102°56.406'E
	新照片 -2 29°39.166'N，102°56.449'E
拍摄时间	老照片 1908-09-11
	新照片 -1 2009-06-03，16:03
	新照片 -2 2021-04-21，10:21

▲ 新照片 -2 2021-04-21

冷杉林 06

　　老照片拍摄的是 1908 年瓦屋山顶平台上一处冷杉林，位置紧邻上一张照片的拍摄点。从照片上看，大部分冷杉树树冠已枯萎，但林下幼树更新良好。

　　在拍摄新照片 -1 时，听保护区的工作人员介绍，20 世纪 80 年代，这里因雷击发生过一场火灾，很多树逐渐枯死，林下幼树死亡后逐渐被箭竹灌丛代替。

　　新照片 -2 拍摄时，由于鸳鸯池附近筑坝蓄水，这里形成了一处上百亩的水塘，因此原拍摄点位置已处在水中无法前往。新拍摄点位于原拍摄点东侧水塘边。由于地下水位升高，此处景观较 12 年前已经发生了很大的变化。

拍摄地点　洪雅县瓦屋山山顶平台鸳鸯池
海　拔　新照片 -1 2 694 米；新照片 -2 2 709 米
坐　标　新照片 -1 29°38.996'N，102°56.375'E
　　　　新照片 -2 29°38.993'N，102°59.399'E
拍摄时间　老照片 1908-09-11
　　　　新照片 -1 2009-06-03，16:03
　　　　新照片 -2 2021-04-21，10:49（朱单摄）

▲ 老照片 1908-09-11

▲ 新照片 -2 2021-04-21

▲ 新照片 -1 2009-06-03

「07」瓦屋山南

老照片拍摄于 1908 年 9 月 11 日威尔逊从瓦屋山去汉源县马烈乡考察的途中。一条小溪流淌在险峻的峡谷中，远方云遮雾障，两边高耸的悬崖，仿佛是通向另一个神秘世界的大门。右下方有一小片玉米地。

新照片 -1 中，茂密的竹林遮挡住了远方的景象。手持照片的村民叫雷正华，2007 年时他 42 岁，根据拍摄位置可以判断，当年威尔逊就站在他家老屋旁边拍摄的那张老照片。

新照片 -2 中，茂密的柳杉林取代了竹林。照片拍摄前不久这里因架设输电线路，清除了线路下方的柳杉，刚好露出了拍摄点前方两边陡峭的悬崖。据当地林业部门工作人员介绍，这里的柳杉生长迅速，15 年生的树高 18 ~ 20 米，胸径在 0.2 ~ 0.3 米。作者在欲拜访村民雷正华时得知，雷正华已在几年前不幸病逝，雷家老屋现已无人居住。

▲ 老照片 1908-09-11

拍摄地点	洪雅县瓦屋山镇长河坝村
海　拔	1 226 米
坐　标	29°36.811'N，102°58.930'E
拍摄时间	老照片 1908-09-11
	新照片 -1 2007-11-28，10:52
	新照片 -2 2021-04-20，14:30

▲ 新照片 -1 2007-11-28

▲ 新照片 -2 2021-04-20

顺水河大峡谷 08

▲ 新照片 -2 2020-11-07

▲ 老照片 1908-09-20

▲ 新照片 -1 2009-05-20

拍摄地点	乐山市金口河顺水大峡谷
海　　拔	904 米
坐　　标	29°18.789'N，103°06.441'E
拍摄时间	老照片 1908-09-20
	新照片 -1 2009-05-20，08:13
	新照片 -2 2020-11-07，13:23（阿峰 摄）

老照片拍摄的是 1908 年瓦屋山下一处峡谷，右下方近处有一片玉米地。

20 世纪 80 年代，由于峡谷右侧修建电站的引水渠，改变了原来的地形，百余年后，新照片拍摄时位置很难确定。新照片 -1 远处景观基本未变，左边悬崖上修建了一条通向瓦屋山深处的公路，公路边修建了一排房屋。

新照片 -2 总体景观变化不大，公路上方悬崖上，植被覆盖的面积有所增大。公路左方一幢房屋换上了蓝色彩钢屋顶。左下方的树木较 10 年前更加高大茂密。

「09」黄葛树和寺庙

老照片拍摄的是 1908 年大瓦山脚下的两棵黄葛树，树下有一座精美的寺庙。

新照片 -1 中，背景是金口河区永胜乡中心学校。据当地时年 86 岁的陈婆婆回忆，寺庙毁于 20 世纪 50 年代初。黄葛树在 1958 年左右被砍伐，寺庙原址上修建了学校。照片上左起第一人叫先静，是金口河延风中学初一学生，2008 年时她 12 岁。

新照片 -2 拍摄时，永胜乡小学变化很大，水泥操场变成了塑胶操场，整个校园重新布局，原教学楼被拆除重建。照片中的人物为金口河区教育局先云仲同志，他是一名摄影爱好者，见证了该校近年来的发展、变化全过程。

▲ 老照片 1908-09-23

拍摄地点	乐山市金口河区永胜乡
海 拔	1 493 米
坐 标	29°22.587'N，103°03.916'E
拍摄时间	老照片 1908-09-23
	新照片 -1 2008-10-02，12:30
	新照片 -2 2020-11-07，10:47（阿峰 摄）

▲ 新照片 -1 2008-10-02

▲ 新照片 -2 2020-11-07

大瓦山 10

老照片拍摄的是 1908 年峨边县（今乐山市金口河区）大瓦山。当年 8 ~ 9 月期间，威尔逊专程来这里考察，并在日记中写道："大瓦山像一块巨大的断崖壁，它的壮阔宏大使其高度变得渺小。"他在日记中还引用了英国外交官、探险家巴伯尔对大瓦山的一段赞誉："它的侧面像是一只巨大的方舟，高高耸立在云雾之中。"

新照片 -1 中，大瓦山脚下的植被较百余年前更茂密，左下方原来的玉米地，退耕还林后栽种了一片柳杉林。

新照片 -2 与 10 年前拍摄的照片相比，大瓦山的大天池边新栽植的柳杉林更加茂密。山坡上有两小块裸露的土地，是当地农民栽种中药材的地方。2011 年 3 月，经国家林业局批准，大瓦山湿地公园被列为国家湿地公园（试点），并于 2016 年 8 月通过国家验收，正式成为国家湿地公园。

▲ 老照片 1908-9-20

▲ 新照片 -2 2019-06-29

▲ 新照片 -1 2009-05-20

拍摄地点 乐山市金口河区永胜乡五池村
海　拔 1 843 米
坐　标 29°22.761′N，103°01.877′E
拍摄时间 老照片 1908-9-20
　　　　 新照片 -1 2009-05-20，10:07
　　　　 新照片 -2 2019-06-29，11:59（先云仲摄）

11 帽壳山

老照片拍摄的是 1908 年位于大瓦山附近的另一座山峰。该山因形如草帽顶而得名"帽壳山"。山脚下方有两处小村庄；近处的湖泊叫"大天池"，在大瓦山脚下五个湖泊中面积位列第二，约 300 亩。

新照片-1 中，百余年前的两处村庄几乎连接成片，房屋附近的大树不在了。景象整体未变，湖面水位有所升高。

新照片-2 中，从大天池畔到远处山坡上，树木较 10 年前更加茂密。村庄里老房子有所减少，部分农舍由木房变为砖瓦房。照片右下区域的湖边，新打造了旅游观光步游栈道。

▲ 老照片 1908-09-20

▲ 新照片-1 2009-05-20

拍摄地点	乐山市金口河区永胜乡五池村
海　拔	1 839 米
坐　标	29°22.798'N，103°01.837'E
拍摄时间	老照片 1908-09-20
	新照片-1 2009-05-20，09:57
	新照片-2 2019-06-29，12:07（先云仲 摄）

▲ 新照片-2 2019-06-29

大瓦山东北面 -1 「12」

▲ 新照片 -1 2009-05-20

▲ 老照片 1908-09-20

老照片拍摄的是 1908 年大瓦山东北面的一处景观。拍摄点在后面一张老照片拍摄点下方几百米处。

国家实施退耕还林后，山区耕地面积逐渐减少，新照片 -1 中，左下方山坡上已长出一片小树林。

新照片 -2 拍摄时，当地村容村貌发生了较大变化。农村房屋得到改造提升，乡村公路宽敞，村庄干净整洁。2016 年在原老照片拍摄点新修建了一栋楼房。图片中两个人物左为金口河区文体旅游局邹燕女士，右为新建房屋小主人骆子杰。

▲ 新照片 -2 2019-06-29

拍摄地点	乐山市金口河区永胜乡花茨村
海　　拔	1 402 米
坐　　标	29°21.682'N，103°03.685'E
拍摄时间	老照片 1908-09-20
	新照片 -1 2009-05-20，09:12
	新照片 -2 2019-06-29，15:42（先云仲 摄）

13 大瓦山东北面 -2

老照片拍摄的是 1908 年大瓦山东北面一处景观。桌状山体高入云霄，四周绝壁如削，让人叹为观止。山脚下因山体崩塌形成的坡积堆已开垦为农田，栽种的玉米尚未收获。

1998 年实施退耕还林以来，可以看到新照片 -1 右方的区域已长出一片小树林。近处房屋边，栽有几棵栗树。

新照片 -2 左边和下方区域植被较 11 年前更加茂密，右下方的农田自退耕还林后，已长起了灌木林。新照片 -2 的拍摄位置稍有偏移。

拍摄地点	乐山市金口河区永胜乡花茨村
海 拔	1 443 米
坐 标	29°21.817′N，103°03.414′E
拍摄时间	老照片 1908-09-20
	新照片 -1 2009-05-20，09:22
	新照片 -2 2020-11-09，10:24（张庆先摄）

▲ 老照片 1908-09-20

▲ 新照片 -1 2009-05-20

▲ 新照片 -2 2020-11-09

乐山市 市中区

银杏树 14

老照片拍摄的是 1908 年乐山县（今乐山市）郊区的两棵银杏。据威尔逊记载，其中一棵树高 23.77 米，胸围 7.32 米，枝叶茂密，长势旺盛。

在新照片 -1 拍摄时，银杏树只剩下一段 4 米高的树桩。据当地一位时年 90 岁的婆婆介绍，两棵银杏树栽于 400 年前，其中一棵在 20 世纪 60 年代初被人剥光树皮后死掉，另一棵 20 世纪 70 年代因树下修建氨水池腐蚀了树根，1988 年被风刮断后仅剩下树桩。

新照片 -2 拍摄于 2013 年。在作者的建议下，主人在银杏树桩周围盖起了新房，树桩保存于客厅中以作纪念。

▲ 老照片 1908-05-11

▲ 新照片 -1 2007-01-18

▲ 新照片 -2 2013-09-18

拍摄地点	乐山市市中区牟子镇白果村
海　　拔	365 米
坐　　标	29°37.357'N，103°45.501'E
拍摄时间	老照片 1908-05-11
	新照片 -1 2007-01-18，10:00
	新照片 -2 2013-09-18，13:59

15 乐山的城墙

老照片拍摄的是 1908 年乐山县的城墙和古城景观。从老照片上能够看出，由青砖、灰瓦、粉墙和飞檐组成的中国西部典型城镇建筑，掩映在层次分明的树林之中，县城规划有序，人与自然和谐。

新照片-1 拍摄时，乐山城内保存下来的古代建筑已经不多了，当年右上方的"平江门城楼"，仅剩下一段城门。据当地人介绍，城楼毁于 20 世纪 80 年代的一场大火，十分可惜。

新照片-2 左上方区域建了一幢高楼，左下方的旧房面临倒塌，右边城墙后面长出一棵十余米高的树木。

▲ 老照片 1908-09-01

拍摄地点	乐山市黄华台
海　拔	365 米
坐　标	29°33.710'N，103°46.025'E
拍摄时间	老照片 1908-09-01
	新照片-1 2009-05-19，15:34
	新照片-2 2020-10-22，14:25（孔胜 摄）

▲ 新照片-1 2009-05-19

▲ 新照片-2 2020-10-22

老霄顶 **16**

老照片拍摄的是 1908 年乐山县城西北的制高点"老霄顶"。坚固的城墙上有一棵大树，左上方是道教的玉清宫和万寿宫。

新照片-1中，城墙已被拆除，茂密的树木将原来的古建筑完全遮挡了。照片前方两台塔式吊车正紧张地施工，不久，这里将会有一片高楼建成。

新照片-2 左边和近处的区域树木更加茂密，右前方两幢高楼还在。

▲ 老照片 1908-09-01

▲ 新照片-1 2007-06-05

拍摄地点 乐山市海棠实验小学宿舍顶楼
海　　拔 415 米
坐　　标 29°33.791'N，103°45.406'E
拍摄时间 老照片 1908-09-01
　　　　 新照片-1 2007-06-05，16:55
　　　　 新照片-2 2020-10-18，16:00（孔胜 摄）

▲ 新照片-2 2020-10-18

17 威尔逊的考察船

▲ 新照片 −1 2009−05−19

▲ 老照片 1908−12−13

▲ 新照片 −2 2020−10−22

老照片拍摄于 1908 年，以威尔逊妻子名字命名的考察船"埃利娜号"停靠在乐山县岷江边的一处码头。船的顶篷上站了两个人，他们穿着得体，看样子是威尔逊雇用的劳工。站在跳板上那个人有些面熟，经过与威尔逊拍摄的其他人物照片对比和辨认，发现他正是随威尔逊到四川考察的那位宜昌人尹先生。

新照片 −1 拍摄时，原来的码头已经被废弃，岷江水污染严重。通过观察江对面的几座小山，基本上可以确定当年拍摄的位置。

新照片 −2 中，岷江对岸小山上的林木较 11 年前茂密。近年来国家加大了江河水污染防治工作的力度，岷江污染的情况已有所改善。

拍摄地点	乐山市乐中区岷江边肖公嘴
海　拔	415 米
坐　标	29°33.558'N，103°46.038'E
拍摄时间	老照片 1908−12−13
	新照片 −1 2009−05−19，15:29
	新照片 −2 2020−10−22，15:48（孔胜 摄）

江边的悬崖 [18]

老照片拍摄的是 1908 年乐山县城东南岷江和大渡河交汇处的一片悬崖。

新照片 -1 远处景物依旧。经过仔细比对,这组照片正好是 1989 年发现的"乐山睡佛"的上半身。在睡佛胸部位置的悬崖凹陷处,便是举世闻名的乐山大佛坐像。

新照片 -2 中悬崖上的树木较 11 年前生长得更茂密。

▲ 老照片 1908-11-28

▲ 新照片 -2 2020-10-22

▲ 新照片 -1 2009-05-19

拍摄地点	乐山市岷江与大渡河交界处江边
海 拔	354 米
坐 标	29°33.203'N,103°45.019'E
拍摄时间	老照片 1908-11-28
	新照片 -1 2009-05-19,14:57
	新照片 -2 2020-10-22,15:02(孔胜 摄)

19 灵宝塔

▲ 老照片 1908-11-28

▲ 新照片 -1 2009-05-19

老照片拍摄的是 1908 年乐山县岷江和大渡河交汇处的灵宝塔。在宝塔修建的小山坡下方的岷江边上有一排低矮的茅屋。

新照片 -1 中，宝塔仍旧保持原状，江边的茅屋已不在了。这组照片正好是 1989 年发现的"乐山睡佛"下半身。当年威尔逊拍完上一张照片后，就在附近拍摄了这一张照片。遗憾的是，由于他对中国传统文化了解较少，没有将这两张照片拼在一起，使他和乐山睡佛的发现失之交臂。

新照片 -2 悬崖上的树木较 11 年前生长得更加茂密。新照片 -3 中可以看到"乐山睡佛"全景。

拍摄地点	乐山市岷江与大渡河交界处江边
海　拔	350 米
坐　标	29°33.170'N, 103°45.991'E
拍摄时间	老照片 1908-11-28
	新照片 -1　2009-05-19，15:01
	新照片 -2　2020-10-22，15:10（孔胜 摄）
	新照片 -3　乐山睡佛全景

▲ 新照片 -2 2020-10-22

▲ 新照片 -3 乐山睡佛全景

「20」文庙

▲ 老照片 1908-11-29

拍摄地点　乐山文庙
海　　拔　347 米
坐　　标　29°33.654'N，103°45.618'E
拍摄时间　老照片 1908-11-29
　　　　　新照片 -1 2007-10-26，14:21
　　　　　新照片 -2 2020-10-22，12:33（孔胜 摄）

老照片拍摄的是 1908 年乐山城内的文庙。庄严神圣、修建精美的文庙掩映在葱郁的树林之中，人文和自然景观相互映衬，完美地诠释了儒家的和谐思想和中国古代"天人合一"的理念。

新照片 -1 文庙正中的"棂星门"保存完好，大殿被改成了田家炳实验小学，四周修建了很多现代建筑。文庙原来的大门在照片右边，现可通过建于文庙正前方的石桥直接到达"棂星门"。

新照片 -2 中，近处桥上的栏杆和远处的文庙大殿已做全面维修，桥尽头右边的黄葛树较 11 年前生长得更加茂盛。文庙成为当地一处有名的旅游景点。

▲ 新照片 -1 2007-10-26

▲ 新照片 -2 2020-10-22

乐山市 五通桥区

[21] 岷江边上的道观

▲ 老照片 1908-05-05

老照片拍摄的是 1908 年乐山岷江边的一座道观。道观修建在岷江边一块巨大的岩石上，庄严肃穆，被树木簇拥，神秘若虚。左边岩石下有一个大溶洞，传说洞内藏有被洪水卷入的金银财宝。

新照片-1 中，道观主体部分已被树遮挡，一堵封火墙隐约可见，四周修建了很多建筑。这里曾经是当地粮站的仓库和宿舍，由于年久失修，已十分破旧。历经百余年的冲刷，岸边石壁上的缝隙明显增大。

新照片-2 中，岸上的几棵大树长高了，树丛中修建的一排排新房，是当地新建的自来水厂。

拍摄地点	乐山市五通桥区桥沟镇
海　拔	321 米
坐　标	29°21.241'N，103°45.501'E
拍摄时间	老照片 1908-05-05
	新照片-1 2009-05-19，12;05
	新照片-2 2020-12-15，14;11 （陈大治 摄）

▲ 新照片-1 2009-05-19

▲ 新照片-2 2020-12-15

宜宾市 叙州区

崖墓 22

老照片拍摄的是 1908 年宜宾县（今宜宾市叙州区）一处东汉年间修建的崖墓。崖墓修建在岷江边石壁上，上方雕刻有蝙蝠、羊等代表吉祥寓意的动物图案，门前石柱前站立着两个人，从穿着上看，是跟随威尔逊从湖北来的挑夫。当年威尔逊在这里拍摄照片时，误认为此处是古人居住的洞穴，还在他为照片描写的文字中做了说明。

新照片 -1 洞穴外观依旧，洞穴洞口表面和石柱风化很严重。洞穴下方石壁上长出很多小树丛，右下方生长有一大丛竹子，将右边洞口遮住了。2006 年，以此处为中心的黄伞崖墓群被列为全国重点文物保护单位。经过修复的崖墓，已成为当地发展乡村旅游的著名景点。

新照片 -2 中，崖墓洞口下方修建了木栅栏，以防止游人随意进入。在照片下方河滩上当地农户种了豆类、芋头等农作物。崖墓右边的竹丛大部分被清除，剩下一些构树和枫杨等杂灌木。

拍摄地点	宜宾市叙州区高场镇
海　拔	280 米
坐　标	28°48.351'N，104°24.483'E
拍摄时间	老照片 1908-12-22
	新照片 -1 2008-09-19，11:30
	新照片 -2 2021-07-02，13:16 （何丹 摄）

▲ 老照片 1908-12-22

▲ 新照片 -1 2008-09-19

▲ 新照片 -2 2021-07-02

「23」宜宾城对岸的寺庙

老照片拍摄的是 1908 年岷江边的一座寺庙以及对岸的宜宾城。寺庙修建在江边一块形状如睡佛的巨大的岩石上，称为"睡佛寺"。

新照片 -1 拍摄于 2008 年。寺庙在 20 世纪 50 年代被毁，近处的树木和竹林在扩建公路时被砍掉。由于季节原因，岷江水面较百余年前略高。

城市在快速发展。新照片 -2 右边区域修建起了一条沿江公路，岷江对岸的水东门和远方河岸上也修建了不少高层建筑。

▲ 老照片 1908-12-23

拍摄地点	宜宾市睡佛石
海　拔	268 米
坐　标	28°46.402'N，104°37.956'E
拍摄时间	老照片 1908-12-23
	新照片 -1 2008-09-19，14:06
	新照片 -2 2019-09-01，11:06（龚晓东 摄）

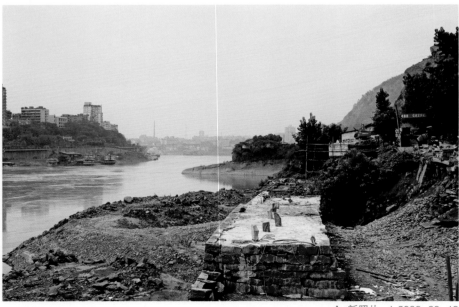

▲ 新照片 -1 2008-09-19

▲ 新照片 -2 2019-09-01

宜宾市 翠屏区

白塔 24

老照片拍摄的是 1908 年宜宾一座白塔。白塔位于金沙江和岷江交汇处的山坡上，建于明代（1569 年），并于清代（1841 年）重修。塔身共八层，高 35.8 米，每边长 4.45 米，基层直径 11.2 米。

白塔在 1984 年进行了全面修葺。新照片 -1 中，白塔四周长满了茂密的树林，左下方庙宇是正在修建的东山寺。

新照片 -2 中，白塔下方的树木生长得更加茂密。不久前白塔又一次进行了维修，遗憾的是塔顶未能按照原样修复。由于原拍摄点栽种了很多树木，这张照片的拍摄点向左方偏离了一些。

▲ 老照片 1908-12-23

▲ 新照片 -1 2008-09-19

拍摄地点	宜宾市翠屏区白塔山
海　　拔	327 米
坐　　标	28°46.454'N，104°38.990'E
拍摄时间	老照片 1908-12-23
	新照片 -1 2008-09-19，14:21
	新照片 -2 2019-09-01，11:56（龚晓东 摄）

▲ 新照片 -2 2019-09-01

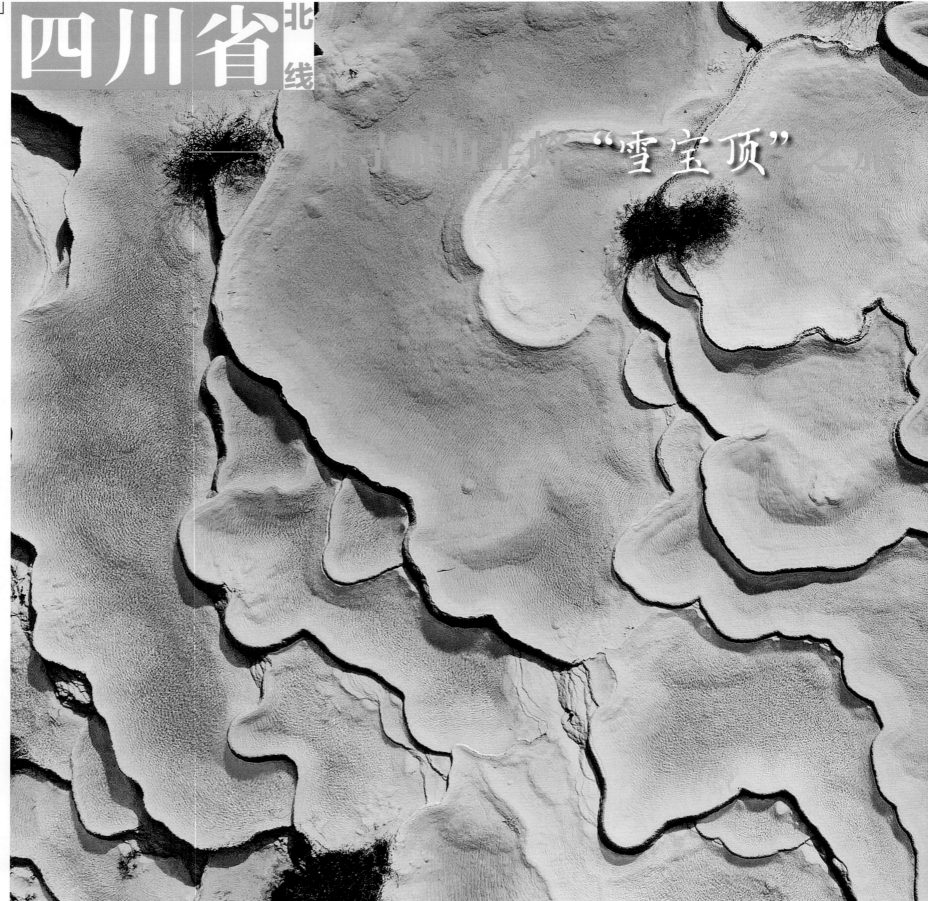

黄龙钙化池

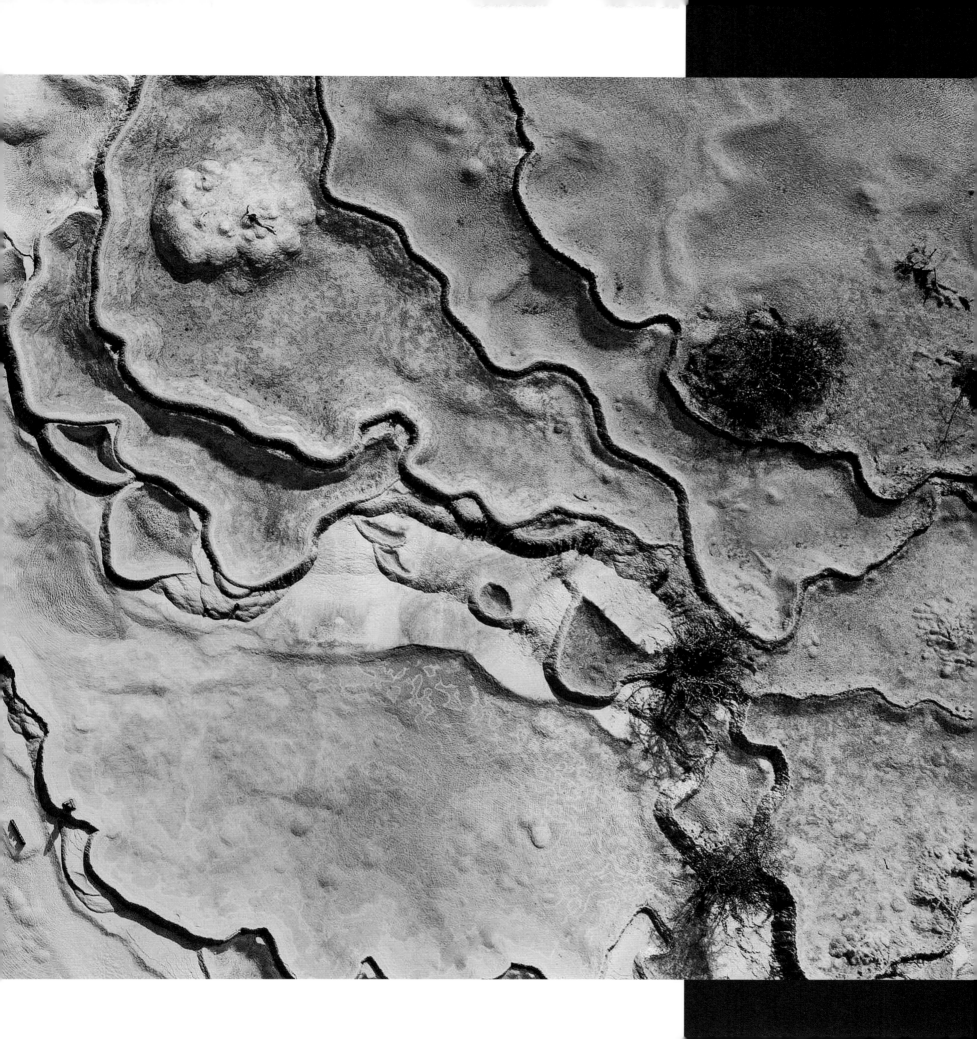

■ 雪宝顶（姜跃武 摄）

1910 年 8 月 8 日，威尔逊离开成都前往松潘。这是他第四次到中国大陆，也是他第三次到松潘。两天后，他途经绵竹县兴隆镇时拍摄了一张明代戏台的照片，随后途经安县时拍摄了一张宣扬"乐善好施"的牌坊照片，再后进入北川县境内。

从北川曲山镇至县城途中，威尔逊看见了很多野生的月季花，这让他感到十分高兴。在漩坪乡，他看见了一座长约 80 码（1 码 =0.9144 米），用竹绳制造的竹索桥，横跨在湔江河上。他为中国西部山区人民的造桥技术而赞叹。他趁着随行人员向一位当地过桥的村民问路之时，为这个村民拍摄了一张照片。惊喜的是，百余年后本书作者找到了这个黄姓村民的后代，他们至今仍住在漩坪乡敏溪村，而且他的两个孙子和曾孙都和照片上的村民长得十分相像。其中他的一个名叫黄成功的孙子告诉作者，站在竹索桥上的人正是他的爷爷黄正河。黄成功小时候，爷爷曾对他讲过有外国人从这里路过的故事。

1910 年 8 月中旬，威尔逊来到北川县开坪乡，当晚便住在当地一个梁姓人家新修的碉楼里。主人对他们一行十分友好，其他村民也谦逊有礼，让威尔逊感到十分愉快。村子附近有一块雕刻精致的墓碑，是梁姓后人为他母亲立的一个墓碑，立碑前还得到了光绪皇帝的御批。2006 年，作者陪同威尔逊工作过的英国皇家植物园丘园的两位园艺学家来到开坪，并找到了梁家的孙子梁学富一家。2008 年汶川特大地震后，两位园艺学家又专程从伦敦来看望老梁，并把老梁赠送的锥栗带回伦敦，种在了丘园和英国其他几个植物园，以此传播中英两国人民的友谊。

离开梁家后，威尔逊一行人经小坝和片口乡进入了松潘县白羊乡，又从白羊乡进入平武县的泗耳乡，随后经土城乡、水晶镇、叶塘村再次进入松潘县境内。在叶塘村，威尔逊拍摄了一棵巨大的珂南树，据威尔逊记载，树高约 18 米，胸围 5.49 米，树冠直径 24 米。百余年之后，这棵树仍旧生长茂盛。2006 年和 2016 年，威尔逊工作过的英国皇家植物园丘园和哈佛大学阿诺德树木园，都曾派人来寻找这棵树。

告别叶塘，威尔逊一行人经过小河镇进入松潘县著名的丹云峡。他认为峡谷内的风景在其他地方很难看到。威尔逊 1904 年第一次经过这条路时，没有带照相机，而 1910 年他是专程来此拍摄照片的，他在日记中写道："我们享受着辉煌的景色，从峡谷底部向上空,阳光灿烂,天空呈一线,显示出最纯的藏蓝色。""我的照相机忙个不停，没有什么词汇能描述这个荒野峡谷原始而令人敬畏的景色。"

1910 年 8 月 22 日，威尔逊进入了今黄龙风景名胜区（世界自然遗产，世界人与生物圈保护区）的黄龙寺一带。他在该区域内拍摄了 3 张照片，首次将黄龙风景名胜区介绍给世界，为黄龙风景名胜区留下了百余年前珍贵的历史影像资料。他还在日记中对景区内的碳酸钙水池作了如下描述："池水呈现出多彩诱人的景观，有蔚蓝色、乳白色、粉红色、绿色、紫色等。"威尔逊从黄龙的彩池边找到了黄花杓兰和红北极果等花卉并成功引种到美国。随后，他们翻越雪山梁子到了松潘古城，途中拍摄了岷山主峰——雪宝顶。

德阳市 绵竹市

「01」乡村戏台

▲ 老照片 1910-08-10

拍摄地点 德阳市绵竹市兴隆镇
海　　拔 634 米
坐　　标 新照片 -1 31°25.010'N，104°12.664'E
　　　　 新照片 -2、3 31°20.510'N，104°11.663'E
拍摄时间 老照片 1910-08-10
　　　　 新照片 -1 2007-01-22，14:08
　　　　 新照片 -2 2010-07-10，14:06
　　　　 新照片 -3 2019-06-06，13:42

　　老照片拍摄的是 1910 年四川省绵竹县（今绵竹市）一座建于明代的乡村戏台。该建筑为斗拱结构，飞檐翘角，灵动精巧，充分展示了中国传统建筑的精湛技艺。屋顶上的雕塑故事，取材于中国古代戏剧"白蛇传"中的情节"水漫金山"。很可惜，戏台在 1951 年被毁。

　　新照片 -1 中，众人站立位置，就是当年戏台所在地。手持照片的老人，是兴隆镇仁圣村村民谢昌明，2007 年他已 75 岁，他小时候经常在此玩耍。

　　新照片 -2 是绵竹剑南春集团参照威尔逊的老照片在绵竹城内重新修建的古戏台。

　　新照片 -3 拍摄于 2019 年。戏台修建 9 年后，屋顶上长出一些草本植物，戏台两侧各种了一棵高约 10 米的树。整体建筑能够体现出一些历史的印记。

▲ 新照片 -1 2007-01-22

▲ 新照片 -2 2010-07-10

▲ 新照片 -3 2019-06-06

绵阳市 北川羌族自治县

02 竹索桥（正面）

▲ 老照片 1910-08-12

▲ 新照片-1 2006-06-23

▲ 新照片 -2 2009-03-18

▲ 新照片 -3 2019-06-06

老照片拍摄的是本部分序言中提到的竹索桥的正面影像。照片上可清楚地看到两根粗大的竹索,威尔逊在他的著作中说:"竹桥的建造充分体现了中国人民的智慧。"桥上站立着一个当地村民,他的右手正扶着竹绳。

新照片 -1 拍摄时,竹索桥只剩下基座。作者通过寻访得知,老照片中索桥上站立的人叫黄正河,并在当地人的帮助下,作者见到了他的孙子黄成功、黄成泰和他们的家人,他们一直居住在漩坪乡敏溪村。

新照片 -2 拍摄时,这里在 2008 年汶川特大地震后形成了唐家山堰塞湖,水位上升约 65 米。

新照片 -3 拍摄于 2008 年汶川特大地震 11 年后,当地一座正在修建的跨湖(江)大桥即将完工。湖面海拔 712 米,较 2006 年湖面 667 米海拔升高了 45 米。

拍摄地点　北川羌族自治县漩坪乡
海　　拔　新照片 -1 677 米,新照片 -2 715 米
坐　　标　31°52.203'N,104°23.975'E
拍摄时间　老照片 1910-08-12
　　　　　新照片 -1 2006-06-23,09:20
　　　　　新照片 -2 2009-03-18,11:20
　　　　　新照片 -3 2019-06-06,11:29

03 竹索桥（侧面）

▲ 老照片 1910-08-12

▲ 新照片 -1 2006-06-23

▲ 新照片 -2 2009-03-18

老照片拍摄的是石泉县（今北川羌族自治县）漩坪乡湔江上的一座竹索桥。桥长约 30 米，全桥用竹篾编成。桥后小山坡上有一座庙宇；桥下方的河中央有一块石块。

新照片 -1 拍摄时，原来的竹索桥和庙宇已经不在了，靠近桥原来的位置，重新修建了一座坚固的石桥。对面山坡上的树木更茂密了，河中那块石头还在。

新照片 -2 拍摄于 2008 年汶川特大地震后的第二年。这里成为唐家山堰塞湖的一部分。湖中水位上升约 65 米，石桥和漩坪乡房屋全部没入湖底，石桥桥头后面的小山只剩下部分山顶。

新照片 -3 拍摄于 2008 年汶川特大地震 11 年后。拍摄时湖面海拔 710 米，较 2006 年湖面海拔 667 米高出 43 米。

拍摄地点	北川羌族自治县漩坪乡
海　　拔	新照片 -1 668 米，新照片 -2 715 米，新照片 -3 710 米
坐　　标	31°52.148'N，104°24.001'E
拍摄时间	老照片 1910-08-12
	新照片 -1 2006-06-23，9:00
	新照片 -2 2009-03-18，11:10
	新照片 -3 2019-06-06，11:13

▲ 新照片 -3 2019-06-06

北川乡村 `04`

老照片拍摄的是 1910 年石泉县开坪乡的一处典型乡村景观。在河流两岸的台地上，种满了玉米，远处群山重叠，风景秀丽。

新照片 -1 中，下方区域一处新建的养猪场正在施工。远处原来破旧的房屋已变成新瓦房，四周的竹林更茂密了。

新照片 -2 拍摄于 2008 年汶川特大地震后。远处山坡上出现了大面积崩塌，短期内植被难以恢复。

新照片 -3 上拍摄时，因照片下方区域修建公路，原来的拍摄点已生长起了树林，很难确定准确的拍摄位置，只能选定在一条通向农户的乡村小路边进行拍摄。

▲ 老照片 1910-08-13

▲ 新照片 -1 2007-10-26

▲ 新照片 -3 2021-04-28

▲ 新照片 -2 2008-10-29

拍摄地点	北川羌族自治县开坪乡伏地铺
海 拔	775 米
坐 标	31°54.158'N，104°17.588'E
拍摄时间	老照片 1910-08-13
	新照片 -1 2007-10-26，14:21
	新照片 -2 2008-10-29，15:00
	新照片 -3 2021-04-28，11:10

｜05｜峡谷与河流

老照片拍摄的是 1910 年石泉县开坪乡一处峡谷。照片左下方是一条从县城通向开坪乡的小路，也是经今北川羌族自治县到松潘的茶马古道。

新照片 -1 中，左边的小路已被新修的公路取代。由于照片左下方区域长满了灌木和小树，无法看清道路的走向。

新照片 -2 拍摄于 2008 年汶川特大地震 5 个月后，峡谷右边有明显的崩塌痕迹。

新照片 -3 峡谷两边的树木较 13 年前生长得更加茂密，右下方地震中垮塌的堆积物已不见踪迹。

▲ 老照片 1910-08-13

▲ 新照片 -1 2007-10-26

▲ 新照片 -3 2021-04-28

拍摄地点 北川羌族自治县开坪乡
海　拔 812 米
坐　标 31°56.682'N，104°16.011'E
拍摄时间 老照片 1910-08-13
　　　　 新照片 -1 2007-10-26，12:37
　　　　 新照片 -2 2008-10-30，15:00
　　　　 新照片 -3 2021-04-28，12:20（朱单 摄）

▲ 新照片 -2 2008-10-30

「06」梧桐

▲ 老照片 1910-08-13

▲ 新照片 -1 2008-10-30

▲ 新照片 -2 2021-04-28

老照片拍摄的是 1910 年石泉县开坪乡的一棵梧桐（*Firmiana simplex*）。照片左下方有一条小路和一间破旧的房屋。

新照片 -1 拍摄于 2008 年汶川特大地震 5 个月后。老照片上的梧桐已不见踪影，原有房屋已改位重修。左边和远处山坡明显下移，这与河流长期冲刷以及 2008 年汶川特大地震有关。

新照片 -2 中远处山坡上，十余年前因地震受到的环境损害已得到一定恢复，照片右下方长有一棵胡桃。由于照片下方修建公路，拍摄点位置与原照片有所差异。

拍摄地点	北川羌族自治县开坪乡
海　拔	812 米
坐　标	31°56.925'N，104°16.174'E
拍摄时间	老照片 1910-08-13
	新照片 -1 2008-10-30，14:40
	新照片 -2 2021-04-28，12:45

墓碑 07

老照片拍摄的是石泉县开坪乡一座精美的墓碑。墓碑的修建是为了纪念一户梁姓人家的妇女，她独自一人将儿子养大。她去世后，儿子向清光绪皇帝申请，并获得光绪皇帝的批准，为他的母亲修建了这座墓碑。墓碑于20世纪六七十年代被毁。

新照片中的人是墓碑主人的曾孙梁学富，他时年60岁。他站立的地方正是墓碑修建所在地。

▲ 老照片 1910-08-13

▲ 新照片 2007-10-23

拍摄地点	北川羌族自治县开坪乡
海　拔	808 米
坐　标	31°57.567'N，104°15.643'E
拍摄时间	老照片 1910-08-13
	新照片 2007-10-23，14;42

08 小坝乡

老照片拍摄的是 1910 年石泉县小坝乡。古老的山区小镇四周群山环抱，宁静安详，房屋修建有序。远处山麓无限深远，给人一种到达了世外桃源之感。近处有几间小屋的屋顶用石板修建；远处河上了还有一座竹索桥。

新照片 -1 中，远处山峦依旧，小镇的房屋已焕然一新，竹索桥也变成了石桥。小坝乡在发展建设中已旧貌换新颜。

新照片 -2 中可以看到，小镇上新修了很多房屋，远处山坡上树木较 15 年前更茂密了。这张新照片的拍摄位置较新照片 -1 更接近老照片。

▲ 老照片 1910-08-14

拍摄地点	北川羌族自治县小坝乡
海 拔	新照片 -1 880 米；新照片 -2 900 米
坐 标	新照片 -1 32°01.104'N, 104°12.211'E
拍摄时间	老照片 1910-08-14
	新照片 -1 2006-06-23, 11:11
	新照片 -2 2021-04-28, 14:28

▲ 新照片 -1 2006-06-23

▲ 新照片 -2 2021-04-28

珂南树 `09`

▲ 新照片 -1 2006-10-25

▲ 新照片 -2 2016-09-21

拍摄地点	北川羌族自治县片口乡
海　拔	1 477 米
坐　标	32°04.731'N，104°11.474'E
拍摄时间	老照片 1910-08-14
	新照片 -1 2006-10-25，13:00
	新照片 -2 2016-09-21，08:44（贺恩德 摄）

▲ 老照片 1910-08-14

　　老照片拍摄的是石泉县片口乡一棵粗大的珂南树。据威尔逊记载，这棵树树高 24 米，胸围 6 米。大树左边有一座小庙宇，右下方种了一片玉米。

　　由于老照片拍摄地点长出了一片树林，遮住了摄影者的视线，新照片 -1 改在大树西面拍摄。大树高度未增加，但胸径已达 2.5 米。该树主干在距根部 3 米高处分成两个分支：西面下部大约有 4 米长的一段已空心；另一侧枝叶茂盛，且近几年又发出很多新枝。老照片中的庙宇多次受损，于 1992 年重新修建。作者前往拍摄点时因公路损毁，便搭乘了一辆破旧的摩托车前去完成拍摄任务。

　　新照片 -2 拍于 2016 年。珂南树生长得很茂盛，这归功于我国对古树名木的保护措施。

「10」夹道岩峡谷

▲ 老照片 1910-08-19

▲ 新照片 -1 2007-10-25

▲ 新照片 -2 2017-09-24

老照片拍摄的是 1910 年平武县一处狭窄的山谷。峡谷两岸生长的灌丛和小树在峡谷上方连接，看起来更像是一个山洞。右下方河中，有一块圆形的石头。

新照片 -1 中峡谷地形变化较大。20 年前为修建公路将峡谷左下方炸开，右边悬崖曾经发生过一次大崩塌。峡谷两岸灌丛和树木较过去稀少，照片右下方的石头露出更多。

新照片 -2 中峡谷前方山坡上的树生长得更加茂盛，左下方的公路也拓宽了。

拍摄地点	平武县泗耳乡
海　　拔	1 350 米
坐　　标	32°15.919'N，104°05.821'E
拍摄时间	老照片 1910-08-19
	新照片 -1 2007-10-25，9:25
	新照片 -2 2017-09-24，08:47（王康 摄）

连香树桩 11

老照片拍摄的是 1910 年平武县泗耳乡两棵巨大的连香树（*Cercidiphyllum japonicum*）桩。据当年威尔逊的记载，树桩高 7 米，上面萌发了很多新枝。

新照片 -1 中，树桩较近百年前显得枯朽。原来树桩上萌发的小枝，现已长成为 20 米高的大树，左边树桩上长了一枝，右边树桩上长了七枝。本书作者在拍摄途中遇到一只正在树冠上筑巢休息的小熊崽。照片下方穿红色上衣的人是当天为作者带路的平武县林业局的周华龙。

新照片 -2 拍摄于 2017 年 9 月 23 日，树桩下面站立的三人，左边穿红上衣者是北京植物园王康，他为了与老照片上的人物站立姿式一致，有意把头偏向一侧；中间是迈克尔·多斯曼（Michael Dosmann），右边是安德鲁·卡宾斯基（Andrew Gapinski），两人同在阿诺德树木园工作。两张新照片背景不一致，究竟哪一张位置准确，有待进一步考证。

▲ 老照片 1910-08-19

拍摄地点	平武县泗耳乡杜平坝
海　拔	2 112 米
坐　标	32°17.800'N，104°09.184'E
拍摄时间	老照片 1910-08-19
	新照片 -1 2007-10-24，13:10
	新照片 -2 2017-09-23，11:57
	（Jonathan Shaw 摄）

▲ 新照片 -2 2017-09-23

▲ 新照片 -1 2007-10-24

12 珂南树

老照片拍摄的是 1910 年生长在平武县叶塘乡的一棵巨大的珂南树。据威尔逊记载，树高 18 米，胸围 5.49 米，大树左下方有一座矮房。

新照片 -1 是英国皇家植物园丘园的托尼和马克来此地考察时拍摄的。原来拍摄点位置上修建了房屋，无法拍到大树全貌。大树现在仍旧枝繁叶茂，生长旺盛。当地群众将此树视为神树。据当地人说，大树左下方一侧枝在 1961 年被人砍伐时，砍树的人失手砍掉了自己一个脚趾。树下的矮房毁于 1935 年。

新照片 -2 是威尔逊曾工作过的美国哈佛大学阿诺德树木园现任主任威廉·弗雷德曼（William (Ned) Friedman）教授一行人来此地考察时拍摄的。照片左起：高信芬、迈克尔·多斯曼、印开蒲、冯胜全、安托尼·艾依洛（Anthony S. Aiello）、威廉·弗雷德曼、高云东、王康、吕荣森。

新照片 -3、4 拍摄于 2019 年。每年 4 月中旬，珂南树都会开出满树令人惊艳的淡黄色花。

▲ 老照片 1910-08-19

拍摄地点　平武县叶塘乡马园村
海　拔　1 183 米
坐　标　32°30.022'N，104°12.150'E
拍摄时间　老照片 1910-08-19
　　　　　新照片 -1 2006-06-24，09:45
　　　　　新照片 -2 2016-09-12，15:33（田长宝 摄）
　　　　　新照片 -3、4 2019-04-16（王实波 摄）

▲ 新照片 -1 2006-06-24

▲ 新照片 -2 2016-09-12

▲ 新照片 -3 2019-04-16

▲ 新照片 -4 2019-04-16

阿坝藏族羌族自治州 松潘县

[13] 小河乡

▲ 老照片 1910-08-19

老照片拍摄的是 1910 年松潘县小河乡位于涪江河谷中的一个小山村。照片下方位置有一座小寺庙，白色墙壁十分醒目。山村后面一座金字塔般的山峰高耸，右边斜坡上有两条明显的流沙带。

新照片-1 拍摄于 2006 年。1976 年 8 月 16 日和 23 日，这里曾发生过两次 7.2 级地震，山村的房屋严重受损，右侧斜坡上裸露的流沙坡面积较从前有所扩大。

新照片-2 拍摄于 2009 年。2008 年汶川特大地震后，两边山坡垮塌痕迹明显。

新照片-3 远处和两边山坡上植被较 10 年前茂密，右边山坡流沙坡度较陡，但流沙带面积较 10 年前稍有减少。山下乡村里建了不少新房。

拍摄地点	松潘县小河乡
海　　拔	1 508 米
坐　　标	32°35.762'N，104°08.226'E
拍摄时间	老照片 1910-08-19
	新照片-1 2006-06-24，10:20
	新照片-2 2009-05-29，09:37
	新照片-3 2019-08-11，10:11（邓真言培 摄）

▲ 新照片-1 2006-06-24

▲ 新照片-2 2009-05-29

▲ 新照片-3 2019-08-11

「14」峡谷中的白羊河乡

老照片拍摄的是从松潘县白羊乡向西远望的景观。白羊河从前方峡谷流来，远处山坡十分荒凉。左岸生长着一些稀疏、低矮的灌丛；右岸山坡脚下，有几间破旧的房屋。

新照片-1中，白羊河左岸山坡上的灌丛已长成茂密的树林，右岸已成为一个有几十户人家的小村庄。1998年国家实施退耕还林和天然林保护工程以来，远处山坡上已长满了小树，生态环境明显好转。

新照片-2中，四周的树木较12年前生长更加茂密。右岸山坡上一处没有植被的裸露区域，是为乡村发展新修的公路，现在村民出行更加方便了。

▲ 老照片 1910-08-18

▲ 新照片-2 2019-09-28

▲ 新照片-1 2007-10-25

拍摄地点	松潘县白羊乡
海　拔	1 182 米
坐　标	32°10.818'N；104°06.454'E
拍摄时间	老照片 1910-08-18
	新照片-1 2007-10-25，10:30
	新照片-2 2019-09-28，08:30（泽让闼 杨友利 摄）

涪江上游 **15**

▲ 新照片-1 2008-09-03

▲ 老照片 1910-08-20

▲ 新照片-2 2019-08-11

老照片拍摄的是 1910 年涪江上游一处 "S" 形河道，河水从远方流来，近处河滩上长满了水柏枝属（*Myricaria*）植物。

新照片-1 远处山体景观未变，但滑坡痕迹增多。近处左边山坡向右移动，河流明显改道；右边山坡下新修了几间房屋。近处的植物由水柏枝变成了醉鱼草（*Buddleja lindleyana*）。

从新照片-2 能够看出，河谷两边和远方山坡上的植被都保护得很好，照片下方灌丛长高了，已遮住了小河。

拍摄地点	松潘县施家堡乡
海　拔	1 705 米
坐　标	32°40.751'N，104°05.111'E
拍摄时间	老照片 1910-08-20
	新照片-1 2008-09-03，10:52
	新照片-2 2019-08-11，10:32（邓真言培 摄）

「16」丹云峡 -1

老照片拍摄的是 1910 年丹云峡内扇子洞附近一处景观。一条湍急的小河从远方穿出，两岸悬崖高耸。

新照片 -1 远景变化不大。2008 年汶川特大地震后，峡谷左边山体上有明显滑坡痕迹。照片右下方区域新修了一条公路。小河向左偏移。

新照片 -2 远景变化甚微，照片下方一棵树长高了几米。新照片 -2 拍摄时已修建了新桥，原来的老桥随之弃用。

▲ 老照片 1910-08-20

拍摄地点	松潘县施家堡乡扇子洞
海　拔	1 784 米
坐　标	32°42.069'N, 104°03.451'E
拍摄时间	老照片 1910-08-20
	新照片 -1 2009-05-29, 10:25
	新照片 -2 2019-08-11, 10:55
	（邓真言培 摄）

▲ 新照片 -1 2009-05-29

▲ 新照片 -2 2019-08-11

丹云峡 -2 **17**

▲ 新照片 -2 2019-08-11

▲ 老照片 1910-08-20

▲ 新照片 -1 2009-05-29

拍摄地点	松潘县施家堡乡扇子洞
海　拔	1 817 米
坐　标	32°42.220'N，104°03.340'E
拍摄时间	老照片 1910-08-20
	新照片 -1 2009-05-29，11:18
	新照片 -2 2019-08-11，11:23（邓真言培 摄）

老照片拍摄的是 1910 年丹云峡内扇子洞附近的又一处景观。两岸地势陡峭，像两扇即将关闭的石门。悬崖上荆棘丛生，峡谷下方便是从平武通向松潘的茶马古道。

新照片 -1 整体景观变化不大，峡谷下方修了一座公路桥。

新照片 -2 景观变化不大，照片下方区域（拍摄点附近）长出了一片杯腺柳，生态环境较从前更好了。

「18」丹云峡 -3

▲ 老照片 1910-08-20

▲ 新照片 -1 2008-09-03

▲ 新照片 -2 2019-08-11

老照片拍摄的是 1910 年丹云峡内三路口附近的一处景观。

新照片 -1 中，远处山体上垮塌痕迹明显增加。近处河滩上原来的灌丛地上长出一片杨树林。

新照片 -2 拍摄于 2019 年。远处景观变化不大，照片下方区域的树木长高了。

拍摄地点	松潘县施家堡乡三路口
海　拔	2 044 米
坐　标	32°43.317'N，104°03.001'E
拍摄时间	老照片 1910-08-20
	新照片 -1 2008-09-03，11:48
	新照片 -2 2019-08-11，11:40（邓真言培 摄）

丹云峡 -4 19

老照片拍摄的是 1910 年丹云峡内三路口附近的一处景观。平坦的河谷中有几间低矮房屋。

由于峡谷内多次发生泥石流，从新照片 -1 中能够看出河谷底部有升高的迹象。河滩上灌丛和小树茂盛，左边山坡树林也更茂密，左下方新修了一条公路。

新照片 -2 拍摄于 2019 年。远处景观变化不大，照片左边区域山坡和照片下方区域的树木、灌丛都长高了。

▲ 老照片 1910-08-20

▲ 新照片 -2 2019-08-11

▲ 新照片 -1 2009-05-29

拍摄地点	松潘县施家堡乡三路口
海　　拔	2 066 米
坐　　标	32°43.736'N，104°02.611'E
拍摄时间	老照片 1910-08-20
	新照片 -1 2009-05-29，11:55
	新照片 -2 2019-08-11，11:53（邓真言培 摄）

「20」丹云峡 -5

▲ 老照片 1910-08-20

▲ 新照片 -2 2019-08-11

老照片拍摄的是 1910 年丹云峡内观音岩附近的一处景观。

新照片 -1 中，原有的垮塌地带，已被茂密的小树林遮掩，整体景观生态环境较从前更好。照片右下方的电线杆下新修了一条公路。

新照片 -2 拍摄于 2019 年。从这张新照片上可以看出植被较过去更加茂密。

拍摄地点	松潘县施家堡乡观音岩
海　　拔	2 075 米
坐　　标	32°43.337'N，104°01.707'E
拍摄时间	老照片 1910-08-20
	新照片 -1 2008-09-03，11:57
	新照片 -2 2019-08-11，12:30（邓真言培 摄）

▲ 新照片 -1 2008-09-03

丹云峡 -6 **21**

▲ 新照片 -2 2019-08-11

▲ 老照片 1910-08-21

老照片拍摄的是 1910 年丹云峡内鱼儿岩附近的一处景观。

新照片 -1 拍摄于 2008 年。远处景观未变，右边山坡上的树木有所减少，近处河滩上长了一片茂密的灌木林。

新照片 -2 拍摄于 2019 年。照片近处区域的低矮灌木已换种成了小树，远处山上的冷杉树也长高了不少。

拍摄地点	松潘县施家堡乡鱼儿岩
海　　拔	2 204 米
坐　　标	32°43.541'N，104°00.834'E
拍摄时间	老照片 1910-08-21
	新照片 -1 2008-09-03，12:08
	新照片 -2 2019-08-11，12:40（邓真言培 摄）

▲ 新照片 -1 2008-09-03

「22」丹云峡 -7

▲ 老照片 1910-08-21

▲ 新照片 -2 2019-08-11

▲ 新照片 -1 2008-09-03

老照片拍摄的是 1910 年丹云峡内老鹰嘴附近的一处景观。

新照片 -1 整体景观未变。山坡下方从峡谷远处中部偏右，沿着电线杆排列的方向新修了一条公路。

新照片 -2 悬崖上的小树生长得更加茂密了，下方的树也长高了。近年，左边沟内曾多次发生泥石流，照片下方区域有很多石块和树杈的堆积物。

拍摄地点	松潘县施家堡乡老鹰嘴
海　　拔	2 234 米
坐　　标	32°43.957'N，104°00.257'E
拍摄时间	老照片 1910-08-21
	新照片 -1 2008-09-03，12:16
	新照片 -2 2019-08-11，12:58（邓真言培 摄）

丹云峡 -8 23

老照片拍摄的是 1910 年丹云峡内小罐子附近的一处景观。

新照片 -1 远处景观未变。山坡下方的河滩上长出一片树林。近处是一条新修的公路。

新照片 -2 中，山坡下方的树木长高了。近几年这里多次发生泥石流，冲坏了公路的金属护栏。

▲ 老照片 1910-08-21

▲ 新照片 -2 2019-08-11

拍摄地点	松潘县施家堡乡小罐子
海　　拔	2 354 米
坐　　标	32°45.353'N，103°59.685'E
拍摄时间	老照片 1910-08-21
	新照片 -1 2008-09-03，12:33
	新照片 -2 2019-08-11，13:16
	（邓真言培 摄）

▲ 新照片 -1 2008-09-03

24 丹云峡 -9

▲ 老照片 1910-08-21

▲ 新照片 -2 2019-08-11

老照片拍摄的是 1910 年丹云峡内石马关附近的一处景观。

新照片 -1 拍摄于 2008 年。远处景观被云雾遮住。河谷下切达 5 米；老照片右下方的一块大石头不见了。这张新照片的左下方隐约可见一条新修的公路。

新照片 -2 拍摄于 2019 年。由于 2018 年以来这里多次发生泥石流，很多原来的电杆被冲毁，河流已改道。原来的拍摄点已被河水淹没，无法在原点进行拍摄，因此图片中的景观整体偏左。

拍摄地点	松潘县施家堡乡石马关
海 拔	2 540 米
坐 标	32°45.193'N, 103°58.200'E
拍摄时间	老照片 1910-08-21
	新照片 -1 2008-11-01, 11:45
	新照片 -2 2019-08-11, 13:55（邓真言培 摄）

▲ 新照片 -1 2008-11-01

丹云峡 -10 **25**

老照片拍摄的是 1910 年丹云峡内黄龙乡附近的一处景观。右边山顶上屹立着一块高大的石笋，被称为"玉柱峰"。

新照片 -1 拍摄于 2008 年。远处景观未变，近处的建筑是黄龙国家级风景名胜区管理局丹云峡管理处。右下方是一条新修的公路，原来生长冷杉的地方长出几棵高大的杨树。

新照片 -2 整体景观变化不大，公路两侧的树木长高了。

▲ 老照片 1910-08-21

▲ 新照片 -2 2019-08-12

拍摄地点	松潘县黄龙乡镇源
海　拔	2 564 米
坐　标	32°45.133'N，103°57.518'E
拍摄时间	老照片 1910-08-21
	新照片 -1 2008-09-03，12:44
	新照片 -2 2019-08-12，16:18
	（邓真言培 摄）

▲ 新照片 -1 2008-09-03

「26」丹云峡 -11

▲ 老照片 1910-08-21

老照片拍摄的是 1910 年丹云峡内"玉柱峰"的远景。近处有几间破旧的房屋。

新照片 -1 远处景观被云雾遮住,两边山坡上树林茂密,房屋不在了,但原来的石砌墙体依旧存在。

新照片 -2 整体景观变化不大,远处森林更加茂密。由于新照片 -1 拍摄点位上长满了灌丛,遮住了视线,这张照片的拍摄点较以前的拍摄点向前移了几米。

拍摄地点	松潘县黄龙乡建新村
海　拔	2 564 米
坐　标	32°45.389'N,103°56.970'E
拍摄时间	老照片 1910-08-21
	新照片 -1 2008-11-01,11:20
	新照片 -2 2019-08-12,16:39(邓真言培 摄)

▲ 新照片 -1 2008-11-01

▲ 新照片 -2 2019-08-12

黄龙迎宾池 27

1910 年 8 月 22 日，威尔逊进入松潘县黄龙主沟考察，在他的日记中称这里是一个神奇的地方。老照片拍摄了黄龙主沟内一片彩池以及周围的森林景观，为这个世界自然遗产地留下了珍贵的影像资料。

新照片 -1 拍摄于 2007 年。近处的碳酸钙堆积物面积明显增大，厚度增加了 1 ~ 2 米，彩池的个数和面积有一定变化。

新照片 -2 中彩池整体景观变化不大。照片中部区域的几棵云杉和冷杉都长高了。

拍摄地点	松潘县黄龙风景名胜区迎宾池
海　拔	3 228 米
坐　标	32°45.036'N，103°49.424'E
拍摄时间	老照片 1910-08-22
	新照片 -1 2007-10-30，10:05
	新照片 -2 2020-09-15，15:40

▲ 老照片 1910-08-22

▲ 新照片 -1 2007-10-30

▲ 新照片 -2 2020-09-15

「28」黄龙钙华 -1

▲ 新照片 -1 2007-10-30

▲ 老照片 1910-08-22

▲ 新照片 -2 2019-07-06

老照片从低处向高处拍摄。黄龙沟内的钙华，其成因是数万年来由于黄龙沟水流缓慢，使水中富含的钙离子得以沉积，渐渐形成了不同形状的钙化物堆积而成的。黄龙钙华长达 3 600 米，尤如金沙铺地。远处森林后面，是岷山的玉珠峰。

从新照片 -1 正前方的陡坡可以判断，近百年来碳酸钙堆积物厚度明显增加了。左边新长出了树丛，右边远处的冷杉和落叶松长高了许多。

新照片 -2 拍摄于 2019 年。钙华的厚度明显增加了，两边的树木和灌丛也长高了不少。

拍摄地点	松潘县黄龙风景名胜区黄龙沟
海　拔	3 350 米
坐　标	31°59.269'N，103°40.779'E
拍摄时间	老照片 1910-08-22
	新照片 -1 2007-10-30，10:43
	新照片 -2 2019-07-06，10:47（邓真言培 摄）

黄龙钙华 -2 **29**

老照片拍摄的是 1910 年黄龙沟钙华的景观。老照片是从高处向低处拍摄的。

新照片 -1 拍摄于 2006 年。碳酸钙堆积物明显增厚，前方两旁的树木长高了。左边树林下修建了一处用于观景的小木屋。远处山脚下，有一处小塌方。

新照片 -2 拍摄于 2019 年。由图片可以看出，钙华的厚度明显增加了，两边的树木也长高了不少。

▲ 老照片 1910-08-22

▲ 新照片 -1 2006-10-30

▲ 新照片 -2 2019-07-06

拍摄地点	松潘县黄龙风景名胜区黄龙沟
海　拔	3 387 米
坐　标	32°44.633'N，103°49.874'E
拍摄时间	老照片 1910-08-22
	新照片 -1 2006-10-30，10:58
	新照片 -2 2019-07-06，11:01（邓真言培 摄）

30 小客栈

老照片拍摄的是 1910 年松潘县雪山梁子垭口东面附近的一处小客栈。客栈房屋低矮，屋顶是用木板搭建的，木板上压上了石块，以避免被风刮走。四周的围墙，用不规则的石块砌成。门外站立着几个人，右边穿大衣两手插进上衣口袋的人，正是威尔逊本人。

新照片-1 拍摄于 2006 年。近百年之后，小客栈已不存在，原来的小路修建成了一条公路。山坡上几块大石头的位置没有变。照片右下角的站立者，左边是威尔逊曾经工作过的英国皇家植物园丘园的托尼，右边是英国皇家温莎植物园的马克。

新照片-2 拍摄于 2019 年，整体景观变化不大。

▲ 老照片 1910-08-23

▲ 新照片-1 2006-06-25

拍摄地点	松潘县雪山梁子东坡
海　拔	3 738 米
坐　标	32°44.723'N，103°45.196'E
拍摄时间	老照片 1910-08-23
	新照片-1 2006-06-25，12:45
	新照片-2 2019-08-11，08:45（邓真言培 摄）

▲ 新照片-2 2019-08-11

小客栈东面 31

老照片拍摄的是上一张老照片中小客栈东面的景观。

新照片-1拍摄于2008年。近百年之后，远处景观没有改变。照片中间平缓的山坡上，灌丛较百余年前生长得更茂密。右前方灌丛中有一处栅栏，当地牧民在夏季用它来管护牛羊。近处的石块不见了，天空中有一排输电线。

新照片-2总体景观变化不大，经过仔细观察比对后发现，照片中间地带的灌丛密度有所增大，这应该与全球气候变暖有一定关系。

拍摄地点	松潘县雪山梁子东坡
海　拔	3 743 米
坐　标	32°44.732'N，103°45.199'E
拍摄时间	老照片 1910-08-23
	新照片-1 2008-09-03，14:16
	新照片-2 2019-08-01，11:10（邓真言培 摄）

▲ 老照片 1910-08-23

▲ 新照片-1 2008-09-03

▲ 新照片-2 2019-08-01

32 苦力墓地

老照片拍摄的是 1910 年雪山梁子垭口附近的景况。照片中间部分的石垒，据威尔逊介绍，是一个贫穷苦力的墓地。此人从平武贩米到松潘，在雪宝顶被土匪杀害，被葬于垭口附近。威尔逊在日记中写道："一口简易的木板棺材上盖着一张篾席，上面再放上几块石头，便是一个中国穷人的归宿。"

新照片 -1 拍摄时，墓地已不见踪迹。远处山坡上，一条宽阔的公路盘旋而上。公路修建时边坡草地大片被开挖，水土流失严重。

新照片 -2 总体景观变化不大。公路再次重新扩建，由于高海拔地区植物生长缓慢，边坡草地的恢复尚需时日。

▲ 老照片 1910-08-25

▲ 新照片 -1 2006-06-24

▲ 新照片 -2 2019-08-01

拍摄地点	松潘县雪山梁子垭口东面
海　拔	3 890 米
坐　标	32°44.435'N，103°44.567'E
拍摄时间	老照片 1910-08-25
	新照片 -1 2006-06-24，13:10
	新照片 -2 2019-08-01，11:41（邓真言培 摄）

雪山梁子垭口东北 [33]

老照片拍摄的是 1910 年雪山梁子垭口东北面的景观。

近百年之后，新照片 -1 远处的景观没有变化。由于修建公路，近处的山坡已被削平，在原来房屋废墟的位置，修建了一间用于旅游管理的警务室。

新照片 -2 拍摄时，新照片 -1 中的警务室已被拆除。公路边修建起了水泥堡坎，上面竖立起了世界自然遗产地——黄龙的地标。

拍摄地点	松潘县雪山梁子
海　拔	4 090 米
坐　标	32°44.341'N, 103°44.159'E
拍摄时间	老照片 1910-08-23
	新照片 -1 2006-06-24，13:30
	新照片 -2 2019-08-12，17:25（邓真言培 摄）

▲ 老照片 1910-08-23

▲ 新照片 -1 2006-06-24

▲ 新照片 -2 2019-08-12

「34」雪山梁子垭口东南

老照片拍摄的是1910年雪山梁子垭口东南面景观。

新照片-1拍摄于2007年。百年之后，远处的景观没有变化。近处的两堆废墟早已不在。拍摄的前晚一场初雪，当地群众堆起了雪人。

新照片-2拍摄于2019年。由于拍摄季节关系，拍摄时此处没有积雪，远处山峰上的积雪也十分稀少。

▲ 老照片 1910-08-23

拍摄地点	松潘县雪山梁子垭口
海　拔	4 090 米
坐　标	32°44.329'N，103°44.160'E
拍摄时间	老照片 1910-08-23
	新照片-1 2007-10-30，13:35
	新照片-2 2019-08-12，17:18（邓真言培 摄）

▲ 新照片-1 2007-10-30

▲ 新照片-2 2019-08-12

岷山主峰雪宝顶 35

老照片拍摄的是 1910 年的岷山山脉的景观。照片中远处积雪的最高山峰，便是海拔 5 588 米的岷山主峰——雪宝顶。

新照片 -1 远处的景观没有变化。对于有着 46 亿年历史的地球来说，百年不过是眨眼功夫，只要不遭受强烈的地质灾害，只要没有过度开发，大自然将会永葆青春。

新照片 -2 中雪宝顶主峰上的积雪比前两张稀少。

▲ 老照片 1910-08-23

▲ 新照片 -2 2019-08-12

▲ 新照片 -1 2006-06-24

拍摄地点	松潘县雪宝顶垭口
海　拔	4 100 米
坐　标	32°44.304'N，103°44.190'E
拍摄时间	老照片 1910-08-23
	新照片 -1 2006-06-24，13:40
	新照片 -2 2019-08-12，17:23（邓真言培 摄）

四川省

岷江上游
河谷线

——寻找"帝王百合"之旅

帝王百合 （周小林 摄）

■ 威尔逊遭遇山体滑坡，被滚下的石块砸断右腿的地方。100 年过去了，岷江百合仍旧在开放

早在 1903 年 8 月，为了寻找红花绿绒蒿，威尔逊沿岷江河谷第一次来到松潘。当年 8 月 30 日，他在当地 5 个士兵的护送下沿着一条叫"康朗"的小路，在县城北面一处海拔 3 500 米的山坡上，找到了这种花卉。1910 年 8 月 24 日，当他第三次来到这里并即将离开时，威尔逊在日记中饱含感情地写道："如果命运注定要我生活在中国西部，我最大的愿望就是能住在松潘。"2014 年，松潘县在松潘古城南门瓮城遗址公园内修建了一尊威尔逊塑像，以纪念这位热爱中国并对松潘怀有深情的著名西方植物学家。

第二天，威尔逊离开松潘沿岷江边的茶马古道行进。8 月 30 日，他在途经茂县叠溪古镇时，拍摄了一张十分珍贵的古镇全景照片，真实地记录了 1933 年 8 月 25 日叠溪大地震发生之前的古镇原貌，为日后学者研究叠溪大地震的破坏程度提供了可靠证据。在从茂县至汶川途中，威尔逊标记了 6 000 株岷江百合的生长地点，准备秋天再返回来收集鳞茎和种子。他在日记中对岷江百合充满了赞誉："每年 6 月，在路边、在急流冲刷开裂的石缝中、在高耸的山坡和悬崖上，盛花怒放的百合让旅途疲劳的徒步者眼目清新，成百上千，甚至上万对眼睛对其投以赞许的目光。""在清晨或晚上凉爽的空气中，充满了从每朵花散发出的美妙香气。在这短暂的季节里，百合将这孤独的半干旱地区变成了真正的仙境。"

除了岷江百合外，威尔逊还引种了岷江河谷另一种开蓝色小花的植物——岷江蓝雪花。这种花卉不仅具有观赏价值，还被西方的自然疗法医生用来治疗人们缺乏自信心的问题和儿童多动症。在中国原产地，岷江蓝雪花为民间常用药：用带花的枝叶治崩漏、鼻衄等疾病；用根做治疗风湿跌打、胃腹疼痛的止痛药；用它的枝、叶提取白花丹素以治疗老年慢性气管炎。同一种植物，完全不同的用途，充分体现了岷江蓝雪花具有非常高的实用价值，以及东西方文化的差异。

这条路线不仅是威尔逊到中国西部（四川）收集植物的次数最多的路线，还是他最喜爱、离别时感到最不舍的一条路线。他曾表示，他在沿途所遇到的花卉植物、自然景观及人文故事，足以让他回忆一生。1910 年 9 月 3 日，他在汶川草坡乡桃关村遭遇山体滑坡，滚下的石块砸断了他的右腿，从此留下了终身残疾，他戏称自己为"百合跛子"。事后，威尔逊在日记中写道："一场事故结束了我的旅程，我带着一点跛来度过余生，但是我圆满地完成了工作，我为此感到自豪，所以我无怨无悔。"受伤后的威尔逊，告别了中国西部这片他时常怀念的土地，告别了这里鲜花盛开的山川，也告别了众多帮助过他的中国朋友。

阿坝藏族羌族自治州 松潘县

「01」岷江河谷

▲ 老照片 1910-08-25

老照片拍摄于 1910 年。岷江从远处流来，两岸宽阔平坦，蜿蜒的河流像一条白色的哈达，"天府之国"的母亲河——岷江的沿岸美丽而富饶。

新照片 -1 远景变化较小，近处岷江的河道变宽。照片左边区域的山脚下有一条公路，田野里竖立起了电线杆和输电铁塔，近处堆放了沙石和水泥管道，这里正在修建回族新村。

新照片 -2 拍摄于 2019 年。最近 13 年来，这里的变化超过以往百年。2008 年汶川特大地震后，为了促进民族地区发展，改善人民的生活，岷江两岸新建了不少房屋。

▲ 新照片 -1 2006-06-25

▲ 新照片 -2 2019-07-16

拍摄地点	松潘县进安镇
海拔	2 879 米
坐标	32°39.273'N，103°36.302'E
拍摄时间	老照片 1910-08-25
	新照片 -1 2006-06-25，15:50
	新照片 -2 2019-07-16，14:32（宋丹 摄）

从东北面望松潘城 02

老照片是 1910 年从东北方向拍摄的松潘古城。岷江河沿岸，松潘古城整齐有序。右侧山坡上，坚固的城墙一直修到山顶。右下方有一处建筑，是一个清真寺内的光照亭和拱北。

近百年之后松潘城的范围扩大了。新照片-1中，山顶上修建了一座城楼，河边田野里兴建了大量房屋。光照亭和拱北重新修建，周围有 69 棵杨树和 5 棵榆树，长得高大茂密。

新照片-2 中，松潘古城整体风貌变化不大，照片左下方的农田中修了几间新房。清真寺周围的杨树和榆树都长高了。

▲ 老照片 1910-08-25

▲ 新照片-2 2019-07-13

▲ 新照片-1 2006-06-25

拍摄地点	松潘县城东北
海　拔	2 879 米
坐　标	32°38.950'N，103°36.221'E
拍摄时间	老照片 1910-08-25
	新照片-1 2006-06-25，16:30
	新照片-2 2019-07-13，16:30（宋丹 摄）

03 岷江环绕的松潘城

老照片拍摄的是从松潘城东面山坡向北远眺的岷江河谷景观。照片上松潘古城墙高大坚固，岷江绕城而过。照片左下方的岷江上，建有一座精美的廊桥。

新照片-1拍摄于2006年。近百年之后，远处景观变化很小，近处的房屋增多。岷江两岸修建了坚固的堤坝，左下方的廊桥已改建为吊桥。

新照片-2拍摄于2019年。古城整体风貌较新照片-1中的景象更好了，岷江对岸的城墙外，栽种了一排整齐的杨树，照片右下方原来的杨树改种成了灌丛。

拍摄地点	松潘县县城东门外山坡
海　拔	2 880 米
坐　标	张家房屋 32° 38.296'N，103°35.979'E
拍摄时间	老照片 1910-08-25
	新照片-1 2006-06-24，17:00
	新照片-2 2019-07-13，10:39（宋丹 摄）

▲ 老照片 1910-08-25

▲ 新照片-1 2006-06-24

▲ 新照片-2 2019-07-13

从东门外望松潘城 04

老照片是 1910 年从东门外拍摄的松潘古城。城内房屋密集，规划有序；四周城墙，高大坚固；城外岷江，蜿蜒而过。

新照片 -1 拍摄时古城面貌一新，城内房屋风格各异，岷江已被密集的房屋遮掩。

新照片 -2 中，松潘古城整体风貌有了很大改善。

▲ 老照片 1910-08-25

▲ 新照片 -1 2006-06-26

拍摄地点	松潘县县城东门外山坡
海　拔	2 880 米
坐　标	张家房屋 32°38.329'N，103°35.990'E
拍摄时间	老照片 1910-08-25
	新照片 -1 2006-06-26，10:10
	新照片 -2 2019-06-22，11:01（宋丹 摄）

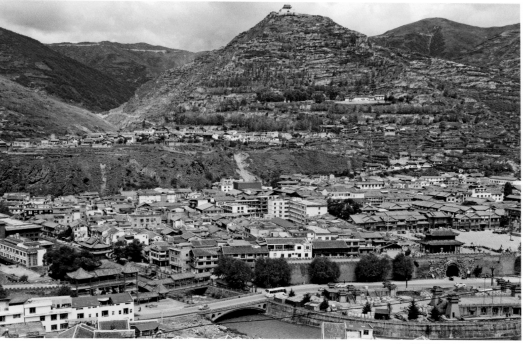

▲ 新照片 -2 2019-06-22

05 从东南面望松潘城

▲ 新照片-1 2006-06-24

▲ 老照片 1910-08-25

老照片是1910年从松潘城东南面拍摄的古城。照片近处是一片开阔的田地，古城四周有高大坚固的城墙，城内房屋密集，规划有序。对面山坡上，城墙一直修到山顶。

新照片-1拍摄于2006年。城内修建了很多房屋，风格各异。远处山顶上，新修了一座城楼。

新照片-2拍摄于2019年。古城整体风貌有了很大的改善。照片下方区域修建了很多房屋，房屋中间和近处的树木都长高了。

▲ 新照片-2 2019-07-17

拍摄地点	松潘县县城南外山坡
海　拔	2 884 米
坐　标	32°37.714'N，103°35.664'E
拍摄时间	老照片 1910-08-25
	新照片-1 2006-06-24，10:42
	新照片-2 2019-07-17，07:49（宋丹 摄）

城隍庙门外 06

▲ 新照片 -1 2007-08-24

▲ 新照片 -2 2020-10-09

拍摄地点	松潘县城西外山坡
海　拔	2 992 米
坐　标	32°38.596'N，103°35.531'E
拍摄时间	老照片 1910-08-25
	新照片 -1 2007-08-24，16:50
	新照片 -2 2020-10-09，09:32（杨友利 摄）

▲ 老照片 1910-08-25

　　老照片是 1910 年松潘城西城隍庙大门外的两棵紫果云杉。据威尔逊记载，其中一棵树高 21.34 米，胸围 3.05 米。树下有一片低矮破旧的瓦房。山下房屋密集，城墙清晰可见。

　　新照片 -1 拍摄时，其中一棵紫果云杉已不在了，换种了一棵 15 米高的杨树。右侧处于较低位置的那棵紫果云杉还在。后方城内的房屋增多。照片上方区域山坡上一处冲沟依旧还在，自 1998 年国家实施退耕还林政策以来，冲沟周围和山坡上的植被覆盖率明显增加了。

　　新照片 -2 中，对面山坡上的植被较 13 年前更茂密，寺庙外又修建了很多新房，照片中那棵杨树不在了，右边那棵紫果云杉长高了不少。

「07」城隍庙门内

▲ 老照片 1910-08-25

▲ 新照片 -2 2020-10-09

老照片是 1910 年松潘城西侧城隍庙内的三棵紫果云杉。最高的一棵树高 21.34 米，左下方是城隍庙的主楼。

新照片 -1 拍摄时，紫果云杉已不在了，右边长有一棵 15 米高的杨树。城隍庙被修建一新，主楼后面长有一棵高 15 米的紫果云杉。

新照片 -2 远处山坡上的植被较 13 年前更茂密，照片中那棵杨树长高了不少，照片下方区域长出了 4 棵幼年的杨树。由于拍摄时取景偏右，左边那棵紫果云杉未能进入画面。

拍摄地点	松潘县城西侧山坡
海　拔	2 993 米
坐　标	32°38.585'N，103°35.530'E
拍摄时间	老照片 1910-08-25
	新照片 -1 2007-08-24，17：10
	新照片 -2 2020-10-09，09：28（杨友利 摄）

▲ 新照片 -1 2007-08-24

岷江河谷的冷杉 08

老照片拍摄的是 1910 年松潘县城南面的一段岷江河谷。前景有几棵高大的岷江冷杉（*Abies faxoniana*），可以看出百余年前河谷右侧的森林十分茂密。

近百年之后，因岷江两岸山体同时向下滑动，新照片 -1 背景已发生很大变化。河谷左侧冲积扇向前推进了 80 米，右侧山坡上的森林采伐后由次生灌丛替代。近年来加大植树造林，灌丛中已长出冷杉幼树。这里有可能继续发生滑坡，应引起高度重视。

新照片 -2 拍摄于 2019 年。岷江两岸植被有了一定恢复，近处的灌木也长高了。原来的公路被近处灌木遮住，新修的公路改从冲积扇上的农田中架桥通过。照片中间部位有一排蓝顶建筑，是成（都）-兰（州）铁路建设时临时设置的水泥搅拌场。

▲ 新照片 -2 2019-07-16

拍摄地点	松潘县安宏乡
海　拔	2 715 米
坐　标	32°29.912'N，103°38.720'E
拍摄时间	老照片 1910-08-27
	新照片 -1 2008-10-31，13:00
	新照片 -2 2019-07-16，14:32（宋丹 摄）

▲ 老照片 1910-08-27

▲ 新照片 -1 2008-10-31

09 岷江边的小村庄

老照片是 1910 年岷江边一处平坦的河谷阶地上的小村庄。村庄背后的山坡上，生长着稀疏的灌丛和小树林。

新照片 -1 拍摄时，原来只有几户人家的小村庄，在近百年后已经发展到有上百户人家。岷江对岸修建了河堤，并栽上了一排排杨树。背后山坡上的灌丛和树林较过去更加茂密。

新照片 -2 中，岷江对岸的杨树和照片近处左下方的小树都长高了，运处山坡上的植被也较 12 年前更加茂盛。照片下方的围墙边，修建了一间简易的小木棚，村庄里的房屋布局变化不大。

拍摄地点	松潘县新塘关村
海　拔	2 660 米
坐　标	32°27.270'N，103°40.536'E
拍摄时间	老照片 1910-08-27
	新照片 -1 2008-10-31，12:20
	新照片 -2 2020-11-11，09:22（宋丹 摄）

▲ 老照片 1910-08-27

▲ 新照片 -1 2008-10-31

▲ 新照片 -2 2020-11-11

杨树和桥 **10**

老照片拍摄的是 1910 年松潘新塘关村。岷江河上的一座木桥，桥头有一大一小两棵杨树，右边茶马古道上站立着两个赶马人。

新照片 -1 拍摄于 2007 年。原木桥已改建成铁索桥，桥头的杨树长得高大粗壮，胸径达 1.2 米。原来的茶马古道已变成宽阔平坦的公路。

新照片 -2 拍摄于 2019 年。2008 年汶川特大地震后，铁索桥又被更换成钢桥。岷江左岸修建了一段水泥堤岸，河道变得狭窄了。

▲ 老照片 1910-08-27

▲ 新照片 -2 2019-07-16

▲ 新照片 -1 2007-08-24

拍摄地点	松潘县新塘关村
海　拔	2 660 米
坐　标	32°27.197'N，103°40.567'E
拍摄时间	老照片 1910-08-27
	新照片 -1 2007-08-24，14:14
	新照片 -2 2019-07-16，13:23（宋丹 摄）

阿坝藏族羌族自治州 茂县

[11] 岷江边的小屋

▲ 老照片 1910-08-29

拍摄地点	茂县大平乡杨柳村
海　拔	2 239 米
坐　标	32°06.641'N，103°43.508'E
拍摄时间	老照片 1910-08-29
	新照片-1 2007-08-24，10:45
	新照片-2 2009-05-30，12:20
	新照片-3 2020-10-17，09:25（何其华 摄）

老照片拍摄的是 1910 年茂州（今茂县）岷江边上一幢石头砌成的小屋。房屋主人姓罗，房屋四周种了很多杨树。背后山坡下方，是一片梯形的坡地。

新照片 -1 拍摄时，原来的房屋已不在。听当地人说，1933 年叠溪地震后，两边山体垮塌，岷江被堵塞，回水淹没了房屋，罗家人幸运逃生。老房主人的后代叫罗建孝，地震后搬迁到山坡上的瓦房居住。远处山坡也存在下滑迹象，应注意防治地质灾害。

新照片 -2 拍摄于 2009 年，此地景观又发生了变化。2008 年夏天，一场洪水使河对岸的台地被冲毁。

新照片 -3 拍摄于 2020 年。历经 11 年的河水冲刷后，河床显著下切。岷江对岸台地上新建了一排房屋，山坡上的树木较以前生长得更加茂密，原有的一片裸露的地方，已被植被覆盖。

▲ 新照片 -2 2009-05-30

▲ 新照片 -1 2007-08-24

▲ 新照片 -3 2020-10-17

「12」叠溪古镇

▲ 老照片 -1 1910-08-30

▲ 老照片 -2 1934

▲ 新照片 -1 2007-08-25

▲ 新照片 -2 2011-11-13

▲ 新照片 -3 2013-09-21

▲ 新照片 -4 2020-06-13

拍摄地点　茂县较场村
海　　拔　2 356 米
坐　　标　32°01.160'N，103°41.276'E
拍摄时间　老照片 -1 1910-08-30
　　　　　老照片 -2 1934（庄学本 摄）
　　　　　新照片 -1 2007-08-25，12:35
　　　　　新照片 -2 2011-11-13，12:58
　　　　　新照片 -3 2013-09-21，13:46
　　　　　新照片 -4 2020-06-13，11:36（袁敏 刘波 摄）

　　老照片 -1 由威尔逊拍摄于 1910 年。叠溪古镇建于岷江右岸一处台地上，四周围墙坚固，易守难攻。城内房屋整齐，沿东西轴线延伸。古城东门外，还建有碉楼和一排房屋。1933 年 8 月 25 日，在这里发生了 7.5 级大地震，山河巨变，古城整体下陷 50 米。

　　老照片 -2 由中国摄影家庄学本在地震发生一年后拍摄。长久以来，人们误认为古镇在地震中沉入岷江的堰塞湖中，实际上并非如此。2007 年 4 月 2 日，较场村村支书赵如德（他父亲是当年地震仅有的几个幸存者之一）告诉作者，地震中古镇向南滑入岷江河谷，一个月后，上游形成的堰塞湖溃堤，随即将滑入河谷的古镇废墟全部冲毁。

　　新照片 -1 至 3，分别拍摄于 2007 年、2011 年和 2013 年。从这三张新照片可以看出 2008 年汶川特大地震前后岷江河谷的景观变化，河谷两岸植被的覆盖率已经明显增加。

　　在新照片 -4 中，叠溪镇平台的左上部，有一处从右上方至左下方的灰色三角形状痕迹（红箭头所指处），是 2017 年 6 月 24 日叠溪镇新磨村突发山体高位垮塌造成的。

「13」叠溪镇附近的小村庄

▲ 老照片 1910-08-30

拍摄地点	茂县叠溪镇排山营村
海　　拔	2 219 米
坐　　标	31°59.269'N，103°40.779'E
拍摄时间	老照片 1910-08-30
	新照片-1 2006-06-25，10:38
	新照片-2 2009-05-30，10:38
	新照片-3 2020-06-13，10:41（袁敏 刘波 摄）

▲ 新照片-1 2006-06-25

老照片拍摄的是 1910 年的茂州叠溪镇附近一个小村庄。在一处圆形的山头上，挤满了密集的小瓦房。后面的悬崖和山沟中，生长着一些稀疏灌丛。

新照片 -1 拍摄于 2006 年，整体景观有一些变化。原有房屋在 1933 年地震中垮塌，并于 1934 年重新修建。1935 年这些房屋又毁于一场大火。现有房屋都是后来修建的。远处的山沟和悬崖上，灌丛明显较近百年前茂密。

新照片 -2 拍摄于 2008 年汶川特大地震后第二年。远处山沟和悬崖上出现了明显的崩塌痕迹。

新照片 -3 拍摄于 2020 年。2008 年汶川特大地震发生后，村里修建了很多新房，一部分村民把房屋搬迁到了附近的公路边。从照片中可以看出，村庄附近和远处山崖上，植被得到明显的恢复。

▲ 新照片 -2 2009-05-30

▲ 新照片 -3 2020-06-13

「14」荒凉的岷江河谷

老照片拍摄的是 1910 年茂州境内的一段岷江河谷。这段河谷中岷江两岸十分荒凉，除一些低矮稀疏的灌丛，几乎没有树木生长。河中有一块数十吨重的巨石。河谷右岸坡缓，有一条通向松潘的茶马古道。威尔逊曾这样描述这里的景象："除了沙漠，没有哪个地方会比今天旅程中的景象更荒凉。"

新照片 -1 中，两岸景观依旧，左岸沿河修建的公路直达松潘，右岸的古道已经废弃，由于河水的侵蚀和袭夺作用，左岸的巨石已被移到右岸。

新照片 -2 远处景观变化不大，近处河谷右岸出现了一处很大的滑坡体，遮挡住了原照片下方的岷江河流。在滑坡体上方，还出现了一个很大的石堆，是修建成（都）—兰（州）铁路时，从附近隧洞里运出的岩石碎屑堆积而成，但未进行护坡处理，极易造成岷江河谷堵塞。河中那块巨石依旧还在。

拍摄地点	茂县石大关乡野鸡坪
海　拔	1 760 米
坐　标	31°52.486'N，E103°41.779'E
拍摄时间	老照片 1910-08-30
	新照片 -1 2009-05-30，14:45
	新照片 -2 2020-06-13，10:21

▲ 老照片 1910-08-30

▲ 新照片 -1 2009-05-30

▲ 新照片 -2 2020-06-13

九顶山 15

老照片拍摄于 1910 年，是从茂州城内向南拍摄的。远处积雪的山峰，是海拔 4 969 米的九顶山主峰。山的背后，便是美丽富饶的成都平原。

新照片 -1 远处景观依旧，近处的树林已不在。一大片新修的房屋下面，是一条街道。

新照片 -2 中，近处修建了几幢较高的房屋。

▲ 老照片 1910-05-25

▲ 新照片 -2 2021-03-27

▲ 新照片 -1 2007-03-27

拍摄地点	茂县县城老汽车站四楼窗口
海　拔	1 580 米
坐　标	31°40.702'N，103°50.862'E
拍摄时间	老照片 1910-05-25
	新照片 -1 2007-03-27，16:35
	新照片 -2 2021-03-27，09:24（何其华 摄）

「16」茂县光明乡

▲ 老照片 1910-05-24

老照片拍摄的是 1910 年茂州的一处乡村景观。小河两岸，有大片土地被开垦，右侧有一条小路，路边生长有很多杨树。照片中部区域山坡下，还有两处房屋。

新照片 -1 中，当年的小路已修成了宽阔的公路。1998 年后国家实施了退耕还林政策，公路右侧植被有所恢复。远处台地上，正在修建一座现代化养猪场。坡下房屋的两个主人，一个叫杨友金，一个叫李福龙，他们两家世代居住此地。原来的房屋在 1935 年被毁，后来重新修建。当年威尔逊路过这里时，曾在李家住过一晚。

新照片 -2 整体景现进一步变化，山坡上植被茂密，公路两侧建起了很多新房。

▲ 新照片 -1 2007-03-28

拍摄地点	茂县光明乡
海　拔	1 385 米
坐　标	31°44.468'N，103°57.719'E
拍摄时间	老照片 1910-05-24
	新照片 -1 2007-03-28，11:20
	新照片 -2 2021-04-26，13:23（何其华 李桂全 摄）

▲ 新照片 -2 2021-04-26

三元桥 17

▲ 新照片 -1 2007-03-28

▲ 新照片 -2 2009-05-31

▲ 老照片 1910-05-25

老照片拍摄的是 1910 年茂州土门乡的一座古桥，名为"三元桥"。该桥建于 1873 年，是一座用条石砌成的半圆形拱桥，造型古朴美观，充分显示了中国劳动人民高超的建桥技巧。

虽然历经近百年，新照片 -1 中，古桥丝毫没有变形或坍塌，可以看得出中国劳动人民的智慧与力量。右侧的房屋已不在，胡桃尚存；左侧破旧的木板房，已变成砖混结构的新房。

新照片 -2 拍摄于 2008 年汶川特大地震后 1 年。尽管这里距震中很近，古桥却丝毫未受损伤，但背后山坡上可见山体垮塌的明显痕迹。

新照片 -3 拍摄于 2019 年，古桥仍旧保存完好。石桥两端桥头边的树木已消失，说明河水冲击力度增大了。

▲ 新照片 -3 2019-06-06

拍摄地点	茂县土门乡
海　拔	1 050 米
坐　标	31°46.012'N，104°04.505'E
拍摄时间	老照片 1910-05-25
	新照片 -1　2007-03-28，12:30
	新照片 -2　2009-05-31，12:30
	新照片 -3　2019-06-06，09:26

[18] 雁门村

▲ 老照片 1910-09-02

拍摄地点	汶川县雁门村
海　拔	1 397 米
坐　标	31°29.670'N，103°37.384'E
拍摄时间	老照片 1910-09-02
	新照片-1 2006-06-27，09:50
	新照片-2 2009-03-19，10:10
	新照片-3 2019-06-06，16:49

▲ 新照片 -1 2006-06-27

老照片拍摄的是 1910 年汶川县雁门镇雁门村。岷江从远处山脚下流过，平顶房屋的四周长有很多树木，左边有一座圆形的小山坡。

新照片 -1 远处景观未变。村庄里修建了不少新房，也保留了一些旧房。房屋四周树木依旧茂盛，原来老照片中部的两棵大树不见了。左边因公路修建，山坡被削成了一处斜坡。

新照片 -2 拍摄于 2008 年汶川特大地震后。远处山坡崩塌严重。地震中村庄里房屋受损，此时正处于恢复重建中。

第三张新照拍摄于 2019 年。左上方山坡上的植被得到明显恢复，右下方一些房屋被拆掉，栽种了一片树木。河对岸右上方的一片流沙坡，因坡度较陡，植被尚未恢复。

▲ 新照片 -2 2009-03-19

▲ 新照片 -3 2019-06-06

[19] 雁门村岷江河谷

老照片拍摄的是 1910 年靠近汶川县城附近的一段岷江河谷。这段岷江河谷的两岸之间有两根用竹篾分股纽绞而成的竹绳，绳上套有木制溜筒，这是当地古老的渡河工具。左岸山坡上有一座碉楼。

新照片 -1 拍摄于 2009 年。由于上游修建了一系列电站，岷江在冬春两季江水断流。左岸山坡上的碉楼不在了，下方修建了一条公路。2008 年汶川特大地震中，左岸山坡崩塌严重，河滩上原有的几块大石头还在。

新照片 -2 整体景观变化不大，河谷两岸的植被覆盖率较 12 年前有所增加。岷江左岸的公路拓宽了，山坡下部出现了一处小平台。这张照片拍摄时间与老照片同在 5 月，可以看出岷江河水的流速和泛起的波浪与一百多年前十分相似，左岸河滩上的几块大石头仍旧静静地躺在河中。

▲ 老照片 1910-05-28

▲ 新照片 -1 2009-03-19

拍摄地点	汶川县雁门镇清波村
海　拔	1 368 米
坐　标	31°30.943'N；103°39.911'E
拍摄时间	老照片 1910-05-28
	新照片 -1 2009-03-19，09:49
	新照片 -2 2021-05-07，15:00（殊方 摄）

▲ 新照片 -2 2021-05-07

汶川索桥 20

老照片拍摄的是 1910 年汶川县城附近岷江上的一座索桥。桥上走着两个身着民族服装的羌族妇女。索桥建于 1368 年，长 100 米，宽 1.7 米，用多股竹绳拧成，桥面铺以木板，经常进行维修。1955 年改建为钢索木板吊桥。

新照片 -1 中，索桥已在 2003 年改建为钢架水泥桥。照片上的羌族老人的服饰样式几乎未变，她身边的两个小孙女已穿上了现代服装。江对岸沿岷江新修了一条公路，右上方岩石上安放的卫星天线，体现了社会的进步。

新照片 -2 拍摄于 2019 年。在 2008 年汶川特大地震发生两年后，当地政府对这座桥进行了艺术化的改建，以促进经济发展。

拍摄地点	汶川县威州镇
海　拔	1 400 米
坐　标	31°28.841'N；103°35.086'E
拍摄时间	老照片 1910
	新照片 -1 2009-03-16，16:48
	新照片 -2 2019-06-06，13:15

▲ 老照片 1910

▲ 新照片 -1 2009-03-16

▲ 新照片 -2 2019-06-06

「21」涂禹村

老照片拍摄的是 1908 年汶川县绵虒镇涂禹村。这里是大土司索观瀛的官寨，后来一度作为汶川县政府所在地。索家统治这里有几百年历史，至中华人民共和国成立时，一共经历了 18 代。房屋沿东西向的山脊修建，威严高耸的碉楼左下方，是当时土司的衙门。

2007 年新照片 -1 拍摄时，右面山坡有向下滑动的迹象，新旧房屋混杂，碉楼在 1980 年代因发生倾斜被拆除，当地村民仍沿袭传统生活方式。据了解，2008 年手机信号覆盖到村，右边斜坡一条公路正在修建，"通信基本靠吼，交通基本靠走"的局面已彻底改变。

新照片 -2 中，村里修建了不少新房，公路已通进村中。照片下方区域和山脊上的树木都长高大了。

▲ 老照片 1908-05-27

拍摄地点	汶川县绵虒镇涂禹村三棵树
海　　拔	2 010 米
坐　　标	31°24.478'N，103°30.323'E
拍摄时间	老照片 1908-05-27
	新照片 -1 2007-08-26，11:15
	新照片 -2 2020-11-09，14:48（殊方 温代贤 摄）

▲ 新照片 -1 2007-08-26

▲ 新照片 -2 2020-11-09

中坝电厂岷江河谷 22

▲ 新照片-1 2007-04-02

▲ 新照片-2 2009-03-19

▲ 新照片-3 2021-05-03

▲ 老照片 1910-05-29

老照片拍摄的是 1910 年汶川县岷江河谷。岷江从照片右下方区域流来，在左下方区域转了一个大弯后，再向下流去。对岸一个小山包，像一只蜗牛，静静地卧在岷江的怀抱中。

新照片-1 中，下方区域修建了公路，路边是中坝电站的厂房，其围墙完全遮挡住了岷江河谷。远处山坡上新修了一条山村公路。

新照片-2 上，2008 年汶川特大地震中，河谷左岸崩塌严重，电站的厂房和围墙均已受损。

新照片-3 中，右边区域破损的房屋和围墙已在 2021 年初拆除，并在原厂址上建起了果园，果园后面可以清楚地看到都（江堰）汶（川）高速公路的高架桥。右边远处的山坡下部，有一小片新垮塌的痕迹。

拍摄地点	汶川县板桥村中坝电站
海　拔	1 280 米
坐　标	31°24.590'N，103°32.338'E
拍摄时间	老照片 1910-05-29
	新照片-1 2007-04-02，16:48
	新照片-2 2009-03-19，11:20
	新照片-3 2021-05-03，17:08（殊方摄）

23 绵虒镇岷江河谷

▲ 老照片 1908-05-27

▲ 新照片-1 2007-08-26

▲ 新照片-2 2009-03-16

老照片拍摄的是 1908 年汶川县绵虒镇附近的一段岷江河谷。岷江从前方流下，照片右上方区域山坡上有一大片耕地，右下方区域有一个小村庄。

新照片-1 拍摄于 2007 年。岷江上架起了三座公路大桥；左岸冲积扇上，树木较近百年前茂盛；右岸冲积扇上，农田面积扩大，排列整齐。右下方的村庄里，新建了不少房屋；山坡上的耕地，基本保持原样；从江边到山坡上，有一条弯曲的公路。

新照片-2 拍摄于 2009 年，是 2008 年汶川特大地震之后的第二年。照片上可以看出地震对河谷两岸边坡和植被破坏严重。

从新照片-3、新照片-4、新照片-5 景观对比的结果可以看出，2008 年汶川特大地震 11 年之后，由于国家实施了退耕还林、禁止放牧等一系列生态保护政策，人为因素的干扰减少了，大自然显示出了超强的自愈能力。

▲ 新照片 -3 2011-11-19

▲ 新照片 -5 2019-06-05

拍摄地点	汶川县绵虒镇单坎梁子
海 拔	1 730 米
坐 标	31°24.007' N，103°30.439' E
拍摄时间	老照片 1908-05-27

新照片 -1 2007-08-26，12:24
新照片 -2 2009-03-16，14:54
新照片 -3 2011-11-19，11:56
新照片 -4 2014-10-22，16:39
新照片 -5 2019-06-05，10:18

▲ 新照片 -4 2014-10-22

24 岷江边的小宝塔

▲ 老照片 -1 1896

▲ 老照片 -2 1908-05-29

▲ 老照片 -3 1937

老照片 -1 是本书即将出版时在档案中新发现的一张照片，照片作者是英国著名的女探险家伊莎贝拉·露西·伯德（Isabella Lucy Bird），拍摄时间在 1896 年。令人称奇的是，这张照片的拍摄角度与 12 年后威尔逊在这里拍摄的老照片角度几乎一致。

老照片 -2 由威尔逊拍摄于 1908 年，照片主体是岷江边上一座小宝塔。岷江左岸一块巨石伸向江心，激流已将巨石下方淘出几个大洞。左边山坡上有一条小路和几间房屋，是当年的茶马古道和驿站。

老照片 -3 和老照片 -4 分别拍摄于 1937 年和 1938 年，分别由中国摄影家庄学本和加拿大国际友人伊莎白·柯鲁克（Isabel Crook）拍摄。他们 4 人之间相互并不知情，却选择了相同的拍摄角度，不能不说这是一件十分奇妙的事。

新照片 -1 拍摄于 2008 年汶川特大地震之前。左边悬崖壁上修建了公路和隧道，原有的小路已被废弃。宝塔在 1933 年的叠溪地震中垮掉两层，路边一座关帝庙毁于 1935 年。

新照片 -2 和新照片 -3 中，宝塔连底层都不见了。由于震后新修公路，从河谷左上方伸向河中的巨石都被炸掉了一部分。这组照片见证了 2008 年汶川特大地震后，岷江左岸河谷被损毁和恢复的过程。

拍摄地点	汶川县绵虒镇飞沙关
海　拔	1 190 米
坐　标	31°19.733'N，103°28.617'E
拍摄时间	老照片 -1 1896
	老照片 -2 1908-05-29
	老照片 -3 1937
	老照片 -4 1938
	新照片 -1 2007-03-27，11:10
	新照片 -2 2009-03-16，12:03
	新照片 -3 2019-06-06，11:52

▲ 老照片 -4 1938

▲ 新照片 -1 2007-03-27

▲ 新照片 -2 2009-03-16

▲ 新照片 -3 2019-06-06

四 · 尾声

■ 叠溪海子（杨建 摄）

客从何处来，影像背后的故事

山回路转不见君，雪上空留马行处。在十余年"重走威尔逊之路"的旅程中，发生了无数的故事，有山重水复的无奈，有柳暗花明的惊喜，有沧海桑田的怅然，有蓦然回首的释怀。拨开百年前尘封的历史，破译威尔逊留下的蛛丝马迹，抽丝剥茧，踏破铁鞋。寻访的成果已在眼前，寻访的过程弥足珍贵。

作者收集了寻访过程中的 11 个小故事：有寻找威尔逊关联人后代的经过，也有百年前达官显贵家族兴替的故事，还有在寻找老照片过程中遇到的奇闻趣事。作者在寻找这些关联人后代时，通过收集、了解威尔逊日记和相关著作的信息，采取了现场访问、开会座谈等博物学常规田野调查方法；在报上登载寻人启事，动员公众提供线索；甚至还参考了 "六度分隔"理论（即最多通过六个人，就能将彼此毫不相关的两个人联系起来）。

一百多年前，威尔逊之路是一条植物采集之路；今天，这条采集之路俨然已成为一条见证中国西部百年变迁的路。从威尔逊妙手偶得的一张照片，到作者千里寻踪背后的故事，我们坚信"人是感动人的重要元素"。作者希望与读者分享老照片重拍过程中的故事，也许若干年后，这些故事才是重走威尔逊之路中最闪亮的标识。

印开蒲手记

01 老照片中的 "C 位" 人物
—— 宜昌尹氏后人寻访记

1911 年 2 月 15 日，威尔逊决定启程离开宜昌，返回位于美国波士顿的阿诺德树木园。5 个月前，1910 年 9 月 3 日，他在四川汶川遭遇山体塌方，被飞石砸断了右小腿。他受伤的地点距成都大约 100 千米，是一路跟随他考察的宜昌挑夫连夜用担架将他送到成都治疗。治疗期间，这些人又返回岷江河谷，替他收集了岷江百合的鳞茎和一部分成熟的种子。这次考察结束后，威尔逊和雇用的宜昌挑夫乘船南下，回到每次考察的出发地宜昌。工作上的默契配合，再加上这次生死营救，威尔逊早已把这些人当作了朋友。离别前他找来其中 8 个人，拍摄了一张集体照片，照片的文字说明中他发自肺腑地称这些人是"忠诚的中国朋友"。

2006 年 6 月，英国皇家植物园丘园的托尼·柯克汉姆和温莎植物园的马克·弗拉纳根来到成都，委托我寻找这张照片上人物的后代，他们希望从这些人那里发现当年威尔逊留下的蛛丝马迹，为进一步研究威尔逊来中国考察的历史提供依据。

当我决定寻找老照片上这些人物后代时，却发现困难重重。首先，翻遍所有资料，威尔逊没有留下任何有关这些人姓名和住址的文字；其次，抗日战争时期日军占领宜昌长达 5 年之久（1940 年 6 月至 1945 年 8 月），当地很多原住民在宜昌沦陷前便随"宜昌大撤退"的计划迁移到四川、云南等地，再历经其后的战乱和自然灾害及几十年的社会变迁，当下想要找到这 8 户人家的后代机会渺茫。

尽管如此，我仍于 2007 年 4 月 8 日登上了飞往湖北宜昌的航班。第二天，我见到了宜昌市政府发展研究中心负责人，并向他提出希望通过用登报的方式，动员广大市民提供老照片拍摄地点和"忠诚的中国朋友"后代的线索。4 月 10 日，在宜昌《三峡晚报》第三、四版上，以"百年前的宜昌影像"为标题，登载了一组威尔逊拍摄的图片和我在宜昌寻访威尔逊之路的文章，同时也登载了"忠诚的中国朋友"这张照片，还附上了一篇寻找照片人物后代的启事。第二天，报纸上又登载了一整版有关威尔逊的报道。寻找老照片后人的事在街头巷尾一时间引起了热议，但要找的人却没有一点消息，我不免有一点儿着急。当晚，我请《三峡晚报》的工作人员继续登载，并按我的要求把照片和人物图像放大。然而，时间推移，仍然没有任何进展。4 月 13 日，当时的宜昌市市长接见了我，他对我带来的老照片非常感兴趣，安排有关部门和报社配合我的工作。可惜事与愿违，当天我接到返岗通知，这次宜昌寻访只能终止。临走前我托付《三峡晚报》记者胡声明，希望报纸继续把"忠诚的中国朋友"照片放大登载。

2007年5月26日，我第二次来到宜昌。《三峡晚报》再次跟踪报道了"重走威尔逊之路（宜昌段）"的寻访过程。在此次宜昌寻访的半个月时间里，寻找"忠诚的中国朋友"后代依然毫无进展，我感到有一些失落，但仍不想放弃。

2008年4月8日，我和司机王杭明驱车再次从成都出发前往湖北宜昌，途经十余个县、市，行程1 500多千米。我们沿途一路寻访，于4月17日下午5点顺利到达宜昌，这是我第三次来这里了。这次我们计划寻找宜昌周围十余个威尔逊老照片拍摄点，还准备去秭归县和长阳县，同时对"忠诚的中国朋友"后代的寻访也是这次的重要任务。中国人有个俗语叫"事不过三"，自2007年4月8日我来到宜昌开始，先后两次登报寻找"忠诚的中国朋友"后代未果，我想，若此次再找不到就只好放弃了。

这次宜昌市政府安排市林业局配合我的工作，在市林业局造林科向世卓科长陪同下，我们一行随即前往秭归县和长阳县。4月25日，当我们结束两县的寻访工作返回宜昌时，我手机上突然"跳"出来《三峡晚报》记者胡声明发来的短信。他在短信中表示已与"忠诚的中国朋友"其中一位后代取得联系，可以尽早安排这位后代和我见面。一年多的期盼，现在终于有了好消息，这让我喜出望外。

后来，从胡记者的介绍中得知，应是上一年《三峡晚报》两次登载寻找"忠诚的中国朋友"的后代，这一年又陆续报道了我在宜昌寻访的消息引起了这位后代的关注。一天上午，他忽然接到一个神秘电话，电话中人自称王红兵，是老照片中人物的后代，与他相熟的尹宏也是老照片中人物的后代。他俩去年便从报上知晓了我在宜昌寻访的消息，当得知我三访宜昌后，他们觉得不能再默默不语，经过两人商量后决定相见。

右一图 1911-02-15，威尔逊拍摄的多年来为他工作的几个宜昌人集体照片——"忠诚的中国朋友"

当晚临睡前，我又仔细地阅读了威尔逊著的《中国——园林之母》书中第九章，他在一段文字中写道："1900年春，我在宜昌附近雇用了12个农民。在我的全部游历过程中，这些人一直跟随我，提供忠诚的服务。经过几个月的磨合，他们完全了解了我的习惯、脾气，从来不会给我带来麻烦和困难，他们可以信赖。只要理解了我的要求，他们定能做好自己的工作。因此，在我多次旅行中他们为我增添了许多快乐和裨益。1911年2月，在我们最后分别时，彼此都真心感到依依难舍。他们在逆境中忠诚、机智、可靠、乐观，在任何时候都愿尽自己最大的力量协助我，没有人能够比他们提供更好的服务。"我期盼着明天和这些人的后代见面，看看这些人后代的模样，了解他们现在生活得怎样。

翌日，胡声明记者和向世卓科长陪同我前往宜昌市西坝甲街，循着来电人的指引，寻找老照片中人物的后代。在这张老照片中，前排中间那个表情严肃的中年人格外引人注目，我在收集到的上千张威尔逊拍摄的照片中，发现竟有19张老照片中留有他的身影。在为大家一起拍摄的老照片中，他都站立或蹲在最前面显要的"C位"，也有很多张照片是专门为他一个人拍摄的，由此看得出他在这些人中的地位。

汽车到西坝后，在路人的指引下，我们来到一处十分偏僻的小巷，在西坝社区居委会和服务站对面，我们找到一所民房，这就是所有消息指向的老照片中人物后代居住的地方。可是，大门紧锁，叩门无人应答。几经周折终于盼到了房屋主人从外赶回，他麻利地打开房门，将我们迎进屋子，熟练地从柜子里拿出了他父亲和爷爷的遗像，遗像中他爷爷极像老照片前排中间那位核心人物。我心中的巨石，终于落地。

房屋主人名叫尹宏，就是神秘电话介绍的老照片中核心人物的后代。他爷爷叫尹光富，1971年去世时有80多岁，父亲叫尹登科，1990年去世。尹宏还有一个哥哥叫尹成，也住在宜昌。根据尹宏的年龄我们推算，照片上那个人应该是他的曾祖父。遗憾的是，由于时代久远，爷爷去世时他还很小，因此他并不知道曾祖父的名字。尹宏小时候曾听父亲说曾祖父当年在宜昌大南门码头做生意，经常沿长江去四川进货，一路押货回到宜昌大南门后便卖掉，还把生意做到武汉等地，生意兴隆时大南门一条街都是他家的。在此后各个历史时期的社会变迁中，家境一落千丈，尤其是20世纪六七十年代，他的奶奶也去世了。

随后我问尹宏："我去年4月份第一次来宜昌时两次登报找人，你看到了吗？"他回答说："看到了的。"我又问："那你为什么不联系我？"他回答："心里有些害怕，毕竟老一辈和外国人有过联系，害怕被扣上'里通外国'的罪名……"这一次和尹宏的见面，更让我感到寻找这些人后代的必要性。由于时间关系，这一次只见到了尹宏，未能见到尹家更多后人。

2009年4月，我第四次前往宜昌，除了补充拍摄照片外，我还从宜昌市林业局向世卓科长那里

得到一个好消息，他已联系上了"忠诚的中国朋友"尹家第四代的老大，也就是上一次我们见到的尹宏的哥哥尹成，以及他们的母亲。向科长希望促成我们的会面。4月15日，我们从兴山县到达宜昌，立即电话联系尹宏，约定与他在西坝三峡制药公司门口见面。在他的带领下，我们在宜昌城区滨江路见到他哥哥尹成。刚一见面，我发现尹成的模样酷似老照片上前排中间那位核心人物，尤其是他突出的前额，和照片中人几乎完全一样。随后，我们开车大约30分钟，在宜昌市郊外一个村里见到了他们的妈妈李宁翠。李妈妈当年64岁，一个人住在乡下老屋内，陪她的老黄狗看见主人和几个客人到来，不停地摇尾表示欢迎。

经过与李妈妈和尹成、尹宏兄弟的交谈，我进一步了解了尹家过去的历史。老照片上的尹家太爷（右四）和王家太爷（右三）早年都是从江西迁到宜昌的，一直在宜昌码头做干货生意，将洋布和煤油等运到四川，再从四川运回毛皮和药材。由于头脑灵活又很勤劳，很快就在码头站住了脚。他们很早便开始与外国人做生意，也因此认识了威尔逊。从1900年到1911年的12年里，尹家太爷跟随着威尔逊多次进出四川，由于尹家太爷对宜昌至四川沿途情况十分熟悉，又在生意往来中积累下了很多人脉，当威尔逊的考察队在遇到麻烦和危险时，他总能迅速找到解决问题的办法，因此深受威尔逊的倚重。

也许是同行竞争激烈或遭人嫉妒，到了尹成爷爷和父亲这两辈时，家道已开始衰落。父亲尹登科在码头做一些小生意，后在宜昌第二机床厂担任过起重工，20世纪六七十年代因家庭成分原因被工厂辞退，失去生活来源后在社会上四处流浪，因此抑郁成疾，1990年去世时仅59岁。

据尹成讲，很早以前就听说曾祖父帮一个外国人工作，但并不知道这个外国人就是威尔逊，更不知道这份工作是收集植物。尹成还说，老一辈跟着威尔逊的确挣了一些钱。

他们爷爷和父亲在世时，"里通外国"是一个很大的罪名，因此全家都回避谈论家里的那段历

左一图

左二图

史，从未打听过曾祖父的名讳。尹成原来在宜昌第二造纸厂工作，尹宏原在宜昌工艺美术社工作，1986 年两兄弟同时"下海"自谋职业。除兄弟两人外，他们还有两个妹妹。我们问李妈妈，过去在尹家是否见到过外国人留下的礼物或纪念品之类物件，她回答说那张老照片是见过，听说是那个外国人回国后寄来的，其他的便不记得了。我们回到城里见到了他们的小妹妹尹萍，随后去看了尹家老屋的所在地——1990 年因滨江路的修建而被拆掉，现在是公园里的一段绿地。

尹氏后人找到了，但我心里的疑虑却没有得到解答：既然"忠诚的中国朋友"与威尔逊的关系十分密切，可威尔逊在照片文字说明和后来的著作中，为什么没有留下他们的姓名和家庭的联系方式？我相信，唯一能打开这个秘密的钥匙，一定藏在威尔逊留下的那几本被我称为"外星人文字"的日记中。

百年度过

右一图

02 寻找"忠诚的中国朋友"
—— 地位显赫的宜昌王氏

在"忠诚的中国朋友"照片中的后排，从右至左第二个人物，是一位头戴瓜皮帽、留着胡须、相貌忠厚的长者。在他的后代拨出给《三峡晚报》胡声明记者的那通神秘电话之前，我们对他一无所知。

最先给报社打电话并同意与我见面的人叫王红兵。2008 年 4 月 26 日，我们去宜昌西坝见了尹家后代尹宏后，便掉转车头去宜昌东面的伍家岗见王红兵。因为正在修路，途中很多地方不能通行，我们好不容易才找到王红兵当保安的宜棉小区。我们把车停在门外，我、胡记者、王杭明 3 人刚一进小区大门，一眼就认出坐在岗亭里值班的人就是我们要找的王红兵，因为他实在太像老照片上后排右起第二人，只是没有留胡须。

根据王红兵介绍，他的家族在宜昌绝非等闲之辈，他们的先祖就是中国明代著名的政治家王篆。王篆生于 1519 年，卒于 1603 年，享年 84 岁。王篆从小天资聪慧，公元 1555 年考中举人，曾出任江西省吉水县知事，1562 年考中进士，升任两京都御史，后任吏部侍郎。在中国封建社会，吏部为六部之首，主掌官员的考试、任免、升降、调动等事务。王篆为官清廉，不徇私情，在朝内有"铁御史"之称。他幼时家境贫寒，靠母亲一人将三兄弟抚养

成人，他对母亲特别孝顺，进京为官后还常常千里迢迢回家探母，在族人中广为称颂。历史上明代官场派系众多，由于受到朝中反对派的攻击，王篆被弹劾革职，56 岁时便回到故乡宜昌。他心胸坦荡、淡泊名利，闲居无事时以诵读诗书经史为乐。同时，他对明代官吏制度进行研究，与人合撰《吏部职掌》一书。由于他学识渊博，书法精工，当地碑版文章多出自他手，还写下《东山寺记》《重修至喜桥记》《重修城隍庙记》《六一书院记》等抒情写景的好文章。

老照片上戴瓜皮帽的人是王红兵的爷爷，王红兵自述爷爷名叫"王天官"，人称"王员外"（王红兵错把先祖的官名当成爷爷的名字了）。王氏后人以经商为业，住在西坝，与尹家一直有往来。王红兵小时候在家里曾看到威尔逊拍的这张老照片，但他当时年纪不算大，对自己家族的历史和人员辈分始终无法说清楚。

2013 年 5 月 3 日，为了编写 CCTV-9 纪录片《中国威尔逊》的脚本，我陪同导演和编剧来到宜

右二图

左一图 2009-04-15，"忠诚的中国朋友"尹家太爷的孙媳妇李宁翠女士（中）和她的儿子尹成（左）、尹宏（右）
左二图 威尔逊的日记片段
右一图 1911-02-15，"忠诚的中国朋友"王云成，后排戴瓜皮帽、相貌憨厚、留着胡须的长者
右二图 2008-04-26，"忠诚的中国朋友"王云成的孙子王红兵

左一图

昌，再次见到"忠诚的中国朋友"中尹、王两家人的后代。遗憾的是王红兵已在2012年6月因突发脑溢血病逝，他的儿子王宗代父出席，小王的模样也与老照片上的先祖十分像。2014年4月20日，《中国威尔逊》摄制组一行十余人再次相继到达了宜昌。这次专程拍摄与宜昌、长阳县、兴山县和神农架有关的场景，以及"忠诚的中国朋友"后代王家和尹家。宜昌市林业局造逊林科的向卓科长在摄制组到来之前，又有了新的发现。他通过王宗找到王氏同族的王学富和王学勤兄弟，并查清楚了王氏后人的主要线索。

老照片中后排右二带戴皮帽、相貌憨厚的人叫王云成。王云成有三个儿子，大儿子王世仁和二儿子王世新系同胞兄弟，三儿子叫王世进。大儿子王世仁的夫人陈伦秀还健在（2014年85岁），儿子叫王学勤；二儿子王世新有两个儿子，一个叫王学富，另一个叫王学贵（后改名叫王红兵），就是我在2008年见到的王氏后人。

在查阅王家先祖的资料中，我发现一张王篆的画像，通过和老照片中王云成的照片比较，两个人的模样的确十分相似，留的胡须式样完全相同，而王红兵、王宗和王云成的模样也同样相似，看来王家极可能就是明代吏部侍郎王篆的后人。不知当年威尔逊是否知道王氏祖上这段显赫的历史呢？

从威尔逊拍摄王云成的照片上看，他的年纪比其他几人明显偏大，相貌忠厚老练。因此我推测威尔逊在宜昌组建中国助手团队期间，王云成应该充当留守宜昌后勤保障的职责，和尹家先祖有不同的分工。两族后人都对我说，过去只知道家里祖上曾经帮助外国人做过事，但并不知道这个外国人就是威尔逊。

从王家先祖王篆到老照片上的王云成这一代，历经了明清两代近500年时间。按20年一代人估计，

王家在宜昌应该留有众多后人。中国人的传统是以家庭、宗族为社会结构主体，儒家思想作为社会主流价值观已逾2000年，自古以来就有"一方水土养一方人"的说法。与西方移民国家种族文化多元、喜欢四处迁移不同，中国人在一个地方居住久了，无论是对该地区的地理环境、饮食、方言，还是习俗，都十分留恋，就连外出做官的人也有"衣锦还乡"之说。因此，我尚有可能找到老照片上其他人的后代。

有关威尔逊为什么没有在他著作中留下尹、王两位重要助手姓名和家庭的相关信息的疑问，直到4年以后才终于有了新的线索。2018年5月，我应哈佛大学阿诺德树木园邀请，赴美参加"威尔逊研究"学术交流会，我们在树木园图书馆参观时，馆长丽莎·彼尔森（Lisa Pearson）教授拿出一本被我称为"外星人文字"的威尔逊日记。由于他日记上的字迹十分潦草，现已很难分辨出准确的内容，因此，他们准备找人设计出一款软件，用来识别威尔逊的笔迹。由此我得出结论：像威尔逊这样工作认真的人，不可能不留下他和中国朋友的相关信息，而我们现在能看到的，仅仅只是他公开出版的著作。也许我要的答案，最终只有在他留下的日记或信件里，才能找到。

百年变迁

03 遭逢厄运的银杏树和称誉至今的望族
——寻找"乐山商会"杨氏族人

2006年6月中旬，托尼和马克决定到四川与我们一起寻找威尔逊老照片拍摄点。我们预先规划了路线：从成都出发，先去乐山，然后再去甘孜和阿坝。6月13日中午1点，钟盛先、王杭明、托尼、马克和我一道从成都前往乐山，那里有我们想要寻找的几张老照片的拍摄点。半个月前，我已把这些照片交给了乐山市科技局副局长胡科。他拿到照片

后，已提前帮我们找到了两处拍摄点。下午4:30，我们一行与乐山的同事在高速公路乐山出口相见，随即前往市内一处叫"老霄顶"的道观。

1908年9月1日，威尔逊在这里拍摄了一张"乐山古城墙"的照片，照片上有一处庙宇，即"老霄顶"道观。当我们到达这里时发现原有的城墙已基本被毁，仅有攀登城墙的小路依稀可见。城墙上现有两

座道观，分别叫"玉清宫"和"万寿宫"，从建筑材料上看，是最近几年修复的。几经比对，我们最终在城墙对面磨儿山上的乐山市成人中专校内，一处巨大的紫色砂岩石上找到了老照片的拍摄点。随后，我们又到岷江边，找到了"灵宝塔"一图的拍摄点。

2006年底，我决定继续前往乐山寻访威尔逊

之路。临行前，我单位的两栖爬行动物研究室的谭安明博士推荐在乐山的兄嫂陈俐协助我工作。陈俐是乐山师范学院中文系教授，是从事人文学科研究的专家，对乐山历史很熟悉。我把与乐山有关的10多张老照片通过邮箱发给了她。陈教授看到老照片后很激动，认为这是乐山有史以来年代最早的一批老照片，具有重要的历史价值，并向我提出了一个建议：应当把这批照片向当地媒体披露，让更多的乐山人关注并提供线索。

经过陈俐教授的热情引荐，《乐山晚报》编辑室李彤主任和王建峰记者专程到成都与我见面，并决定在《乐山晚报》上安排专版，介绍威尔逊在乐山的故事，并向公众展示这些老照片。从2006年12月10日开始，《乐山日报》和《乐山晚报》相继在报上以《百年老照片记录乐山岁月》《百年前乐山老照片记录》《威尔逊——记录百年前乐山的人》《老外老照片再现百年前乐山》等文章，刊登了威尔逊100年前拍摄的照片和照片背后的一些故事，这些老照片中包括了"两棵银杏树"和"乐山

商会"。报上还对威尔逊及我本人的情况作了介绍，让我一下子成了当地舆论的中心人物，这让我感到乐山的第二次寻访将变得更加顺利。

在陈俐老师的带领下，我们首先找到了"乐山文庙"旧址，这是一座在清代康熙年间（1662～1722）重修的庙宇，虽历经几百年风雨，整体建筑依然保存完好。寻找另一幅有关"远眺乐山城"的老照片拍摄点的过程就不是那么幸运了，老照片上一大片掩映在绿树丛中的青砖灰瓦古建筑群早已不见踪影，当年气势恢宏的城楼只剩下了一段很短的古城墙。

如今的乐山市城区变化大，很难再发现更多的老照片拍摄点，我便将视角聚焦到老照片"两棵银杏树"拍摄点和"乐山商会"中人物后代的寻找上。《乐山晚报》记者王建峰积极地登报为我寻找线索。一个月之后，我终于等到了王建峰的电话。他在电话里激动地对我说："印老师，那两棵银杏树已经找到了，您快过来吧。"电话中我本想进一步了解相关细节，但他却闪烁其词，这让我心里充满了不祥的预感。

左一图 2014-04-21，"忠诚的中国朋友"王云成的另两个孙子王学勤和王学富，尹家曾孙尹成，王云成大儿媳陈伦秀
右一图 1908-10-03，老照片是乐山商会成立时的盛况，照片中间位置坐着的年长者（左一），是当时乐山著名商号"德星成号"最大的股东杨俊臣
右二图 2007-05-22，"乐山商会"杨俊臣的孙子杨宗迦和他的夫人田荆红

2007 年 1 月 18 日，是这一年最冷的时候——中国农谚中"四九"第一天，为了寻找这两棵银杏树，我们在此时第三次前往乐山。当我们赶到乐山见到王建峰记者，我发现他表情有些不自然，不愿正面回答我提出的问题，只是一味地说："我们先吃饭，吃完马上去看。"途中我一次又一次问他银杏树的情况，他老是说："到了就知道了。"我们一行和王建峰记者、陈俐教授从乐山城区驱车 30 分钟来到乐山城北的牟子镇，在乐山市牟子镇白果村村民委员会的一处空地上停了下来。在王建峰记者的带领下，我们步行来到一幢尚未完工的两层小楼前，他用手指着院子里的方向对我说："就在里面了。"我似乎一下子明白了将要面对的现实。

走进小院，眼前的景象让我瞠目结舌。只见一段灰白色干枯树桩，高约 5 米，胸径约 1.5 米，树桩上面有好几处从上到下竖直的裂缝，在中间部位还被斧头砍了一道很深的大口子，看来是主人准备将树桩劈了当柴火。我随即制止了房主人的想法，并建议剩下的树桩最好能保护起来，今后作为一件文物，提供给游客来参观。

随后我们得知这家女主人叫王淑英，他的儿子叫魏刚，这棵树是他们家先祖 400 年前栽的。据他们讲，当年因为与邻居之间划分地界，先祖在一次砍柴回家途中从寺庙里采了两段银杏树枝，回家后顺手插在两家地界之上，没想到后来竟长成了两棵参天大树。两棵树为何变成一段树桩？当地一个姓王的老大爷告诉我，一棵分权的树在 20 世纪 60 年代初被人剥皮后死亡，又在一个夜晚被大风吹倒了。在 20 世纪 70 年代，农村常用氨水当肥料，村里人

左一图

在另一棵银杏树边上挖了一个大坑装氨水，后来由于氨水池渗漏，树根就被氨水腐蚀了。10 年前的一天夜晚，这棵树也被大风拦腰吹断。

银杏树找到后，王建峰向我透露了另一个重要的消息，他找到了老照片"乐山商会"里左边坐着的长者杨俊臣的孙子。有关消息是登报后由群众提供的，经过王建峰记者核实，确认了乐山师范学院的退休教师杨宗迦就是照片中人的后代。当我们来到乐山市内一个普通的小区内，敲开了一家住户的门，进门后我便看见四位老年人围在桌子边打麻将，这是四川退休老人最喜欢的休闲方式。我一眼就认出来，面朝我进门方向坐的那个老人正是我们要找的杨老师，因为他简直和照片上的杨俊臣长得一模一样。

杨宗迦早年毕业于北京师范大学，1955 年以前任乐山师范学校教导处主任兼乐山师范附属小学校长，1956 年由乐山师范学校调往四川省教育行政干部学校担任心理学讲师，1961 年又调回乐山师范学校（后合并为乐山师范专科学校）任教导处主任，1989 年退休于现在的乐山师范学院。当我询问他关于威尔逊为乐山商会拍摄照片的情况时，杨老师笑着对我说："我也是第一次看到这张照片，当年我还没出生，还真不知道一位西方著名的植物学家在百年前就为我爷爷和商会成立拍摄过照片。"

杨老师告诉我："过去我们杨家生意做得很大，不仅在成都、重庆、武汉、上海有分号，还把生意做到了西部的藏族同胞聚居区，通过茶马古道从乐山把布匹、茶叶和一些日用品运到康定，换回毛皮和药材等山货。至于与外国人交往的事也是有的，小时候我在家里时就多次见到过从成都过来的华西协和大学（现四川大学华西临床医学院）的外籍教师，有时候周边的传教士到乐山城里购物，也常来我家坐一坐。"

至于是否帮助过威尔逊前往康定收集植物，杨老师说："家中并没有留下文字记录，但分析起来这件事应该是有的，因为我家祖上不仅在包括上海在内的长江沿岸大城市做生意，也与川西高原的商人有货物往来。"随后，我同杨老师一道分析了他家与威尔逊交往的几种可能性：首先，凡是要进入

藏族聚居区的外国人，来到乐山以后一般都是先找到杨家，跟着杨家的商队一同前往，杨家商队沿途人脉广，了解当地的风土人情，而且有懂藏语的通司（即译员兼向导），具备交往的基本条件；其次，杨家在乐山还经办汇兑业务，当地称为"土银行"，威尔逊随身携带的大面额银票，甚至英镑和美元，也必须要在他们的钱庄内汇兑成小面额的碎银和铜钱，才可能在沿途使用。这种交往方式，对双方是一种互惠，杨氏商号收了他的银票、外币后，便可以到重庆、武汉和上海进货；再次，杨家老一辈的人中也有懂英语的，与外国人交流起来方便。根据以上的分析，我们都觉得杨氏族人与威尔逊之间有交往顺理成章。更何况，从宜昌陪同他来四川的几个主要助手，也都是在码头上做生意的商人，他们可能原本就与杨家有商业往来，也许就是他们把威尔逊介绍给杨家认识的。

杨老师十分健谈，还向我介绍了他记忆里的家族趣事。乐山杨氏在当地算望族，没有分家之前，全家老少百余人同时就餐，十分热闹，到了开饭时间用敲钟的方式通知，完全和学校里一个样。对于不能按时来吃饭的人，还必须开流水席，提供随时就餐的方便。经过几十年的发展，杨氏族人生意越做越大，在乐山城内外置办了很多产业，被当地人称为"杨半城"，意思是乐山城中半数房屋都为杨家所有。到了 1941 年，国民政府官员和地方豪强劣绅觊觎杨氏产业，引发了四川省著名的经济冤案——"布案"，国民党乐山政府以"囤积居奇妨害抗战"的罪名，查封了杨氏家族的全部资产，直到 1944 年，国民党四川政府经济部下令无罪发还，但资产早已被当地有权势的人全部瓜分。从此杨家不再经商，杨氏兄弟各奔前程，年长的在家乡办学，年轻的大多选择外出读书。从杨老师那一辈人开始，就不再过问家族中商业上的事，他在大学里学的是心理学专业，毕业后一直从事教学工作。

2007 年 5 月 18 日，我陪同中央电视台"中国园林城市"摄制组导演再一次前往乐山，我们希望通过寻找威尔逊老照片拍摄地点的故事，来侧面反映乐山市在园林绿化上取得的成绩。5 月 22 日，

《乐山晚报》记者王建峰再次陪同我去拜访了杨宗迦老师，进一步向他了解了杨氏商业发展的历史。随后，我们又约见了当地一位年过八旬的徐德洪老先生，徐老先生曾在乐山市地方志办公室工作，对杨家的历史有较全面的研究。据徐老先生介绍，杨家兴办的第一家商号叫"德字号"，从1875年最初经营土特产杂货开始，到后来设立了十多家分号，经营范围扩大到经营棉纱、布匹、丝绸、白蜡等货物，航运业务和汇兑业务，还对外投资办厂。1928年，杨氏族人在乐山创办了孤儿院附属小学，招收父母中一人去世又家境贫寒的男孩免费就读，成绩

优秀的还提供经费让其上中学和大学，为乐山培养了大批人才。在杨氏资产被查封后，为了解决学校经费问题，杨氏族人变卖剩余家产，维持学校正常运转，这在全省乃至全国都十分少见。老一辈的乐山人一说起杨氏，都是交口称赞。1949年底，学校由人民政府接管，很多学生参加了各级部门工作，20世纪80年代编写地方志和举办孤儿院附属小学毕业生聚会时，大家争相著文记录杨家这段历史。

杨宗迦老师于2011年4月18日去世，享年82岁。

百年变迁

04 意外的惊喜
——偶遇"猎人"后代长阳康氏

1909年2月1日，威尔逊站在湖北西南部长阳县一处乡村的雪地里，留下了一张与两个中国人的合影。照片中左边站立的那个人，手提两只被猎杀的雉鸡，中间蹲着的那个人用手抚摸着一只黑色的西班牙猎犬。据记载，当天他们一共猎杀了33只雉鸡。这张照片拍摄时，他们正在雪地中展示这次狩猎的成果。中间蹲着的那个人一看就面熟，正是宜昌尹成和尹宏的曾祖父，然而站着的那个人却是一副陌生的面孔，在威尔逊拍摄的照片中少有出现。这个人会是谁呢？他和威尔逊之间又是什么关系？在如此寒冷的冬季，威尔逊为什么要来这里狩猎？这仅仅是出于西方人的一种时髦的爱好吗？直到2012年12月，为了配合中央电视台CCTV-9频道"新影制作中心"拍摄三集纪录片《中国威尔

右一图

左一图 2007-06-14，杨宗迦老师（前排右）和夫人田荆红女士以及两个女儿、女婿（后排）（杨眉 提供）
右一图 1909-02-01，威尔逊（右）和他的猎人朋友康远德（左）

左一图
左二图
左三图
左四图
左五图

左一图 1909-01-30，威尔逊在长阳康家湾找到的那棵珙桐树

左二图 2013-05-03，威尔逊找到的那棵珙桐树100年来曾被多次砍伐，令人惊奇的是，每一次从伐桩上萌生的新枝竟然都与原来的老树形态一样

左三图 1909-02-01，威尔逊的猎人朋友康远德

左四图 2013-05-03，康远德的后代康祖梅

左五图 1908-12-13，威尔逊在四川乐山码头拍摄的考察船照片，康远德紧靠在威尔逊的左边

左六图 2021-05-19，由康祖梅家的老屋改建的"欧美珙桐原产地乐园博物馆"

逊》，我才在寻访中逐步揭开这张照片背后的故事。

威尔逊第一次到中国是为了寻找珙桐。前辈们指引的寻找地点在湖北巴东，但等他到达巴东这个珙桐最初发现的地点时，却看到这里的珙桐树已被当地的乡民砍伐，这让他十分绝望。他在当天的日记中写道："1900年4月25日夜，我彻夜未眠。"威尔逊原打算立即返回英国，可英国切尔西的维奇园艺公司没有同意，并指示他在湖北西部的山区继续寻找。5月19日这天，他在宜昌的西南地区进行考察时，被一根横着的树杈绊倒，而这棵正在开花的树，正是他苦苦要寻找的珙桐。后来，威尔逊在日记中称它是"北半球温带地区最有趣和最美丽的树"。他还描写了它的花和叶状苞片："在最轻的微风中也会被吹动，仿佛是树丛中的大蝴蝶或展翅欲飞的小鸽子。"

我前几次来宜昌，主要是拍摄景观和人物的照片，不需找到珙桐原来生长的地点，但这次配合纪录片制作，要求拍摄威尔逊发现珙桐的具体地方，重现他当年寻找珙桐的艰苦过程，还原历史真相。我把这项艰巨的任务交给了宜昌市林业局向世卓科长，他在查阅了大量资料后，通过对威尔逊著作和老照片的分析，确定了发现珙桐的地点应该在长阳县榔坪镇的乐园村三组康家湾。

2008年4月下旬，我曾在向世卓科长的陪同下前往长阳县榔坪镇寻找老照片的拍摄点，那一带山高坡陡路窄，寻访之路险象环生，完成当地的点位寻访工作后我和王杭明都心有余悸，决定不再二度探访这里。但为了配合纪录片的拍摄，2013年4月17日，向科长在我的委托下专程到长阳县榔坪镇，他和长阳县林业站刘卫华工程师及护林员覃发斌三人在榔坪镇康家湾后山一处叫"夺水漂"的地方发现了一小片珙桐林。奇特的是，其中一棵珙桐树生长的形状，竟然与威尔逊在1909年1月30日拍摄的老照片上的珙桐树形状完全一样。他们顺着上山的小路往上方观看，树枝也是偏向右面生长，这棵树是从距树根不远处被砍伐的树桩上萌生起来的，仍旧保留了原来老树的遗传特性。这里坡度很陡，容易摔跤，完全符合威尔逊在日记中记

录的发现珙桐时他曾摔过跤的场景。

找到点位准备返回时，原本晴好的天空突然下起大雨，他们只好跑进路边一户农家躲雨。房屋主人是一位叫康祖梅的老人，当她得知向科长一行人是专程来找珙桐时说道："我小时听我父亲说过，我家高祖父在的时候，曾经为一个外国人带路到后面的山上找到一种叫'水梨子'的树，后来这个外国人每年都要到这里来，冬天还来这里和高祖父一道打猎，每次来都要在我家里住几天。当时我们家的祖屋修在上边，现在这里的房子是50年前从山上那片种油菜的地方搬下来的。"听了康老太的讲话，向科长兴奋不已，没想到躲雨躲出了新的发现，这一下"人证物证"都齐全了。"水梨子"是当地村民对珙桐的俗称，这里就是威尔逊发现珙桐的地方，康老太应该就是老照片中那个猎人的后代。

2013年5月3日，向世卓科长带领我们及纪录片《中国威尔逊》的导演和编剧们去了康家村三组，我们首先去了"夺水漂"，果然发现有一棵珙桐树的形状很像老照片上的模样。下山后我们又去见了康祖梅老太，当我第一眼看到她时，便发现她与照片上站立的那个猎人的模样十分相似，脸型都是圆盘状，眉眼几乎完全一致，加上地点、时间、人物及上一辈人口头留传下来的故事，几个方面的印证。我想，康老太毫无疑问就是猎人的后代。这是纪录片《中国威尔逊》拍摄过程中的意外收获。这件事也告诉我，只要我们用心去调查，就会有意想不到的惊喜。

2014年4月26日，向科长、我及纪录片《中

左六图

国威尔逊》摄制组，三访长阳县榔坪镇乐园村三组康家湾，这次的目的一是拍摄威尔逊百年前发现珙桐的地方，二是听康老太讲述她高祖父和威尔逊之间交往的故事。当地气候炎热潮湿，上山途中蚂蟥很多，我们二探康家湾时好几个人的脚踝和小腿部位被蚂蟥咬伤，这一次我根据多年来的野外工作经验，出发前为每人配发了细白布缝制的防蚂蟥长筒布袜，穿上这种布袜不仅蚂蟥无法钻进，而且当蚂蟥爬上白色的布袜，黑褐色扭动的身躯容易被人发现，以便人们可以及时采取措施将其打落在地。

当天小雨路滑，到达康家湾时已经是中午，摄制组先拍摄了珙桐，随后下山在康老太家采访。康老太的高祖父名叫康远德，不仅会武术，而且力大过人，枪法也很准，几十米开外，凡是出现在他眼前的飞禽走兽，都逃不过他的枪口。康远德还是一个行侠仗义的人，喜欢帮人打抱不平，一旦遇上乡里发生什么纠纷，他都会参与调解，久而久之便得罪了当地一些有权势的人。最初康远德并不认识威尔逊，后来是通过胡家坪村教堂的传教士介绍，他与威尔逊才得以相识。通过威尔逊对珙桐植物特征的描述，康远德带领威尔逊到他家后面山沟里找到了珙桐，让威尔逊完成了第一次到中国来收集植物的任务。

威尔逊在长阳县找到珙桐，可以说是他一生事业的起点，开启了之后 30 年"植物猎人"波澜起伏的人生旅程。威尔逊对康家湾情有独钟，对康姓猎人始终怀有一种感恩之情。他先后四次到中国西部，每次都要来到榔坪镇，在冬季还和胡家坪村教堂的传教士相约狩猎。当年他来一趟这里很不容易，从宜昌到长阳康家湾，途中就要走十多天，因此来这里通常会停留一个月，每一次都是由他在宜昌的尹姓助手陪同。由于康远德是当地的著名猎手，自然每次都会去陪威尔逊打猎。威尔逊也会选择在康远德家住上几天，还会上山去拍摄他找到的那棵珙桐树，尽管树叶都已掉光了，但每当看到这棵树，他就会想起他人生中的一段重要的历程。在康家湾，威尔逊应该过着一生中少有的闲暇时光。我们后来在研究中发现，1908 年 12 月 13 日，威尔逊在四川乐山码头拍摄了一组考察船照片，其中一张照片上出现了康远德，他紧靠在威尔逊的左边，这可能说明康远德不仅帮威尔逊找到了珙桐，还跟随威尔逊考察队到过四川西部。

康远德正值壮年便去世了，而且死因蹊跷。他喜爱喝酒，而且酒量大，听说一次有人请他喝酒，喝完并没问题，但回家后不久便七窍流血而亡，家人估计是仇人在酒里下了慢性毒药。自从康远德去世后，康氏一族便家道中落了。2014 年康老太 58 岁，她的丈夫叫杨自玉，他们有一个儿子去内蒙古打工，十多年没有回过家，后来听说已经患病去世了，这在农村真是最大的不幸。百年光阴在历史的长河中只是短暂一瞬，但是对一个家族来说却是经历了漫长的四代人。当年，威尔逊和他的猎人朋友都不会想到百余年后的中国已发生了巨大变化，也不会想到康家的后代仍然还继续住在这里。

2019 年 1 月，我从宜昌市林业局向世卓科长那里得知，长阳县政府正根据中央、湖北省和宜昌市政府的统一部署，着手解决康家村的贫困问题，每家每户都安排有人指导脱贫；还听说省里领导决定在榔坪镇发展风力发电事业，帮助解决当地乡村农民用电难的问题。2021 年 5 月，长阳县委办公室李茂清同志打电话告诉我，县里决定在康家湾建一座"欧美珙桐原产地乐园博物馆"，并要求我题写馆名。博物馆地址选在康老太家原来居住的房子，并在附近给她家另外安排了居住的地方，生活条件也有了很大的改善。李茂清同志还告诉我，县里正着手把康家湾建成为一个旅游景区，有五个景点：威尔逊与康远德纪念亭、中国珙桐观赏平台、中国珙桐观赏步道和观赏区、欧美珙桐原产地乐园博物馆、中国珙桐故乡纪念广场。同年 11 月，我又得到最新消息，景区基础设施建设工作已经全部顺利完成。

百年走过

05 传递百年友谊的种子
—— 北川梁氏族人与英国丘园的奇缘

1910 年 8 月 13 日，威尔逊的考察队离开四川石泉县城（现北川县禹里镇）到达开坪乡，他在当天的日记中写道："开坪乡是一个约有 50 栋房屋的小村镇，海拔 3 200 英尺（975 米）左右，坐落在一条溪流的左岸，在石泉县以北约 25 千米。有一栋新盖好的空房子提供给我们作为住处，当地的人很有礼貌，和他们在一起的短暂逗留让人感到非常愉快。"威尔逊又接着写道："一块精致的牌坊，新近才竖立在一个受人尊敬的寡妇墓地上，是这个村子里最引人注目的东西。"

左一图

山东莱芜援建

左二图

左三图

当天，威尔逊刚到达开坪乡，就被一块精致的牌坊吸引，趁着天色未晚，他赶紧架起照相机，把牌坊拍摄了下来。牌坊女主人的家人姓梁，是当地一位富裕的乡绅，见到来了外国人，便把他家一幢刚建成的用作防御土匪的新碉楼提供给威尔逊一行人作为住所。

2006 年 6 月，我陪同托尼和马克重走威尔逊之路，他们带来了这张牌坊的照片。我对寻找到这张牌坊主人的后代很有信心，因为老照片上标注有拍摄地点"北川县开坪乡"，上面还刻写有"梁母刘老孺人"的字迹，说明逝者的丈夫姓梁，她本人娘家姓刘。6 月 22 日上午 9 点，我们到了开坪乡，正碰上乡里召开村干部会，当我说明来意并拿出老照片后，会场顿时活跃起来，会场上好几个上年岁的老人都说小时候见过这座牌坊。开坪乡的肖忠德书记十分热心，他立即安排乡长代他主持会议，自己则亲自带我们去见牌坊女主人的后代梁学富。

肖书记坐上我们的汽车，指引我们把车开到梁学富的家门口。当老梁从马克手中接过照片时，

左四图

就像见到失而复得的珍宝一样。他双手发抖，嘴里不停地说："是它！是它！就是它！"随后，他向我们介绍了他的家族和这座牌坊的历史。他家先祖是陕西礼泉县人，因原籍生活条件艰苦而迁移到北川县定居，到了曾祖父这一辈，由于勤劳又持家有方，家里便逐渐富裕起来。梁家致富后，不忘乡邻，长期修桥铺路，接济周围穷人，在当地口碑非常好。他曾祖父从小聪明，读书十分刻苦，15 岁时参加五县联考并获得第一名，随后又在州、省一级的考试中名列前茅，并取得资格去北京参加最高一级的殿试，以光宗耀祖。当时正值清朝末期，官场十分腐败，很多考生不是凭学问取得名次，而是用珠宝银两去贿赂考场的官员，江南一带的富家子弟带去的珠宝车载船装。梁家没有这么多钱，他曾祖父进京赶考只带了一个家人和一匹马，驮了一包银子作为路费，一连考了三次都没有考中，回家后便一病不起，抑郁而死，年仅 27 岁。

曾祖父病逝后，靠曾祖母一人支撑家庭，把他爷爷养大。爷爷长大后为感谢曾祖母的养育之恩，向光绪皇帝申请为曾祖母立牌坊且获准修建，时间在 1906 ~ 1908 年前后。牌坊在 20 世纪六七十年代被毁掉。老梁带我们去看了牌坊修建的原来位置，而被毁牌坊的石料，已被搬到河边用来修桥。

看了牌坊遗址，托尼和马克又向老梁打听当年威尔逊曾经住过一夜的他家的另外一幢楼房。老梁小时候听老人说起过此事，这幢楼房是他家的碉楼，当年是为防匪患而修建的，刚竣工不久，见一个外国人带了一帮随行人员路过这里，请求借宿，他爷爷便叫人把碉楼整理出来，接待了威尔逊一行。我们在老梁指引下见了这幢四层高的碉楼，碉楼底层用条石建造，上面三层用片石和泥土砌成，看起来和当地的羌族碉楼差不多，只是要低矮一些。我们发现碉楼没有屋顶，问其原因，老梁说 1935年有一支部队路过这里，放火把碉楼烧掉了，从此里面漏雨不能再住人。几十年过去，没有房顶的碉楼四周围墙经雨水冲刷已经开始垮塌。

左一图　2006-06-22，托尼和马克与梁学富夫妇合影
左二图　2008-10-30，2008 年汶川特大地震震后 5 个月，托尼和马克专程到北川看望老梁一家
左三图　2008-10-30，为友谊和平安干杯！左起：马克、刘家蓉（梁妻）、梁学富、王杭明、钟盛先、托尼
左四图　2012-04-13，《百年追寻》作者参观丘园种的板栗幼树
右一图　2007-10-23，1910 年 8 月 13 日威尔逊曾住过一晚的碉楼
右二图　2019-06-08，梁家碉楼被列为绵阳市文物保护单位。梁学富全家合影。第一排：张照妍（外孙女）；第二排：梁学富、刘家蓉（梁妻）；第三排左起：梁永（大女儿）、梁燚（外孙）、梁华（二女儿）

2008 年 5 月 12 日，位于四川西部的龙门山一带发生了 8.0 级大地震，我们 2006 年曾经到访过的汶川县和北川县都属于极重灾区。身处国外的托尼和马克一直关注灾情，更关心北川县老梁的安危。地震发生后，托尼和马克多次提出想要过来看一看，不仅是因为威尔逊当年曾经路过这里，他们两人近几年也多次到这一带追寻威尔逊足迹，还从这里引种了植物。但由于道路不通，我们当时没有答应他们的要求。2008 年 10 月后道路情况有了好转，他们便在当年 10 月 28 日从伦敦经香港飞到了成都，29 日到茂县，30 日从茂县出发前往北川开坪。在经历了沿途各种艰难险阻之后，我们在中午 12:35 赶到开坪乡，老梁早已在村口迎接我们。托尼大步走向前，和老梁紧紧握手。托尼对老梁说："我们飞了一万多公里，就是想过来看看你们在地震中是否安全，以及你们家现在的状况如何。"

来到老梁的家里，老梁用当地的特产腊肉和自己栽培的山药炖汤招待我们，还拿出了自酿的猕猴桃酒，让我们每个人都喝了一小杯。饭后，托尼又叫上老梁夫妇，到威尔逊曾经住过的碉楼跟前合影。让我感到惊奇的是，这座老屋仍旧和我们在两年前看到的情况一样，地震中一点也未受损。老梁还告诉我，这次地震中他的两个女儿也都安然无恙，其中一个女儿住在绵阳，距震中较远，另一个女儿住在北川，地震中一楼沉下去了，全家人住在二楼，躲过了一劫。老梁对此感到十分欣慰，邻居都说是他的祖上为乡里修桥铺路积的德。

下午天气突然变化，我们决定尽快返回茂县。托尼和马克乘飞机从伦敦出发经香港中转到成都，一共用了 16 个小时，从成都乘汽车经茂县到北川县开坪乡又用了一天半时间，他们返回伦敦还需要相同的时间，而双方见面不到 1 个小时，彼此又将分别。大家都依依不舍，但托尼和马克却说看到地震后老梁家一切平安，几个月来悬着的心也就放下了。这一段跨越时空和国界的友谊让我感动万分。就在汽车发动时，老梁突然叫我们等一下，他叫老

伴从屋里拿出一小包锥栗，交给托尼和马克带上在回家的途中吃。这是老梁家背后山坡地边的一棵树上结的果实，两天前刚刚摘下来。

三年后的 2012 年 4 月 11 日，我应邀前往伦敦参加国际书展和《百年追寻——见证中国西部变迁》图片展。4 月 13 日，我利用展出的空隙时间来到英国皇家植物园丘园参观。我的老朋友托尼就在这里工作。刚一见面他就向我们卖起了关子："今天我要带你去看一样东西，老印，你猜猜是什么？"我一连猜了几样他都直摇头，我只好摊开双手，表示我无法猜到，谁知这一下他更得意了，不断地说："这是秘密，到现场你就知道了。"

他带着我们穿过"高山植物温室"，又去参观"树顶空中走廊"，在植物园内转悠了 1 个多小时，一直不肯告诉我他的秘密是什么。我忍不住又问他："你的秘密在哪里？"他终于笑着对我说："过了前边一处十分漂亮的水塘，你马上就可以看到了。"

我跟着他继续向前行走，在一处四周树木茂密的草坪中间，他指着一棵 2 米高，刚刚冒出新芽的小树对我说："老印，你知道这棵树是从哪里来的吗？"我看了看小树上挂着的标牌，上面写着的拉丁文是：*Castanea henryi*（Scan）Rehder & E.Wilson（中文：锥栗；命名人：雷德和威尔逊）。他见我一时未反应过来，马上又补充说："你应当还记得 2008 年 10 月 30 日，我和马克去北川开坪乡看老梁的事，临上车时老梁给我塞了一包锥栗，要我们在回去的路上吃。我们没有舍得吃，因为它是威尔逊第一次到中国时在湖北巴东县发现并命名的，我们把它从北川老梁家带回来，不仅在丘园栽培成功了，还栽培到了英国各地的植物园。"

听了托尼的解释，我感动万分。他们的这一举动，让中英两国人民和两国植物学家的友谊，经过威尔逊、托尼和马克、老梁和我，以及一大批人的接力，在延续了百年之后，不断加深、稳固，这是多令人激动的一件事。难怪托尼一直向我卖关子，他分明是想要给我一个惊喜。此时，

我眼前似乎又看到了地震后托尼和老梁两手相握的情景，这也再次诠释了这段传奇故事：百年前，一个西方人路过这里，在一户中国人新修房屋里住了一晚，受到中国人的礼貌款待。这个西方人回国后写了一本书，书中记录了这件事。百余年后，那个西方人工作单位的同事，竟先后两次来到这里看望那位中国朋友的后人，还关注地震后他们的生活状况。事情听起来十分简单，但却饱含了太多的深义。这里既有中国人的热情和善良，也有西方人的感恩和友谊，愿中国人民与世界各国人民的友谊代代相传。

百年追寻

右一图

右二图

06 竹索桥上的站立人
—— 北川黄氏后人寻访记

左一图

1910 年 6 月 4 日，威尔逊离开宜昌，选择了一条十分偏僻荒芜的道路，经湖北西部、四川东北部前往成都，到达成都后再前往四川西北部的松潘县、茂县和汶川县，在那里的高山地带和岷江河谷地区，威尔逊前几次的考察中发现过许多新植物。经过 54 天的行程，他于 7 月 28 日到达成都，经过 10 天的休整后离开成都，准备经广汉、什邡、绵竹和安县等地前往松潘县。8 月 12 日，一个炎热的下午，威尔逊的队伍到达石泉县（今北川县）的漩坪乡。当天他们按旅行计划要赶往石泉县城，一条大河横亘在他们面前，河上有一座建造方式十分独特——完全由竹片绳索编织的吊桥。远处这条河的支流上，还有一座相同的竹索桥。他们不知道去往石泉县城的道路是否要从桥上经过，准备找当

地人问路，环顾四周却一个路人都没有，威尔逊决定先为这座奇怪的竹索桥拍摄一张照片。正当他架好照相机准备拍摄时，从河对岸走过来一名当地乡民，此人穿着一身破旧的宽大衣裤，前额十分突出。威尔逊通过翻译告诉来人，让他站在桥中间的最低处，用右手扶住吊桥一侧的竹索，为他拍摄了一张照片，随后又拍摄了一张横向的照片。乡民看见眼前出现的这个长满络腮胡须的外国人，又拿着一架稀奇古怪的木匣子对着自己，难免紧张，后来发现对方没有恶意，便走上前去和这个外国人的随从们交谈起来，还为他们指明了去往石泉县城的路。

时间过得真快，转眼百年就过去了。2006 年 6 月 22 日，我陪同托尼和马克重走威尔逊之路第一次来到北川。根据当地人提供的线索，我们沿湔江边的公路向上游方向寻找两张"竹索桥"老照片的拍摄点。沿途我们看到有村落的地方就停下来询问，终于在快到漩坪乡的河边发现了目标。老照片上两座竹索桥如今已经不在了，侧向横跨的那座竹索桥位置上重新修建了一座钢筋水泥桥，另一座竹索桥尽管已经损毁，但原有的两个桥墩依旧留在原地。

拍完竹索桥遗址照片，我们又去了不远的开坪乡寻找另外几处照片拍摄点。老照片拍摄点的寻找得到开坪乡肖忠德书记的热情帮助。在离开时，我突然产生了一个想法：要是能把竹索桥上站立的人物的后代找到该多好，一定会知道更多有趣的故事。于是我把老照片留给了肖书记。2007 年 10 月 22 日，我突然接到一个陌生的电话，来电话的就是开坪乡的肖书记。他在电话中告诉我，竹索桥上站立者的后代被他找到了，要我尽快前往北川相见。

次日一早，我和王杭明驱车前往北川县，随后与肖忠德书记一起奔赴漩坪乡。肖书记说竹索桥上站立

者姓黄，住在敏溪村一组，他的后代和他十分相像。上午 11 点，我们到达漩坪乡时正逢赶集，大街上人很多，正当我们准备通过一座石桥前往敏溪村时，肖书记在集镇上碰见一个从敏溪村来乡上赶集的熟人，此人告诉我们，黄家第四代黄永春到街上赶集来了，于是我们决定就在漩坪乡的集市上找他。

此时，大街上人头攒动，摩肩接踵，要找到一个未曾谋面的人谈何容易。我决定我们 3 个人分工，各司其职：王杭明专注开车，肖书记坐在副驾驶位，负责观察街右边；我坐在车后排，则负责观察街左边。我们从西向东，慢慢向前行进，不时还拿出老照片看一下站立人的特征，尽量记忆在脑海里。

汽车以每分钟只前进几米的速度慢慢"挤开"赶集的人群，就像是中国"雪龙号"破冰船在南极冰面上行驶。大约 20 分钟后，汽车左前方一个 30

左二图

岁左右的年轻人正在向街对面东张西望，当他听见喇叭声回过头来望向汽车的一瞬间，我发现他的模样、神情与老照片上那个人几乎一模一样。来不及向肖书记打招呼，我拉开车门便跳下了车，直接向那人跑去。当我抓住他的手问他是不是姓黄时，那个年轻人一时有些发懵，此时肖书记赶过来，笑着对我说："就是他。"原来小黄和肖书记早已认识，当他看见肖书记后，便明白是怎么回事了。我迫不及待地让他上车，让王杭明把车开到竹索桥的原址去拍照片。在拍摄过程中，我们身边一下子围过来很多人，当他们看见老照片后，竟异口同声对我说："他的老汉儿（四川话：父亲）比他还更像照片上的人。"拍完照片，小黄执意邀请我们去他家做客，考虑到我还要去开坪乡，便向小黄告别，并决定今后再专门去他家一趟。

2008年汶川特大地震发生，北川县属于重灾区，我担心黄家人的安全，通过电话联系上了小黄，方才得知他们家人都平安。2010年7月11日，我和旅游卫视拍摄纪录片《重走威尔逊之路》的摄制组专程来到黄家，黄永春外出打工，他弟弟黄永清陪同我们前往。我们在地震后形成的堰塞湖大坝上搭乘快艇来到漩坪乡，离船登岸后步行10分钟山路，便到了他们居住的房屋前，他的父亲黄成泰和母亲刘远淑早已在家等待我们。除了他父母，我们还见到了黄永春的二伯父黄成功。黄成功在头形、前额、鼻子，甚至站立的姿势上，几乎和照片上的人一模一样，这让我不觉感叹遗传基因的强大和神奇。

从黄成泰、黄成功处我得知威尔逊拍摄的那条竹索桥上的站立人是他们的祖父，名字叫黄正河。黄正河已在1958年去世，享年87岁，是当时农村中少有的高寿老人。由他的年龄推算他生于1871年，1910年威尔逊为他拍摄照片时他仅39岁，只是从照片上看显得十分苍老。黄正河的儿子叫黄学固，膝下有三儿一女，大儿子黄成才，二儿子黄成功，三女儿黄成兰，四儿子黄成泰。黄永春和黄永清应该算是第四代，他们家人口兴旺，第五代多达16个人，从这里也可以看出百年来中国人口增长的态势。

我从和他们谈话中得知一个重要的信息：黄成功和黄成泰小时候听爷爷说过，有一天爷爷去漩坪赶场，刚走到竹索桥中间，看见一伙人正在桥头歇气（四川话：休息），其中有一个留着络腮胡须的外国人，他们还带着狗。他开始有些紧张，准备赶快离开回家，但同外国人在一起的一个中国人叫住了他，要他在桥中间站一会儿，用右手扶住竹索桥侧的竹绳，保持不动，然后那个外国人架起一台像木匣子的机器对准他，又向他打听去石泉县城怎么走，他详细回答了对方提出的问题。回到家里后，村里有人对他说他的"魂"被收走了，这让他紧张了很多年，后来才知道那是在照相。黄家这两位老人向我讲述这段故事时，黄成功66岁，黄成泰60岁，口齿清楚，记忆力也很好，他们都是老实巴交的庄稼人，没有任何理由欺骗我。听了黄家两位老人说法，我更加坚信我要找的人不会有错，就是他们这一家子了。

2014年6月6日，我再次去了黄家。黄永春在家乡的房子修了一半，因缺钱无法完工，还得继续外出打工。地震后，他妻子生了第二胎，只是他父亲前一年突发脑溢血去世，但他二伯父黄成功仍能在家种田。在去黄家之前，我在北川新县城碰见肖忠德书记，他告诉我说县里有一家公司，根据威尔逊拍摄的那张老照片图案，开发出来一款羌绣产品。听到这个消息，我对黄永清的爱人说，你们可以自己来绣，就凭你家是桥上站着那人的后代，一定会比那个公司的产品有销路。看见他家生活困难，我一直很想帮助他们，但却又无能为力，只能寄希望于以后能形成一条"威尔逊之路"的观光旅游路线，让更多的旅游者到他们家参观，并购买他家的农副产品和竹索桥图案的羌绣。

2019年，我进行《百年追寻》的再版工作，联系了当年帮助我找到黄家的肖书记，他告诉我一个好消息，漩坪乡的跨湖大桥已在2018年11月通车，黄家的两兄弟都在外面打工，听说弟弟还当起了小小的"包工头"。我真心希望，黄家人的生活会慢慢好起来。

右一图

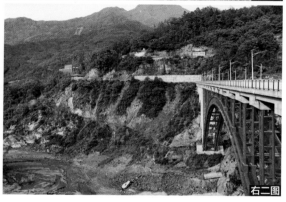

右二图

左一图 1910-08-12，站在竹索桥上手扶竹绳的人——黄正河
左二图 2007-10-23，竹索桥上站立者黄正河的曾孙黄永春
右一图 2010-07-12，竹索桥上站立者黄正河的孙子黄成功
右二图 2021-04-28，跨湖（江）大桥通车，群众生活变得方便

畅想威尔逊之路的前景
——"我的公寓"女主人后代丹巴四朗措家

1908 年 6 月 15 日，威尔逊计划离开成都前往康定。这一次他没有选择 1903 年和 1904 年的路线，而是取道都江堰、小金和丹巴县，最后翻越海拔 4 600 米的大炮山垭口前往康定县城。经过 20 天的旅程，7 月 5 日这天，他的考察队到达丹巴县东谷乡牦牛沟内的奎拥村。奎拥村内有两处族人聚居点，大奎拥村的住户较多，另一处小奎拥村只住有六户人，威尔逊投宿的地方正是小奎拥村。这户藏族人家的房屋有三层，墙由岩石片砌成，十分结实。房屋一楼是猪牛羊圈舍，二楼住人，三楼则用来堆放收获的农作物。威尔逊在当天的日记中写道："房东女主人是一位乐观的人，虽然家里有些脏，但她却很爱笑，笑声也很好听。"威尔逊当天为房东家的房屋拍摄了一张照片，并幽默地称这幢藏族民居叫"我的公寓"。

2006 年 6 月，丘园的托尼和马克来四川重走"威尔逊之路"，当我看到他们带来的这张照片后，便萌生了要去寻找房东女主人后代和那幢"威尔逊公寓"的想法。当时汽车到达牦牛村口后，前面的路就不能通行了，未能如愿。2007 年 9 月，我提前打电话咨询丹巴县的朋友，他们说从牦牛村向奎拥村方向还可以前行 5 千米，再往前有一条 20 年前修的林区公路，但早已被水冲毁，只能骑马前往。至于这张照片在什么具体位置，谁也说不清楚。

 1908-07-05，威尔逊曾住过的藏族民居
左二图 2010-10-23，"穿山甲旅游公司"总经理王勇（右一）拜访四朗措，准备推出"威尔逊之路"旅游路线
右一图 2007-09-19，房东女主人曾孙女四朗措像她曾祖母一样爱笑
右二图 2012-05-15，福建海峡卫视拍摄纪录片"重走威尔逊之路"留影

这次陪同我一道去寻找"我的公寓"照片地点的是成都理工大学的张世嘉老师和北京的教育工作者王丽女士。出发前，我开具了给沿途各县的介绍信，还电话联系了丹巴县旅游局，希望他们能提供帮助。2007年9月18日我们一行到达丹巴（县），随后离开丹巴至八美（镇）的干线公路，来到东谷乡牦牛村。按地图标示我们应向南进入牦牛沟，但陪同我们的当地村支书却让司机王杭明把车向东面山上开去。我问支书这是去哪里？他回答说现在已下午4点半了，今天去不了奎拥村，晚上先去我家住一宿，明天我带你们骑马过去。

第二天凌晨4点过，支书就把我们叫起来，简单吃了些用面粉做的大饼、喝了一碗酥油茶，我们就冒着刺骨的寒风出发了。20分钟后，我们来到一处小房屋，那里早就有两个老乡和六匹大马一匹小马在等我们。小马刚生下不久，必须跟着妈妈吃奶。由于六匹马中仅有两匹马有骑鞍，其余四匹全是驮鞍，考虑到张、王两位老师从未在高原上骑过马，分配马时我把安装着骑鞍的马让给了他们，我和支书及另外两个老乡全都使用驮鞍。

上马不到两小时，我就发现我的臀部和大腿内侧渐渐被驮鞍擦伤，只得咬紧牙，双手紧紧地撑住马背，双腿绷直紧紧地踏在马镫上，像体操运动员在进行鞍马项目比赛那样，尽可能分散重心，减轻臀部疼痛。大约5个小时后，我们沿一条小沟到了小村庄，打开地图一看我傻了眼，原来这里就是过去的大奎拥村，现在改名为邓巴村了，距昨天我们路过的牦牛村口不足三千米。也就是说，从昨天下午5点到现在的17个小时里，我们从东到南，在山上兜了一大圈后，实际有效距离只前进了三千米。

中午12点过，我们终于到达小奎拥村，找到1908年7月5日威尔逊住过的"我的公寓"所在地。尽管原址上还有房屋，但已不是原来那一幢，明显看出是重新修建的。随后我们在附近又找到另一张大炮山下的"森林景观"老照片的拍摄点，高海拔地区树木生长缓慢，森林植被变化不大，老照片近处的灌木和耕地也依旧如故。由于房屋的主人在国家实施生态移民政策后，已在去年搬到了山下居住，

山上的房门上了锁，所以我们无法进入屋内观看。

下山的路上，我们在邓巴村（大奎拥村）终于见到了"我的公寓"女主人的曾孙女四朗措，也见到了她的丈夫大贡布和儿子光明。让我感到十分神奇的是，威尔逊在当年的日记中曾写过"房东女主人很爱笑，笑声也很好听"，没想到我见到四朗措时竟然发现她同样也爱笑，这又一次让我感到遗传基因的超强能力，不仅相貌上能够遗传，连性格和习惯也会遗传。当我把"我的公寓"老照片拿给她看，并问她知不知道她家很早以前曾有外国人来住过时，她说在小时候便听她妈妈说起过这件事，百年前在如此偏僻的地区，有外国人到家里来是一件很大的事。

在与四朗措交谈中得知，她家有三个小孩，除了儿子外，还有两个女儿，大女儿已成了家，就住在对面山坡上的一个村子里。还有一个小女儿，目前在卫生学校学习。她家原来住在山上，由于海拔较高，一直没有通电，冬天寒冷，她身体又有病，近年来国家实施了生态移民工程，去年便从山上搬下来了，目前在山下修建的住房还未完工。我问她是喜欢住山下还是山上，她说各有各的好处吧，但从娃娃们的角度来看，在山下生活对他们的事业发展更好些。

2010年10月22日，我再次来到小奎拥村，我们在四朗措家山上的老房子里，发现了两件很陈旧的家具，其中有一张被炊烟熏得漆黑的床，有人认为这有可能是威尔逊曾经睡过的床。回到山下我询问四朗措，她也说那些家具在她小时候就有了，但我内心仍旧没有把握。回到成都后，我仔细查对了威尔逊的《中国——园林之母》原著，并对照了我的课题组沈国坤先生的中文翻译稿，在第十六章关于在"我的公寓"女主人家居住情况的描写中，发现了这样一段话："房子里既没有桌子、凳子，也没有椅子，我们需要自己临时拼凑解决没有家具的问题。当地人习惯蹲在地上吃饭，因此无需桌椅。"威尔逊在日记中并没有提到关于房子里有床的描写，看来那张床是后面才有的。

2012年5月15日和2013年9月23日，我

又先后陪同福建海峡卫视和中央电视台纪录频道的摄制组到四朗措的新家拍摄纪录片，我希望通过纪录片的播放，让更多的人知道威尔逊之路上发生的故事，以此带动当地旅游业的发展，并通过发展旅游业，促进四朗措和她们村子里群众生活水平的提高。对四朗措一家，我一次次不厌其烦地向他们宣传发展旅游的前景，希望他们能把家里的住房条件改善一下，为接待游客做好准备。尽管我讲得口干舌燥，摄制组也拍摄了村子里美丽的景色，然而这个想法总是不能被他们接受，他们听了后只是笑一笑。看来时机还没有到，主要还是观念问题，是我有些操之过急了。

这也难怪，在偏远的乡村，人们世世代代生活在这里，对外界感知少，习惯了早出晚归在田地里劳作的生活方式，想让他们在短时间内改变谋生方式去发展旅游，还真的有一定困难。这件事涉及一个地区的经济发展规划，不仅仅只是旅游部门的问题，还包括国土、交通、林业、农牧、文教、环保、水利、扶贫等诸多部门的配合，光靠我嘴上说

右一图

右二图

一说，村民们是不会轻易去改变的，因为这关系他们的生计问题。

2021年9月27日，我在编写《百年变迁》这本书时，为了拍摄"通向大炮山的山谷"和"雅拉神山"等几张重要的照片，再次去了邓巴村，见到了四朗措、她丈夫大贡布和女婿次成等人。返回成都后，我特地给甘孜藏族自治州文化和旅游局局长刘洪发去了信息，希望联合丹巴、康定、泸定三地，把这一条线路开发成以科考和探险为主的"威尔逊之路"生态旅游线路，我相信它会受到旅游者们的欢迎。试想，如果我们从丹巴出发，沿着威尔逊走过的路，经东谷河到达牦牛村和邓巴村，再由

邓巴村上行到台站，沿途参观两处威尔逊曾经的住宿遗址，然后由台站到大炮山主峰北面的垭口，下山后经新店子、中谷和雅拉村到达康定，再由康定经榆（林宫）磨（西）路前往泸定，沿途40多处威尔逊曾经拍摄照片的地方，森林、灌丛、草甸、温泉等生态类型景观丰富，还可以串联起康定木格错、雅加埂、泸定红石滩、海螺沟等景区，尤其是大炮山北坡的一条高原宽谷，长约10千米，宽1～2千米，完全保持了原生态的自然景观，在高原宽谷最高点，还可以近距离观察到雅拉神山雄伟的主峰，这是多么精彩的旅程！

到了秋季，海拔3 800～4 000米的宽谷一

侧长满了茂密的红杉林，在午后秋日阳光的照耀下，发出金黄色的刺眼光亮。由于人烟稀少，加上这几年自然生态环境保护力度加大，我们在沿途还可以看到很多野生动物，如旱獭、鼠兔、黄鹿、林麝、野兔、松鸡等。此外，在春、夏、秋三季，沿途的牦牛村、邓巴村都可以作为休闲度假和康养基地，冬季也可以发展冰雪旅游项目。我一直有一个愿望，如果能把这一条旅游线路开发出来，不仅沿途的群众及"我的公寓"女主人的后代四朗措家可以增加收入，更是这一地区的发展所需，这也是这些年我先后五次到他们家的原因之一。

百年变迁

08 寻访"喇嘛寺"
—— 险被误为"偷猪贼"

左一图

1908年6月29日，威尔逊从成都至康定的旅行中，到达了丹巴县的半扇门乡，这里的山坡上有一座寺庙。威尔逊向路人打听后得知，此寺庙叫曲登沙寺，已有近500年历史。寺庙下临小金河，背靠墨尔多神山，依山而建，高大而雄伟。威尔逊为这座依山傍水的寺庙拍摄了一张照片，取名"喇嘛寺"。他在选景的时候，把修建在小金河南岸一幢低矮的藏式房屋，放在了照片中下偏左的位置。这幢藏式房屋掩映在绿树丛中，一条从左下方流过来的小溪，在房屋附近与小金河干流汇合。

2007年9月18日，我为寻找这张老照片的拍摄点来到半扇门乡。这次我的同伴除了王杭明外，还有成都理工大学的鄢和琳、张世熹两位老师，以及来自北京的教育工作者王丽老师。到达拍摄点的山坡下方时，王杭明把车停在了公路边。我和张老师两人爬上公路左方山坡一处平台，当我们找到位置正要拍摄时，听见附近传来一阵猪的尖叫声，我们四处张望却不见猪的踪影。此时，

右一图

右二图

又响起了一片狗叫声，隐约还有脚步声，我感到情况有些不对劲儿。只见几个村民手里拿着木棍，正在向我们慢慢地靠近。

当时的画面有些特别。一方面，山坡上有两人在指指画画，似乎在寻找什么；另一方面，山坡下的路边又停了一辆汽车（为了我们方便取放拍摄设备，此时汽车的后备厢是打开的），汽车边的人正望向山坡，似乎在接应什么。我一下子意识到发生误会了，他们一定把我们当成了一伙偷猪贼，一场围剿"偷猪贼"的行动即将开始。眼看他们对我们的包围圈就要形成，我抓紧拍了两张照片，快速与张老师走下山坡。我主动和村民打起了招呼，当我把老照片向他们展示，一切误会得以解除，大家不约而同友好地笑了起来。

我们和村民聊起了家常。附近房屋的男主人叫王远仁，女主人叫吴世秀，祖上是乾隆皇帝平定金川时从陕西过来的士兵。他在威尔逊的老照片上看到了他家祖屋，心里特别激动。他还告诉我，小时候听家里人说曾有外国人经过这里。当我好奇地向他询问猪的叫声是从哪里传出来时，他带我去山坡上找到了声音的来源。原来他家把猪圈按照陕西的习惯修在了山坡中部一处土坎下，相当于北方的窑洞，洞口又用石条和树枝遮掩，既舒适、隐蔽又安全，刚才我和张老师两人上去时，从猪圈旁边走过竟然未发现，难怪我们只闻猪叫声，却不见猪踪影。临别时我们同房屋主人一家合影留念，我还同他们开起了玩笑："王大爷，你们要小心哈，等我再来的时候就把猪给你背起走了哦。"王大爷对我上下打量了一番，笑着对我说道："就凭你这个瘦弱的身体能把200斤重的猪背得动吗？我看把猪送给你，你都背不走，何况我家里还养着狗，只要狗一叫，我就出来抓到你了！"

2020年6月7日，我再次来这里拍摄照片。我看见公路右边原来老屋的位置上建起了一幢藏式新房，房屋主人是王远仁的弟弟王远志。从闲谈中得知，王远志的女儿考上了成都理工大学旅游学院，9月就正式上学了。10月21日，她专程到研究所来看我，我送了一本《百年追寻》给她，并希望她毕业后回到家乡工作，成为家乡的旅游专家。

百年变迁

左一图 依山而建的曲登沙寺
右一图 2007-09-18，作者（左二）与"小金河边老屋"的主人后代王远仁（左四）和吴世秀（左五）夫妇合影
右二图 2020-06-07，作者（右）与"小金河边老屋"主人后代王远志（左）和他的女儿王荣霞（中）合影

09 上天的安排
——巧遇"守桥人"的后代

1908年6月27日，威尔逊在距四川懋功厅（今小金县）7千米的两条河交汇处，拍摄了一张木桥（现猛固桥）的照片，照片上显示出有两座藏族特色的伸臂桥。从西北往东南方向流来的抚边河，以及从东往西流向的沃日河在此交汇，融入小金川河后奔腾西去。关于伸臂桥，威尔逊在《中国——园林之母》一书中称它是"一种木结构的半悬臂桥，在去川西地区的路途中经常见到"。

猛固桥一共由两座桥组成，在清代原为木桥，1932年，当地民众集资建成为铁索桥。历史上猛固桥曾发挥过重大作用，它融通了藏汉文化，接通了山区与成都平原的联系。1989年被列为阿坝州州级文物保护单位。

在过去30多年的野外科学考察工作中，我曾多次路过这里，对这一带情况十分熟悉，当我第一次看到老照片时，便初步确定出了拍摄点的位置。

家几代人一直在这里守桥。杨华富告诉我，猛固桥1932年由木桥改为铁索桥，就是由他爷爷主持集资重修的，现在守桥的任务已传承到杨华富30岁的儿子杨茂云手中。

说来真是凑巧，杨华富今天一大早进县城办事，办完事后搭车回家，他在猛固桥下车后，我们的车也刚好停在这里，就好像是双方事先约定好的，不早不晚我和他在这里相遇。此时，我突然想到中午在夹金山村被"检查站"无端拦下罚款的事，正是他们企图敲诈我们，让我们耽误了30分钟，才使我们有机会在这里和杨华富相见，无论早了或晚了一分钟都不行，我是不是还应该再返回去感谢他们呢？看来又是上天有意的安排，人世间的事，有时候还真的无法说清楚。

百年变迁

2007年8月4日，我在陪同美国《国家地理》一行人到四川西部考察时，便在这里顺利地找到了老照片的拍摄点。仔细观察对比后发现，尽管经历了近百年，两条河谷的大环境改变并不大，近处的树木增加了，右下方原来的一片农地，现在变成了公路，两条河交汇地的一块阶地上，新修建起了一座白塔。新的照片拍摄完成后，我满以为这件事已算是圆满完成了，没想到这还只是故事的开始。

2012年5月14日，我陪同福建海峡卫视到四川西部拍摄《重走威尔逊之路》纪录片，当天在从宝兴县到小金县途中，我们的汽车翻越夹金山时，被夹金山村公路上设立的一处非法"检查站"拦下企图罚款，幸亏我认识的一个当地熟人帮忙，才把我们放行，我们因此耽误了30分钟行程。那一天我们直到下午5：30才到达猛固桥，摄制组在这里选好与威尔逊老照片上相同的角度，拍摄了几个片段。这时，我发现一个50岁左右的中年男子站在旁边一直注视着我们，当我们拍摄完毕正要离开时，他走到我面前主动同我打起了招呼："你是印老师吗？我在报上看到了你重走威尔逊之路的消息，非常激动。"我赶快回答他："谢谢你的关注，你有什么事要找我吗？"他拉着我的手说："我一直在打听你的联系方式，今天终于有幸在这里见面了！"接着他又说："自我介绍一下，我叫杨华富，就住在附近，我家是猛固桥的六代守桥人，我的父亲告诉过我，100年前，父亲的爷爷曾亲眼见到一个外国人在这里照相，前段时间看了报上对你'重走威尔逊之路'的报道，才知道这个外国人就是威尔逊。"听了他的介绍我也非常高兴，没想到在这里碰见了一个历史见证人的后代，随后我和他交换了联系方式，并同他合影留念。

杨华富祖籍在四川安岳县，在清朝乾隆年间平定金川期间杨家随部队进入川西，随后便留在了小金县。杨华富爷爷叫杨鸿华，父亲叫杨复兴，杨

左一图 两河交汇处，建有当地特有的伸臂木桥
左二图 2012-05-14，作者与当地村民杨华富合影
石一图 "富裕的城堡"——陶家大院

寻访富裕家族的城堡
—— 云阳陶氏

右一图

1910 年 6 月，威尔逊从湖北宜昌出发，沿陆路前往四川西部。7 月 2 日这天，他们到达了重庆市云阳县（重庆市直辖以前属于四川省）北部一个叫窄口子的村庄（现名"龙坝镇"），他在当天的日记中有这样一段记载："在到达窄口子前一里路时，我们路过了一幢异常宏大、建筑艺术十分精美的房屋，它是由一家陶姓富商修建的，他掌握着县一级食盐经营权。20 年前他去世了后，他的家族不幸败落了，主要是因为疾病和吸食鸦片。"威尔逊当天拍摄了一张注名"富裕家族的城堡"的老照片。

我对陶家大院及其后代的寻找一开始并不顺利。2007 年 6 月 19 日，我和王杭明及所里科技处的刘刚君同志从成都出发，专程前往川东和重庆寻找老照片的拍摄点。6 月 22 日上午，我们离开开县县城，准备经温泉镇前往云阳县龙坝镇寻找陶家大院。但天公不作美，我们在途中遭遇了特大暴雨，这让我们不得不临时取消了去龙坝镇的计划。6 月 26 日上午，我们在云阳县县志办姚洪茂主任的帮助下，寻找老照片

的拍摄点。姚主任看了我带来的 10 多张云阳县老照片之后推断，这些照片绝大多数是在县城北面拍摄的。但目前连日暴雨导致道路不通，只有靠近长江边的"张飞庙"和"文峰塔"两处可以去。于是，姚主任决定派出一名叫龚学举的工作人员陪同我前往拍摄。

下午返回县城的途中，有人介绍距这里 20 千米处有一处叫"彭家大院"的县级文物保护单位，我满以为是要寻找的陶家大院，到了之后才发现大院形状与威尔逊拍摄的不是同一个地方。在寻找过程中，我们遇见两个非常热情的小男孩主动为我们带路，哥哥叫李云森，14 岁，弟弟叫李粤生，12 岁。他们都是"留守儿童"，父母亲在广州打工，弟弟还出生在广州，两兄弟现在都在云阳读书。分手时，我祝愿这助人为乐的兄弟俩顺利成长。6 月 27 日，龚学举又带我们跑了几处地方，仍旧一无所获。由于县城北边公路短期内难以修通，我们决定暂时返回成都，选择错开雨季再来。这段时间一直往返于三峡库区，听当地人说，自三峡水库蓄水以来，暴雨日数明显增加了。

2008 年 4 月 14 日，我和王杭明第二次开车到达重庆市的北部，寻找去年 6 月来时没有找到的陶家大院。出发前我先找到在四川省林业厅工作的杨本明同志，通过他介绍找到了他在开县（今重庆市开州区）农委工作的同学何建新同志。老何不仅陪同我去了开县县志办寻求帮助，还请来温泉林业站周俊站长陪同我一道去开县的温泉镇，又嘱咐周站长陪我去云阳县龙坝镇。当天我们在温泉镇拍摄了一张照片，晚上就住在镇里。

第二天早上，我们从温泉镇出发去龙坝镇，遗憾的是周俊站长那天有事不能陪同我们，但他已经给龙坝镇的朋友黄克刚打了电话，委托黄克刚陪同我去。恰好当天黄克刚又不在家，是黄克刚的父亲为我带的路。就这样，从四川到重庆，从开县到云阳县，在 5 个人的接力帮助下，我们终于到达了龙坝镇的红梁村。车刚进村口，我一眼就看出了"陶家大院"老照片远处背景山坡的形状。随后我在村口找到了陶家大院第六代孙陶宏均。陶大爷今年 61 岁，向我介绍了陶家大院的历史。大院建于清同治年间，主持修房子的人叫陶鸣玉，是陶宏均的高祖，威尔逊照片中的陶家大院一共花了 13 年时间才建好。他们家祖上是从湖北迁到云阳的，靠从事盐、铁生意发家，后因得罪有官方背景的另一家商人而败落；另一说法是因病和吸鸦片而致。上述情况在威尔逊的著作中有所记载。

20 世纪 50 年代，大院分配给了 10 户刘姓村民。1958 ~ 1967 年期间大院房屋相继倒塌，据当地村民介绍，倒塌原因是当初修房屋时主人在工匠喝的酒中掺水并克扣工钱，遭到工匠报复偷工减料所致。陶家大院的兴衰过程在今天也值得深思，现实社会中有很多建筑工程因质量不好而倒塌，其原因也可能与此相同。

"陶家大院"的寻找，又一次证明了"六度分隔"理论的可行性："世界上任何一个陌生人与你之间的联系都不会超过六个人。"根据这个理论，你只需最多通过六个人，就能将彼此毫不相关的两个人以某种方式联系到一起。我这一次只通过了五个人便验证了这个理论。

百年庄过

11 从排山营村到"许小龙村"

—— 村庄之名见证感恩之心

左一图 坐落在圆形山头上的小村庄
左二图 2006-06-02，排山营村 9 岁的小朋友许小龙（左一）、王德才爷爷（左二）与本书作者王海燕（右）的合影
左三图 2006-06-25，许小龙为托尼和马克带路寻找到老照片拍摄点
左四图 2020-06-16，当年的小朋友许小龙，如今已变成帅小伙儿了

　　2004 年 9 月，托尼和马克来到成都（在过去的 10 多年里，他们曾多次来四川收集植物），和他们一道来的还有英国豪威克树木园（Howick Arboretum）和美国克里山植物园（Quarryhill Botanical Garden）的学者，这一次他们是来拍摄照片的。他们这次带来了一些我从未见过的威尔逊老照片，希望我能帮助他们找到更多的老照片拍摄点。他们重拍照片的想法与我不谋而合，于是我们约好一起出发去寻找老照片的拍摄点。

　　2006 年春节刚过，他们又寄来了更多的资料和老照片。这些老照片的拍摄地我曾不止一次去过，

但老照片的拍摄时间已经过去了整整一个世纪，更何况最近几十年来中国西部的环境变化很大，是否能准确找到这些老照片拍摄点，我心里也没有十足的把握。

　　为了能让他们到四川来的时候尽可能找到更多的老照片拍摄点，我决定在他们到来之前，提前到相关地区去寻访。参加这次工作的除我和司机老王外，还有课题组上的王海燕和沈国坤两人。

　　2006 年 6 月 1 日上午 10 点，我们在汶川拍摄了漩口镇的石塔照片。11 点，我们到达汶川县草坡乡桃关村。1910 年 9 月 3 日，威尔逊在桃关村遭遇

山体崩塌，被石块砸断了右腿。对于威尔逊受伤位置的考证，是我 2002 年陪同中国人类生态学会秘书长张小艾博士和美国《国家地理》杂志记者维吉尼亚·莫瑞尔（Virginia Morell）女士来此考察后共同确定的。

6 月 2 日，我们第一个寻找点在靠近茂县叠溪镇下方的排山营村。2004 年我曾陪同托尼和马克去过排山营村，当时未能找到老照片的拍摄地点。不过，我们在村子里认识了一个叫许小龙的小男孩，他家就在公路边，门前有棵很大的胡桃树。两年过去了，再次见到我们小龙显得十分高兴，他知道我们是来拍照片的，就迫不及待地带我们去见了村里一位 88 岁的王德才老爷爷（王德才是 1933 年 8 月 25 日叠溪大地震的幸存者之一）。我把老照片拿给老人看，并向他询问这些老照片的具体拍摄地。在得到老人的指引之后，小龙便带着我们，先穿过公路爬上对面的山坡，再穿过玉米地和花椒地，不一会儿把我们带到一根高压电线杆下边，指着对面的山坡说："就是这里，这里才是从前的老路。"我赶紧把手里的老照片拿来进行比对，和威尔逊当年拍摄的角度几乎一致。

拍完排山营村，我们决定去寻找另一张"叠溪古镇"老照片的拍摄点。和小龙告别时，我特地叮嘱他说："半个月后我还要再来，两年前你见过的两个老外要来看你，你一定要在家等我们。"小龙认真严肃地点了点头。

2006 年 6 月 12 日，托尼和马克如期到达成都与我会合。我们从成都出发，沿着威尔逊的足迹先去了松潘。25 日，我们决定从松潘返回成都（回程正好经过排山营村），10:20 分到达了排山营村，许小龙果然在家里等我们。再次见面，大家都十分高兴，托尼还给小龙带了糖果和文具。我们与小龙母亲打过招呼之后，小龙便带着我们去寻找拍摄点。那天天气很好，我们都拍摄到了满意的照片，我还分别给托尼、马克以及许小龙在现场留了影。在从山坡小路往回走的途中，马克突然对我说，为了感谢小龙的帮助，他郑重地提出要在他的工作笔记中，把威尔逊称呼的叠溪附近的小村庄"排山营村"，正式改名为"Xu Xiaolong Village"（许小龙村）。

从英国著名园艺学家马克口中说出这样正式的话，我既为小龙感到高兴，也为马克对中国人民的友好而心怀感谢。当天下午，我在汶川拍摄了"雁门关"照片后，平安返回成都。

2008 年汶川特大地震后的 2008 年 10 月 31 日，托尼和马克又专程到排山营村看望许小龙。一路上马克坚持说，为了感谢许小龙给他们带路，他心中早就从 2006 年 6 月开始把"排山营村"改名为"Xu Xiaolong Village"了，希望我们不要再提这里是"排山营村"了。当天大约 10 点半，我们来到了许小龙家，遗憾的是小龙在茂县城里上学，此时并不在家。我们上山拍摄了一张排山营村地震后的照片后，就回成都了。

2018 年 5 月，我应哈佛大学阿诺德树木园邀请前去参加"威尔逊研究学术交流会"，会上阿诺德树木园一位工作人员向我打听许小龙的近况，她曾经在一篇文章中看到这个可爱的小孩为我们带路的故事，所以很关心小龙的近况。但距离上一次见小龙已经过去了 12 年，我也无法详细地向这位工作人员讲述小龙的近况。

2020 年 6 月 13 日，我又一次前往排山营村寻访许小龙，遗憾的是仍旧没能见到他本人，听他的邻居介绍说，2015 年小龙已在都江堰参加工作了，村里一位老人将小龙的联系方式告诉了我。与小龙通话后我才得知，原来他的真实名字叫许顺龙，当年告诉我们他叫"许小龙"是因为特别崇拜功夫巨星李小龙，便自己把名字改成了"许小龙"，村子里的人平时也都习惯叫他小龙。对于马克的拍摄工作而言，不管小龙叫什么名字，"Xu Xiaolong Village"都是他们工作过程中友善和感恩的代名词，将被永久记录在寻访之路中。

百年变迁

十余年前，当作者第一次带着丘园和温莎植物园的植物学家踏上威尔逊曾经拍摄岷江百合的那一方土地，这些不远万里来到中国找寻前人足迹的植物学家们举起手中的相机，从不同角度一次次按下快门，随后又呆呆地凝望着那一方小小的拍摄地，直到暮色降临仍不愿离去。百余年来如期盛开的岷江百合，似乎见证着"年年岁岁花相似"，而透过镜头记录的珍贵照片，我们仿佛又能看见百余年前一位植物学家跋山涉水的科研之路。

对比百余年后作者的记录，我们不仅能看见中国西部百余年来植物生长环境的变迁，更见证了百余年来此地的人们生活环境的变迁。百余年前，当威尔逊开启中国的植物收集之路，他得到了友善热情的中国朋友无私的帮助，才让他得以完成他毕生的事业。百余年后，当作者开始重走威尔逊之路，同样得到了各界朋友热情无私的帮助。从湖北宜昌的尹家、王家到康家；从四川乐山到小金河谷，再到排山营村，在这条寻找记录之路上回首百年时光，虽有"岁岁年年人不同"的感慨，但也有年年岁岁没有改变的中国人的善良和热情。

透过作者开启的这扇记录环境和人文变迁的大门，我们看到中国西部地区植物生长的大环境正在改变；中国西部人们生活环境近十年的变化比作者十年前记录的百年变化更加迅猛，人们居住条件、生活水平提升远超上一个百年！跟着作者的镜头，通过影像的重逢看见中国西部的百年变迁、百年之后的十年变迁，或许在中国西部这一片被称为"园林之母"的土地上，下一个十年、下下个十年还会有值得我们关注的变化。

结束语

自人类诞生以来，人类的生产活动便与地球的生态环境和动植物的繁衍生息密切相关。例如《唐代名画录》中记载，吴道子奉唐玄宗之命，入蜀顺嘉陵江漫游写生，其完成的作品中描绘了嘉陵江中下游沿江 150 千米的山水景观，刻画出当时四川盆地内森林茂盛、生态环境优越的自然条件。而后，历经世代修筑宫殿、开垦农田、长期战乱等历史演变，生态环境遭到了破坏，尤其是近 100 年来，中国人口由 20 世纪初期的 4 亿增加到现在的 14 亿，生产活动加剧，在发展经济的同时，也让我们付出了沉重的环境代价。例如，20 世纪初，四川森林覆盖率达到 40%，20 世纪 40 年代末期减至 19%，50 年代后期减至 9%，80 年代初开始恢复到 13%。近 100 年来长江流域多次发生洪灾，四川及中下游地区遭受严重损失，而上游地区森林的破坏正是直接原因之一。位于鄂西神农架地区的森林，也同样经历过大规模的采伐，从 1958 年至 1982 年，累计生产商品木材达 300 万立方米。这些经济活动，曾一度使昔日中国西部花园的生境大不如前。

百余年前，英国切尔西的维奇园艺公司和美国哈佛大学阿诺德树木园相关负责人，看到了中国西部的植物存在着巨大的科研价值，于是决定派遣威尔逊到中国收集植物。威尔逊自从踏上中国西部这片神秘的土地，就和这里勤劳朴实的人民及种类繁多的奇花异卉结下了不解之缘，同时，他在中国西部的考察也奠定了他后来在国际园艺学界和植物学界的地位。威尔逊写下的考察日记，从一个西方自然科学者的视角，分析了当时中国西部社会的历史和发展状况，而他拍摄的上千张照片，更是展示了中国西部的生物多样性，真实记录了百余年前中国人民生活的境况。这些宝贵的史料，对我们今天研究中国西部地区的社会和环境变迁及生物多样性具有重要的参考价值。

当我们置身中国西部花园，威尔逊留下的百余年前的老照片与现实景观——对比的研究结果，给了我们太多的警示和启迪：宜昌三游洞的报春提前一个多月开花、康定大炮山上的积雪面积大幅减少、跑马山上原来的灌丛被森林取代，暗示着百余年来全球气候变暖的严重问题；松潘县安宏乡和丹巴县中路乡山体明显下滑，提醒我们应时刻注意山地灾害的发生；湖北神农架和四川岷江上游地区河流水量季节性减少，提示我们要重视河流生态系统的保护；松潘黄龙景区内石灰岩钙华的老照片，对我们研究和保护黄龙这片世界遗产地意义重大；湖北、重庆和四川等地森林植被重新恢复的照片，向世界展示了中国西部天然林停止采伐和退耕还林工程取得的成绩；汶川岷江河谷百余年前的老照片和 2008 年汶川特大地震发生前后的照片对比，为我们的后代留下宝贵的地理坐标和展示大自然自愈能力的重要资料。

过去 10 年，是我国社会经济快速发展的 10 年，本书的出版，使读者既可看到中国西部相关地区过去百余年的自然生态环境与社会历史的变迁，又可以看到最近 10 年生态环境加速恢复的喜人成果。一些地区，由于基础设施的建设和城市化的发展，最近 10 年的变化甚至超过了过去的 100 年。读者在书中可以体会到，1998 年以来，国家实施了天然林保护、退耕还林、退牧还草等一系列生态保护工程，推动了中国西部生态环境的改善：以四川省为例，这里 2000 万公顷的天然林得到了有效保护，西部花园又开始逐渐恢复昔日的风貌，森林覆盖率每年以超过 1% 的速度持续增长，2008 年四川森林覆盖率已上升到 28%，2019 年已经达到了 40%……我国的一系列生态环境建设工程对建设长江上游生态屏障、守护绿水青山、造福子孙后代，具有深远的历史意义。与此同时，脱贫攻坚行动在提高西部，特别是偏远地区人民生活水平的同时，也在一定程度上使经济发展不再像从前那样粗放地依赖自然资源，从而间接地使生态环境得到了保护。然而，我们应当清醒地看到，在当前我国西部地区的社会和经济发展中，还存在着诸多损害我国西部生态环境的因素，因此，我们必须要吸取历史教训，扭转重发展轻保护的思想，坚持"绿水青山就是金山银山"的科学论断。

10 余年前，在编写《百年追寻》一书时，适逢 2008 年汶川特大地震，这给《百年追寻》书中新照片的拍摄工作造成了巨大的困难。如今，在本书编写期间，2019 年底爆发的新型冠状病毒肺炎疫情波及全国，疫情之下的艰难和疫情的多次反复，再次给本次新照片的拍摄工作带来巨大困难。这两件事情的发生，与本书的编著看似没有直接的关联，但却让我有时间冷静下来，认真去思考人类与自然之间的关系：当前人类对自然界的认识还需要我们进一步去探索与思考，我们应当对大自然多一些敬畏、尊重和爱护；在灾害面前，人类或许有时远比想象中更不堪一击；人类仅仅只是自然界众多生物中的一员，自然界所有生命都是平等的，我们在消耗自然资源的同时，也应当对自然界中的其他生物多一些尊重与爱护。人类绝不可妄自尊大，更不能以处在生物链顶端的高等动物自居，去伤害其他生命。

2020 年 2 月 24 日，全国十三届人大常委会第十六次会议通过了《全国人民代表大会常务委员会关于全面禁止非法野生动物交易、革除滥食野生动物陋习、切实保障人民群众生命健康安全的决定》。这项决定，与中国政府 1998 年启动长江和黄河天然林保护工程的决定一样，对中华民族生存和发展方式的改变、提升中华民族的精神文明和整体形象，具有十分重要的历史意义。有了这些政策作为保障，我们有理由相信，中国的生态环境将会变得更加美好。

一张照片，记录一段逝去的历史；一张照片，讲述一个难忘的故事；一张照片，开启一道记忆的闸门；一张照片，预测一片未来的天地。新老照片对比中的时空变化，正是中华民族百余年来的历史缩影，我们今天重新来审视这些照片，更是让人感慨万千。当今社会是一个飞速发展的社会，当人们分享高科技产品带来便捷生活的同时，却也留恋那些已经消失和正在消失的岁月与生活方式。那些湮没于历史深处的如烟往事，却也散发出一种特殊魅力，被越来越多的人们所关注。当今社会还是一个发展不平衡的社会，有人物欲不止、贪婪无限，有人追求财富和享乐，有人恣意地掠夺自然资源……由此造成的森林减少、水土流失、草原沙化、动植物灭绝、全球气温升高、环境污染加剧、水资源短缺等一系列全球环境和社会问题，值得全人类正视和解决。正在实施中的乡村振兴计划，不就是为了在唤醒人们回望过去的同时，在文化自信的道路上重建人与自然的关系么？百年前威尔逊曾断言，中国人民终会与各国人民一道，掌握世界未来的命运。如今我们也有理由相信，中华民族能够为人类应对全球环境挑战贡献自己的智慧。

作为一个生态学工作者，我希望通过这些照片，在帮助我们寻找尘封往事、感受中国百余年历史与社会变迁的同时，唤起我们对历史应有的尊重和对自然应有的敬畏。人类应该和大自然和谐相处，当代人对子孙后代的延续发展应该承担应有的责任。

感谢美国哈佛大学阿诺德树木园同意本书无偿使用威尔逊拍摄的老照片、哈佛燕京学社李若虹博士为本书翻译了英文书名。最后，除了感谢省内相关政府部门和协会的支持外，还要感谢作者所在单位的领导和生物多样性与生态系统服务领域众多课题赞助了经费，他们是：吴宁（国家科技部重点研发项目 中国－克罗地亚生物多样性和生态系统服务联合研究 2020YFE0203200）、陈槐（第二次青藏高原综合科学考察研究 2019QZKK0304）、刘庆（第二次青藏高原考察研究专题 2019QZKK0301）、潘开文（2020 年成都龙泉山城市森林公园生态 E0D131）、包维楷（新建铁路雅安至昌都段工程区植物多样性调查及影响评价 Y9A2060001）、孙庚（基于生态敏感性的成都公园城市建设 Y9D2050001）、江建平（芒康生态监测站 Y9D3050001）、吴彦（九寨沟植被现状、时空变化及未来 30 ～ 50 年演变趋势 E0D1060003）、高信芬（第二次青藏高原综合科学研究——横断山北段植物多样性调查 2019QZKK0502）、彭玉兰（天府植物园拟收集和展示植物资源专题研究 E1Y1110001）、徐波（野生植物四川省科技资源共享共享服务平台 E1D1010001）。

令我感到高兴的是，这项研究工作已经后继有人了。我所在研究所的年轻人，他们愿意将这种研究方法传承下去，每隔 10 年左右跟踪拍摄一次。更令人欣慰的是，从湖北、重庆到四川，老照片所在地区的一批年轻人，也都积极参与了老照片重拍工作，充分体现了他们对家乡自然生态环境的关注，同时也使得这本书有望扩展成为一套通过照片对比研究中国西部环境变迁的系列图书。我恳切希望，在广大读者中有更多的爱好者，都来关注中国西部的环境，共同来参与这项工作。

印开蒲

2021 年 12 月

参考文献

［1］四川植被协作组. 四川植被 [M]. 成都：四川人民出版社，1980.

［2］罗桂环. 近代西方人在华的植物学考察和收集 [J]. 中国科技史料，1994（02）：17-31.

［3］印开蒲. 百年追寻——见证中国西部环境变迁 [M]. 北京：中国大百科全书出版社，2010.

［4］印开蒲，鄢和琳. 生态旅游与可持续发展 [M]. 成都：四川大学出版社，2003.

［5］印开蒲. 沿威尔逊之路，重返中国西部花园 [J]. 中国西部，2004（06）：12-20.

［6］王海燕. 一个英国植物学家在中国西部的传奇 [J]. 中国西部，2004（06）：28-33.

［7］中国科学院《中国植物志》编委会. 中国植物志（第一卷）[M]. 北京：科学出版社，2004.

［8］印开蒲. 川藏线留下的科考足迹 [J]. 人与生物圈，2006（01）：64-65.

［9］印开蒲. 植物活化石——珙桐 [J]. 科学世界，2007（1）：48-49.

［10］印开蒲，路琰. 威尔逊 中国花卉西方开 ［J］. 环球人物，2007（17）：78-79.

［11］庄学本. 庄学本全集 [M]. 北京：中华书局，2009.

［12］E. H. 威尔逊. 中国——园林之母 [M]. 胡启明，译. 广东：广东科技出版社，2015.

［13］德博拉·爱尔兰. 伊莎贝拉·伯德 中国影像之旅 1894—1896[M]. 马茜，译. 北京：中国摄影出版社，2018.

［14］Wilson E H. Sargent C.S.A Naturalist in Western China [M]. London: Methuen & Co.，1913.

［15］Wilson E H. China,Mother of Gardens[M].Boston: Stratford Co.,1929.

［16］Briggs R W. Chinese Wilson[M].Londen:HMSO,1993.

［17］Morell V. The Mother of Gardens[J].Discover, 2005（8）：62 -69.

「后记」

如果说光阴似箭，那么本书就是把飞逝时光的一个个断面抽取并汇集起来，形成一部讲述生态环境的纪录片，向世人展示。

10 年前，我正在加拿大蒙特利尔访学之际，一个偶然的机会知道了威尔逊安葬于那里。这不禁让当时的我回忆起出发之前，与印老师一同考察川西海螺沟的情景：我们驻足于一株康定木兰树下，他给我讲述威尔逊将这种开着硕大美丽花朵的乔木引种到欧美的故事。那时，承载着印老师十余年热忱与专注的《百年追寻——见证中国西部环境变迁》刚刚出版，一座连接中西方植物学家内心世界的桥梁已然架起。

这些年我在中国西部山区四处奔走，时不时会思考科学探索的意义。当越来越多地听闻一百多年前来访此地的西方博物学家们富有传奇色彩的故事时，我在内心充满新奇之余，更感到有某种责任：应像前人一样，努力做些什么，以使公众能够将对大自然的向往与对大自然的理解放在同等重要的位置。当然，这样的努力早已由印老师付诸实践——即便是在那些西方前人走过的偏远角落，印老师的名字也常常被当地干部、群众仰慕地提及。

正如本书所展示的，我们正处于一个加速发展的时代，而环境的变化也并非渐进式的。究其原因，更多时候环境的变化是由无数或大或小，甚至表面上看来毫不相关的事件导致。想要更准确地反映这些变化，必然需要对其逐一进行更为精细地刻画和记录，才能够为后人研究过去变化的原因提供线索。如此一来，对生态环境的研究与保护工作提出的要求也就更高。

"科学需要被想象力所感知。"两百年前伟大的地理学家亚历山大·冯·洪堡曾如此感叹。我不禁想到，20 年前，已年近六旬的印老师在决定做这项如此宏大的工作时，需要何等的想象力！而在参与了本书工作，了解到几乎每一组对比照片的背后都有一段或跌宕起伏、或感人至深的故事之后，"科学还需要被人文关怀所温暖"作为新的认识渐渐地在我脑海中清晰起来。

我始终认为，当人们拿起相机时，拍摄的是大千世界，而映射的则是自我内心。人的内心无不向往星辰大海！"国家公园之父"约翰·缪尔说过："要深入宇宙，最清晰的路径是穿过荒野莽林。"只要这样的信念不变，不管是专业学者，还是普通大众，通过拍摄影像来记录环境变迁、追求人与自然和谐共处的努力就永不会停止。

朱单

2021 年 12 月

图书在版编目（CIP）数据

百年变迁：两位东西方植物学家的影像重逢 / 印开
蒲，王海燕，朱单著 . -- 成都 : 四川科学技术出版社，
2022.6

ISBN 978-7-5727-0550-2

Ⅰ . ①百 ... Ⅱ . ①印 ... ②王 ... ③朱 ... Ⅲ . ①生态环
境建设－成就－中国 Ⅳ . ① X321.2

中国版本图书馆 CIP 数据核字（2022）第 088656 号

百年变迁——两位东西方植物学家的影像重逢

BAINIAN BIANQIAN—LIANGWEI DONGXIFANG ZHIWUXUEJIA DE YINGXIANG CHONGFENG

著　者	印开蒲　王海燕　朱 单
出品人	程佳月
选题策划	钱丹凝　程佳月　杨 博
责任编辑	林佳馥　孟庆发　张 蓉
助理编辑	仲 谋　文景茹　赵 成
封面设计	曾 真
责任出版	欧晓春
出版发行	四川科学技术出版社
	成都省锦江区三色路 238 号
	邮政编码 610023　电话　028-86361756
印　刷	成都市金雅迪彩色印刷有限公司
成品尺寸	280mm×285mm
印　张	36.5
字　数	700 千字
版　次	2022 年 6 月第 1 版
印　次	2022 年 6 月第 1 次印刷
定　价	298.00 元

ISBN 978-7-5727-0550-2